# 变频器与步进/伺服驱动技术

# 完全精通教程

向晓汉　宋　昕　主编

钱晓忠　　　审

化学工业出版社

·北京·

《变频器与步进/伺服驱动技术完全精通教程》从基础和实用出发，详细讲解了变频器与步进驱动、伺服驱动技术。涵盖的内容主要包括异步电动机、步进电动机和伺服电动机的结构和工作原理；变频器的工作原理；变频器的外围电路；三菱和西门子变频器的速度给定；步进驱动系统及其应用；三菱和西门子伺服驱动系统及其应用。

本书内容丰富，重点突出，强调知识的实用性，几乎每章中都配有实用的例题，便于读者模仿学习，另外每章配有习题供读者训练之用。大部分实例都有详细的软件、硬件配置清单，并配有接线图和程序。另外，本书还附有相关内容的学习资源，读者可用手机扫描前言中的二维码下载学习，也可通过网址：download.cip.com.cn，在"配书资源"一栏中下载使用。

本书可供学习变频器、步进驱动和伺服驱动技术的工程技术人员使用，也可作为大中专院校的机电类、信息类专业的教材。

**图书在版编目（CIP）数据**

变频器与步进/伺服驱动技术完全精通教程 / 向晓汉，宋昕主编. —北京：化学工业出版社，2015.3（2022.1 重印）
ISBN 978-7-122-22480-4

Ⅰ. ①变… Ⅱ. ①向… ② 宋… Ⅲ. ① 变频器-步进电动机-教材②变频器-伺服电动机-教材 Ⅳ. TN773

中国版本图书馆 CIP 数据核字（2014）第 287534 号

责任编辑：李军亮　　　　　　　　　　文字编辑：陈　喆
责任校对：宋　玮　　　　　　　　　　装帧设计：刘丽华

出版发行：化学工业出版社（北京市东城区青年湖南街 13 号　邮政编码 100011）
印　　刷：三河市航远印刷有限公司
装　　订：三河市宇新装订厂
787mm×1092mm　1/16　印张 16¼　字数 400 千字　2022 年 1 月北京第 1 版第 10 次印刷

购书咨询：010-64518888　　　　　　售后服务：010-64518899
网　　址：http: // www. cip. com. cn
凡购买本书，如有缺损质量问题，本社销售中心负责调换。

定　　价：58.00 元

　　随着计算机技术的发展，以可编程控制器、变频器调速和计算机通信等技术为主体的新型电气控制系统已经逐渐取代传统的继电器电气控制系统，并广泛应用于各行业。变频器、伺服驱动和步进驱动是 20 世纪 70 年代随着电力电子技术、PWM 控制技术的发展而产生的驱动装置，此应用技术在有的文献上也称为"运动控制"。由于其通用性强、可靠性好、使用方便，目前已在工业自动化控制的很多领域得到了广泛的应用。随着科技的进一步发展，变频器、伺服驱动和步进驱动产品性能日益提高，价格不断下降，变频器、伺服驱动和步进驱动产品应用将更加广泛。

　　由于三菱的变频器和伺服系统是日系代表产品，性价比较高，在中国有一定的市场份额，西门子的变频器和伺服系统是欧系的杰出代表，其功能强大，虽然价格高，但市场占有率很高，因此本书将以三菱和西门子变频器和伺服系统为例介绍。本书用较多的小例子引领读者入门，让读者读完入门部分后，能完成简单的工程。应用部分精选工程实际案例，供读者模仿学习，提高读者解决实际问题的能力。为了使读者能更好地掌握相关知识，我们在总结长期的教学经验和工程实践的基础上，联合相关企业人员，共同编写了本书，力争使读者通过"看书"就能学会变频器、伺服驱动和步进驱动技术。

　　我们在编写过程中，将一些生动的操作实例融入教程中，以提高读者的学习兴趣。本书具有以下特点。

　　① 用实例引导读者学习。该书的大部分章节用精选的例子讲解，例如，用例子说明通信实现的全过程。

　　② 重点的例子都包含软硬件配置清单、接线图和程序，而且为确保程序的正确性，程序已经在 PLC 上运行通过。

　　③ 该书实用，实例容易被读者进行工程移植。

　　④ 本书附有相关内容的学习资源，读者扫描二维码即可下载学习，也可通过网址：download.cip.com.cn，在"配书资源"一栏中下载，辅助学习书本知识。

　　本书由向晓汉、宋昕主编，无锡职业技术学院的钱晓忠审稿。其中第 1 章由唐克彬编写；第 2、3 章由桂林电子科技大学的向定汉教授编写；第 4 章由无锡雪浪环境科技股份有限公司的宋昕编写；第 5、6、11 章由无锡职业技术学院的向晓汉编写；第 7 章由无锡雷华科技有限公司的陆彬编写；第 8 章由无锡雪浪环境科技股份有限公司的刘摇摇编写；第 9 章由无锡雪浪环境科技股份有限公司的王飞飞编写；第 10 章由无锡雷华科技有限公司的欧阳思惠编写。

　　由于编者水平有限，书中不足之处在所难免，敬请读者批评指正。

编　者

手机扫描二维码下载相关内容的学习资源

# 目　录

C O N T E N T S

# 第1章
# 电气传动和变频器基础

电气传动是现代传动的核心组成部分，而变频器又是电气传动的重要节点。变频器是将固定频率的交流电变换成频率、电压连续可调的交流电，供给电动机运转的电源装置。本章介绍电气传动概念；交流电动机的结构和原理、交流调速的原理；变频器的历史发展、应用范围、发展趋势、在我国的使用情况等知识，使读者初步了解变频器，这是学习本书后续内容的必要准备。

## 1.1 电气传动概述

现代传动技术是机电工业的关键基础技术。它主要包括机械传动技术、流体传动技术和电气传动技术。现代传动技术主要承担能量传递、改变运动形态、实现对能量的分配和控制、保证传动精度和效率等功能，它是机电产品向高速化、自动化、高效率、高精度、高可靠性、轻量化、多样化方向发展的不可缺少的关键技术之一。

### 1.1.1 电气传动技术的概念

在人类所利用的能源当中，电能是最清洁最方便的能源，电气传动无疑有着很大的意义。随着电力电子技术、计算机技术以及自动控制技术的迅速发展，电气传动技术正面临着一场历史革命。

（1）电气传动技术的定义

电气传动技术是指用电动机把电能转换成机械能，带动各种类型的生产机械、交通车辆以及生活中需要运动物品的技术；是通过合理使用电动机实现生产过程机械设备电气化及其自动控制的电气设备及系统的技术总称。

一个完整的电气传动系统包括三部分：电源部分、控制部分、电动机。

（2）电气传动与运动控制

电气传动技术是电力电子与电动机及与其控制相结合的产物，内容涉及电动机、电力电子、控制理论、计算机、微电子、现代检测技术、仿真技术、电力系统、机械、材料和信息技术等多种学科，是这些学科交叉融合而形成的一门新型的综合性学科。对于位置控制（伺服）系统，也称为运动控制。

### 1.1.2 直流电气传动

电气传动技术诞生于 20 世纪初的第二次工业革命时期，电气传动技术大大推动了人类社会的现代化进步。它是研究如何通过电动机控制物体和生产机械按要求运动的学科。随着传感器技术和自动控制理论的发展，电气传动技术由简单的继电、接触、开环控制，发展为较复杂的闭环控制系统。20 世纪 60 年代，特别是 80 年代以来，随着电力电子技术、现代控制理论、计算机技术和微电子技术的发展，逐步形成了集多种高新技术于一身的全新学科技术——现代电气传动技术。

电气传动主要有直流电气传动和交流电气传动，下面先介绍直流电气传动。

（1）直流电动机的调速

直流电动机的转速 $n$ 的表达式为：

$$n = \frac{U_a - RI_a}{K_e \Phi} \tag{1-1}$$

式中　$U_a$——电动机电枢两端的电压；

　　　$I_a$——电动机电枢回路电流；

　　　$R$——电动机回路电阻；

　　　$K_e$——电动机电势常数；

　　　$\Phi$——电动机励磁磁通。

从以上的公式可看出，直流电动机的调速方式有三种。

① 调压调速，即保持 $R$ 和 $\Phi$ 不变，通过调节 $U_a$ 来调节 $n$，是一种大范围无级调速方式。

② 弱磁升速，即保持 $R$ 和 $U_a$ 不变，通过减少 $\Phi$ 来升高 $n$，是一种小范围无级调速方式。

③ 变电阻调速，即保持 $U_a$ 和 $\Phi$ 不变，通过调节 $R$ 来调节 $n$，是一种大范围有级调速方式。

对于要求大范围平滑调速的直流电气传动系统来说，调压调速方式最常用。

（2）直流电气传动控制技术的发展

直流电气传动控制技术的发展经历了以下演变过程：开环控制→单闭环控制→多闭环控制；分立元件电路控制→小规模集成电路控制→大规模集成电路控制；模拟电路控制→数模电路混合控制→数字电路控制；硬件控制→软件控制。

（3）直流传动的缺点

直流电动机调速方便，控制灵活。但直流电动机由于本身结构上存在有机械换向器和电刷，所以给直流调速系统带来了以下主要缺点。

① 维修困难。

② 使用环境受限制，不适用于易燃、易爆及环境恶劣的地方。

③ 制造大容量、高转速及高电压的直流电动机比较困难。

④ 系统的价格较高。

### 1.1.3　交流电气传动

20 世纪 70 年代以前，直流传动占统治地位，交流调速只在大功率电动机调速上使用。但由于直流传动系统固有的局限性以及随着交流传动系统关键技术的成熟，交流传动系统大量取代直流传动系统成为现实。交流电动机分异步电动机和同步电动机两大类。

（1）同步交流电动机的调速

同步交流电动机的转速满足如下公式：

$$n = \frac{60f}{p} \tag{1-2}$$

式中　$n$——转速；

　　　$f$——频率；

$p$——磁极对数。

同步电动机只能采用变频调速，在变频器产生之前，同步电动机是不能调速的，因此只能在定速传动领域使用。

（2）三相异步交流电动机的调速

三相异步交流电动机的转速满足如下公式：

$$n = \frac{60f(1-s)}{p} \tag{1-3}$$

式中　$n$——转速；

　　　$f$——频率；

　　　$s$——转差率；

　　　$p$——磁极对数。

可见，三相异步电动机的调速有三种方式，即变极调速、变转差率（如调压调速、转子串电阻调速）和变频调速。三相交流笼型电动机尽管调速性能不佳，但其结构坚固、经久耐用且价格低廉，因此在一些性能较低的传动现场得到广泛的使用。

（3）交流电气传动控制技术的发展

交流电气传动控制模式的发展经历了以下演变过程:转速开环的恒压频比控制→转速闭环转差频率控制→矢量控制→解耦控制→模糊控制；分立元件电路控制→小规模集成电路控制→大规模集成电路控制；模拟电路控制→数字电路控制；硬件控制→软件控制。

（4）直、交流电气传动系统的对比

直流电气传动系统和交流电气传动系统的特点对比见表 1-1。

表 1-1　直、交流电气传动系统特点的对比

| 直流电气传动系统的特点 | 交流电气传动系统的特点 |
| --- | --- |
| 控制对象：直流电动机 | 控制对象：交流电动机 |
| 控制原理简单，一种调速方式 | 控制原理复杂，有多种调速方式 |
| 性能优良，对硬件要求不高 | 性能较差，对硬件要求较高 |
| 电动机有换向电刷（换向火花） | 电动机无电刷，无换向火花问题 |
| 电动机设计功率受限 | 电动机设计功率不受限 |
| 电动机易损坏，不适应恶劣现场 | 电动机不易损坏，适应恶劣现场 |
| 需定期维护 | 基本免维护 |

可见，直流电气传动系统和交流电气传动系统各有优缺点，两者将长期共存。但不可否认的是，后者的应用比前者更加广泛。

## 1.2　交流调速基础

交流电动机是将交流电的电能转变为机械能的一种机器。交流电动机的工作效率较高，又没有烟尘、气味，不污染环境，噪声也较小。由于它的一系列优点，所以在工农业生产、交通运输、国防、商业及家用电器、医疗电气设备等各方面应用广泛。

### 1.2.1　三相交流电动机的结构和原理

交流电动机主要由一个用以产生磁场的电磁铁绕组或定子绕组和一个旋转电枢或转子

组成，此外要电动机正常运行，电动机还需要有机座、风扇、端盖、罩壳、轴承和接线盒等部件，其结构如图 1-1 所示。

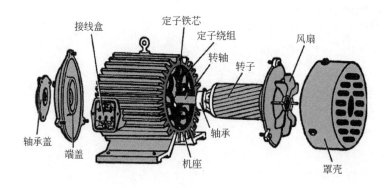

图 1-1　三相交流电动机的结构

（1）定子

三相异步电动机的定子由机座和装在机座内的圆筒形铁芯以及其中的三相定子绕组组成。机座是用铸铁或铸钢制成的，铁芯是由互相绝缘的硅钢片叠成的。铁芯的内圆周表面冲有槽，用以放置对称三相绕组 A、B、C，定子的示意图如图 1-2 所示。定子的绕组连接方式有两种：一是星形连接，即三相绕组有一个公共点相连，如图 1-3 所示；二是三角形连接，即三相绕组首尾相连，如图 1-4 所示。

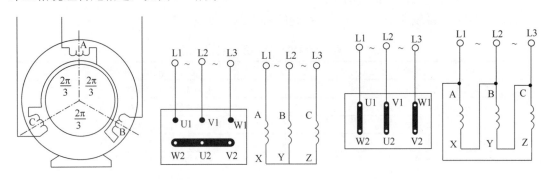

图 1-2　定子的示意图　　图 1-3　定子绕组星形连接　　图 1-4　定子绕组三角形连接

（2）转子

三相异步电动机的转子根据构造上的不同分为两种形式：笼式和绕线式。转子铁芯是圆柱状，用硅钢片叠成，表面冲有槽，铁芯装在转轴上，轴上加机械负载。

笼式电动机的转子绕组做成笼状，就是在转子铁芯的槽中放铜条，其两端用端环连接。或者在槽中浇铸铝液，铸成一笼，这样便可以用比较便宜的铝来代替铜，同时制造也方便。因此，目前中小型笼式电动机的转子很多都是铸铝的。笼式异步电动机的"笼"是它的构造特点，易于识别。笼形转子如图 1-5 所示。

绕线式异步电动机的转子绕组同定子绕组一样，也是三相的，它连成星形。每相的始端连接在三个铜制的滑环上，滑环固定在转轴上。环与环、环与转轴都互相绝缘。在环上弹簧压着炭质电刷，启动电阻和调速电阻是借助于电刷同滑环和转子绕组连接的。通常就是根据绕线式异步电动机具有三个滑环的构造特点来辨认它的。

（3）电动机的旋转原理

交流电动机的原理：交流电动机由定子和转子组成，定子就是电磁铁，转子就是线圈。定子和转子采用同一电源，因此，定子和转子中电流的方向变化总是同步的，即线圈中的电流方向变了，同时电磁铁中的电流方向也发生改变。旋转过程的具体描述如下。

① 三相正弦交流电通入电动机定子的三相绕组，产生旋转磁场，旋转磁场的转速称之为同步转速。

② 旋转磁场切割转子导体，产生感应电势。

③ 转子绕组中感生电流。

④ 转子电流在旋转磁场中产生力，形成电磁转矩,电动机就转动起来了。

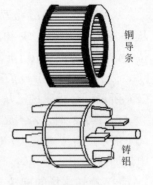

图1-5 笼形转子外形

电动机的转速达不到旋转磁场的转速，否则，就不能切割磁力线，就没有感应电势，电动机就停下来了。转子转速与同步转速不一样，称之为异步。

设同步转速为 $n_0$，电动机的转速为 $n$，则转速差为 $n_0-n$。

电动机的转速差与同步转速之比定义为异步电动机的转差率 $s$，$s$ 是分析异步电动机运行情况的主要参数，用如下公式表示：

$$s = \frac{n_0 - n}{n} \tag{1-4}$$

（4）旋转磁场的产生

① 旋转磁场的产生。假设电动机为 2 极电动机，每相绕组只有一个线圈，定子采用星形连接。三相交流电的波形图如图 1-6 所示，定子的通电示意图如图 1-7 所示。以下详细介绍其在 0~T/2（T 表示一个周期）这个区间旋转磁场的产生过程。

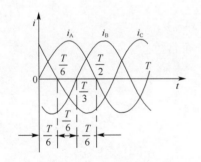

图1-6 三相交流电的波形图

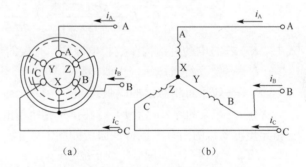

图1-7 定子的通电示意图

a. $t=0$（起始阶段）时，$i_A=0$；$i_B$ 为负，电流实际方向与正方向相反，即电流从 Y 端流到 B 端；$i_C$ 为正，电流实际方向与正方向一致，即电流从 C 端流到 Z 端。按右手螺旋法则确定三相电流产生的合成磁场，如图 1-8（a）中箭头所示。

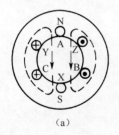
（a）

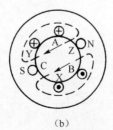
（b）

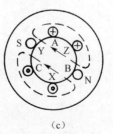
（c）

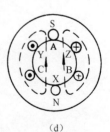
（d）

图1-8 旋转磁场的产生过程

b．$t=T/6$ 时，$\omega t=\omega T/6=\pi/3$（相位角），$i_A$ 为正（电流从 A 端流到 X 端）；$i_B$ 为负（电流从 Y 端流到 B 端）；$i_C=0$。此时的合成磁场如图 1-8（b）所示，合成磁场已从 $t=0$ 瞬间所在位置顺时针方向旋转了 $\pi/3$。

c．$t=T/3$ 时，$\omega t=\omega T/3=2\pi/3$（相位角），$i_A$ 为正；$i_B=0$；$i_C$ 为负。此时的合成磁场如图 1-8（c）所示，合成磁场已从 $t=0$ 瞬间所在位置顺时针方向旋转了 $2\pi/3$。

d．$t=T/2$ 时，$\omega t=\omega T/2=\pi$（相位角），$i_A=0$；$i_B$ 为正；$i_C$ 为负。此时的合成磁场如图 1-8（d）所示。合成磁场从 $t=0$ 瞬间所在位置顺时针方向旋转了 $\pi$。按以上分析可以证明：当三相电流随时间不断变化时，合成磁场的方向在空间也不断旋转，这样就产生了旋转磁场。

② 旋转磁场的旋转方向。旋转磁场的旋转方向与三相交流电的相序一致。改变三相交流电的相序，即 A-B-C 变为 C-B-A，旋转磁场反向。要改变电动机的转向，只要任意对调三相电源的两根接线即可。

### 1.2.2 三相异步电动机的机械特性和调速原理

（1）三相异步电动机的机械特性

在异步电动机中，转速 $n=(1-s)n_0$，为了符合习惯画法，可将曲线换成转速与转矩之间的关系曲线，即称为异步电动机的机械特性，理解异步电动机的机械特性至关重要，后续章节都会用到。公式如下：

$$T=\frac{Km_1pU_1^2R_2s}{2\pi f_1[R_2^2+(sX_{20})^2]}=Km_1\Phi I_2\cos\varphi_2 \qquad (1\text{-}5)$$

以上公式简化如下：

$$T=K\frac{sR_2U_1^2}{R_2^2+(sX_{20})^2}=K\frac{sR_2U^2}{R_2^2+(sX_{20})^2} \qquad (1\text{-}6)$$

式中　$K$——与电动机结构参数、电源频率有关的一个常数；

$U_1$，$U$——定子绕组电压，电源电压；

$R_2$——转子每相绕组的电阻；

$X_{20}$——电动机不动（$s=1$）时转子每相绕组的感抗。

三相异步电动机的固有机械特性曲线如图 1-9 所示。

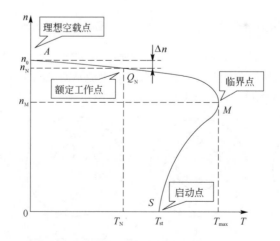

图 1-9　三相异步电动机的固有机械特性曲线

从特性曲线上可以看出，其上有四个特殊点可以决定特性曲线的基本形状和异步电动机的运行性能，这四个特殊点描述如下。

① $T=0$，$n=n_0$，$s=0$。电动机处于理想空载工作点，此时电动机的转速为理想空载转速，电动机的转速可以达到同步转速，即图中的 $A$ 点，坐标为（0，$n_0$）。

② $T=T_N$，$n=n_N$，$s=s_N$。电动机额定工作点，即图中的 $Q_N$ 点，坐标为（$T_N$，$n_N$）。此时额定转矩和额定转差率为：

$$T_N = 9.55\frac{P_N}{n_N}，\quad s_N = \frac{n_0-n_N}{n_0} \tag{1-7}$$

式中　$P_N$——电动机的额定功率；

$n_N$——电动机的额定转速，一般 $n_N=(0.94\sim0.985)n_0$；

$s_N$——电动机的额定转差率，一般 $s_N=0.06\sim0.015$；

$T_N$——电动机的额定转矩。

③ $T=T_{st}$，$n=0$，$s=1$。电动机的启动工作点，电动机刚接通电源，但转速为0时，称为启动工作点，这时的转矩 $T_{st}$ 称为启动转矩，也称堵转转矩，即图中的 $S$ 点，坐标为（$T_{st}$，0）。启动转矩满足如下公式：

$$T_{st} = K\frac{R_2 U^2}{R_2^2+X_{20}^2} \tag{1-8}$$

可见：异步电动机的启动转矩 $T_{st}$ 与 $U$、$R_2$ 及 $X_{20}$ 有关。

a. 当施加在定子每相绕组上的电压降低时，启动转矩会明显减小；

b. 当转子电阻适当增大时，启动转矩会增大；

c. 若增大转子电抗则会使启动转矩大为减小。

一般情况下：$T_{st}\geqslant1.5T_N$，这个数据是比较重要的。

④ $T=T_{max}$，$n=n_m$，$s=s_m$。电动机的临界工作点，在这一点电动机产生的转矩最大，称为临界转矩 $T_{max}$，即图中的 $M$ 点，坐标为（$T_{max}$，$n_M$）。临界转矩公式如下：

$$T_{max} = K\frac{U^2}{2X_{20}} \tag{1-9}$$

临界转矩与额定转矩之比就是异步电动机的过载能力，它表征了电动机能够承受冲击负载的能力大小，是电动机的又一个重要运行参数，一般过载能力 $\lambda_m$ 大于或等于2，即：

$$T_{max} = \lambda_m T_N \geqslant 2T_N \tag{1-10}$$

（2）三相异步电动机的调速原理

分析式（1-5）可知：异步电动机的机械特性与电动机的参数有关，也与外加电源电压 $U$、电源频率 $f$ 有关，将关系式中的参数人为地加以改变而获得的特性称为异步电动机的人为机械特性。改变定子电压 $U$、定子电源频率 $f$、定子电路串入电阻或电抗、转子电路串入电阻或电抗，改变磁极对数等，都可得到异步电动机的人为机械特性。这就是异步电动机调速的原理。

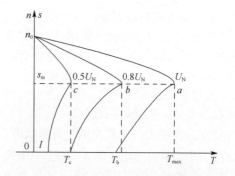

图1-10　三相异步电动机电压调速时的机械特性曲线

7

① 改变定子绕组电压调速。这种调速方式实际就是改变转差率调速，即降低电动机电源电压 $U$ 时的人为特性，如当定子绕组外加电压为 $U_N$、$0.8U_N$、$0.5U_N$ 时，转子输出最大转矩分别为 $T_a=T_{max}$、$T_b=0.64T_{max}$ 和 $T_c=0.25T_{max}$。可见，电压愈低，人为特性曲线愈往左移，如图 1-10 所示。

由于 $T_{max} \propto U^2$ 和 $T_{st} \propto U^2$，所以当异步电动机的定子绕组电压降低时，启动转矩和临界转矩都会大幅度降低，而且机械特性会明显变软（所谓机械特性变软，就是指负载转矩增加时，电动机的转速降低显著；如果电动机机械特性硬，那么负载转矩增加时，电动机的转速不降低或降低很少）。运行时，如电压降低太多，会大大降低它的过载能力与启动转矩，甚至使电动机发生带不动负载或者根本不能启动的现象。

此外，电网电压下降，在负载不变的条件下，将使电动机转速下降，转差率 $s$ 增大，电流增加，引起电动机发热甚至烧坏。可见，降压调速，会降低启动转矩和临界转矩，并会使电动机的机械特性变软，其调速范围小，所以它并不是一种理想的调速方法。

**【例 1-1】** 电动机运行在额定负载 $T_N$ 下，使 $\lambda_m =2$，若电网电压下降到 $70\%U_N$，求 $T_{max}$。

**解：**

$$T_{max} = \lambda_m T_N \left(\frac{U}{U_N}\right)^2 = 2 \times 0.7^2 T_N = 0.98T_N$$

② 定子电路接入电阻 $R_2$ 或电抗 $X_2$ 时的人为特性。在电动机定子电路中外串电阻或电抗后，电动机端电压为电源电压减去定子外串电阻上或电抗上的压降，致使定子绕组相电压降低，这种情况下的人为特性与降低电源电压时的相似，在此不再赘述。其机械特性曲线如图 1-11 所示。

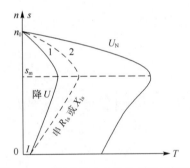

图 1-11 三相异步电动机的定子串电阻调速时机械特性曲线

③ 转子电路串电阻调速。转子电路串电阻调速，也是变转差率调速。在三相线绕式异步电动机的转子电路中串入电阻后的接线图机械特性曲线如图 1-12（a）所示，转子电路中的电阻为 $R_2 + R_{2r}$。

串电阻调速的特点：如图 1-12（b）所示，串电阻后，临界转矩不变，但启动转矩增加，机械特性变软；低速时，调速范围小，是一种有级调速；转子电路串电阻调速的机械性能比定子串电阻要好，但这种调速方式仅用于绕线式电动机的调速，如起重机的电动机；低速时，能耗高。

④ 改变磁极对数调速。生产中，大量的生产机械并不需要连续平滑调速，只需要几种特定的转速，如只要求几种转速的有级变速的小功率机械，且对启动性能要求不高，一般只在空载或轻载启动选用变级变速电动机（双速、三速、四速）。

特点：体积大，结构简单；有级调速，调速范围小，最大传动比是 4；用于中小机床，替代齿轮箱，如早期的镗床。这种调速方式的使用目前在逐渐减少。

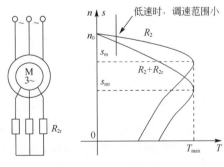

（a）原理接线图 （b）机械特性

图 1-12 三相异步电动机串电阻调速时的机械特性曲线

⑤ 定子电源的变频调速。

a. 恒转矩调速。一般变频调速采用恒转矩调速，即希望最大转矩保持为恒值，为此在改变频率的同时，电源电压也要作相应的变化，使 $U/f$ 为一个恒定值，这在实质上是使电动机气隙磁通保持不变。如图 1-13 所示，变频器在频率 $f_1$ 和 $f_2$ 工作时，就是恒转矩调速，这种调速方式中，保持 $U/f$ 不变，临界转矩不变，启动转矩变大，机械硬度不变。又由于 $P = 9.55T_N n$，电动机的输出功率随着其转速的升高，成比例升高。

b. 恒功率调速。当工作频率大于额定频率（如 $f_3 > f$）时，变频器是恒功率调速。保持定子绕组的电压 $U$ 不变，但磁通 $\Phi_m$ 要减小，所以也叫弱磁调速。由公式 $T = 9.55 \dfrac{P_N}{n}$ 可知，采用恒功率调速的时，随着转速的升高，电动机的输出转矩会降低，但机械硬度不变。可见，变频调速是一种理想的调速方式。毫无疑问，这种调速方式将越来越多地被采用，是当前交流调速的主流。

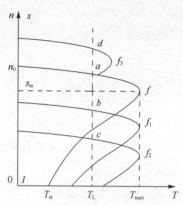

图 1-13　三相异步电动机变频调速时的机械特性曲线

根据实际应用效果，交流电动机的各种调速方式的一般性能和特点汇总于表 1-2 之中。

表 1-2　交流电动机的调速方式的一般特性和特点

| 调速方式 | 转子串电阻 | 定子调压 | 电磁离合器 | 液力偶合器 | 液黏离合器 | 变极 | 串极 | 变频 |
|---|---|---|---|---|---|---|---|---|
| 调速方法 | 改变转子串电阻 | 改变定子输入调压 | 改变离合器励磁电流 | 改变偶合器工作腔充油量 | 改变离合器摩擦片间隙 | 改变定子极对数 | 改变逆变器的逆变角 | 改变定子输入频率和电压 |
| 调速性质 | 有级 | 无级 | 无级 | 无级 | 无级 | 有级 | 无级 | 无级 |
| 调速范围 | 50%～100% | 80%～100% | 10%～80% | 30%～97% | 20%～100% | 2、3、4 挡转速 | 50%～100% | 5%～100% |
| 响应能力 | 差 | 快 | 较快 | 差 | 差 | 快 | 快 | 快 |
| 电网干扰 | 无 | 大 | 无 | 无 | 无 | 无 | 较大 | 有 |
| 节电效果 | 中 | 中 | 中 | 中 | 中 | 高 | 高 | 高 |
| 初始投资 | 低 | 较低 | 较高 | 中 | 较低 | 低 | 中 | 高 |
| 故障处理 | 停车 | 不停车 | 停车 | 停车 | 停车 | 停车 | 停车 | 不停车 |
| 安装条件 | 易 | 易 | 较易 | 场地 | 场地 | 易 | 易 | 易 |
| 适用范围 | 绕线型异步机 | 绕线型异步机、笼型异步机 | 笼型异步机 | 笼型异步机、同步电动机 | 笼型异步机、同步电动机 | 笼型异步机 | 绕线型异步机 | 异步电动机、同步电动机 |

【例 1-2】　某三相异步电动机，$P_N = 60\text{kW}$，$n_0 = 750\text{r/min}$，$f_1 = 50\text{Hz}$，$\lambda_m = 2.5$，试

绘出电动机的固有机械特性。

**解：** ① 同步转速点 $A$：

$S=0$ 时，$n_0=750\text{r/min}$，$T=0$。

② 额定运行 $Q_N$ 点：

$$s_N=\frac{n_0-n_N}{n_0}=\frac{750-725}{750}=0.033$$

$$T_N=9550\frac{P_N}{n_N}=9550\times\frac{60}{725}=790(\text{N·m})$$

③ 最大转矩点 $M$：

$$s_M=s_N\left(\lambda_m+\sqrt{\lambda_m^2-1}\right)=0.033\left(2.5+\sqrt{2.5^2-1}\right)=0.160$$

$$T_M=\lambda_m T_N=2.5\times790=1975(\text{N·m})$$

④ 启动点 $S$：

将 $s=1$ 时代入公式得

$$T=\frac{2T_M}{\dfrac{s}{s_M}+\dfrac{s_M}{s}}=\frac{2\times1975}{\dfrac{1}{0.16}+\dfrac{0.16}{1}}=616(\text{N·m})$$

电动机的固有机械特性如图 1-14 所示。

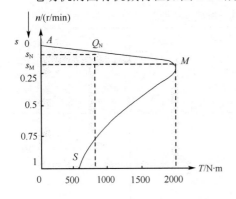

图 1-14　电动机的固有机械特性

# 1.3 变频器概述

## 1.3.1 变频器的发展

变频器出现之前，以下几件事件促使了变频器的出现。

① 1831 年，英国的物理学家法拉第发现电磁感应原理，这使得人类使用电力成为可能。

② 1832 年，法国的皮克西研制出世界上第一台直流发电机，这标志着电气时代的开始。

③ 1873 年，比利时的古拉姆研制出世界上第一台直流电动机，结束了蒸汽机时代。

④ 1882 年，塞尔维亚（后加入美国籍）的特斯拉继爱迪生发明直流电（DC）后不久，即发明了交流电（AC），并制造出世界上第一台交流电发电机，并于 1888 年获得美国专利。但交流电动机的调速性能较差，促使研究交流系统的调速技术。

⑤ 1920 年后即发现了变频调速的优越性。

⑥ 20 世纪 60 年代电力电子技术得到快速发展，1957 年美国通用电气公司发明晶闸管，并于 1958 年投入商用，晶闸管的诞生为变频调速提供可能。

（1）变频器技术的发展阶段

芬兰瓦萨控制系统有限公司，前身瑞典的 STRONGB，于 20 世纪 60 年代成立，并于 1967 年开发出世界上第一台变频器，被称为变频器的鼻祖，开创了世界商用变频器的市场。之后变频器技术不断发展，如按照变频器的控制方式，可划分为以下几个阶段。

① 第一阶段：恒压频比 $U/f$ 技术。$U/f$ 控制就是保证输出电压跟频率成正比的控制，这

样可以使电动机的磁通保持一定，避免弱磁和磁饱和现象的产生，多用于风机、泵类节能型变频器的压控振荡器实现。20 世纪 80 年代，日本人开发出电压空间矢量控制技术，后引入频率补偿控制。电压空间矢量的频率补偿方法，不仅能消除速度控制的误差，而且可以通过反馈估算磁链幅值，消除低速时定子电阻的影响，将输出电压、电流闭环，以提高动态的精度和稳定度。

② 第二阶段：矢量控制。20 世纪 70 年代，德国人（F.Blaschke）首先提出了矢量控制模型。矢量控制实现的基本原理是通过测量和控制异步电动机定子电流矢量，根据磁场定向原理分别对异步电动机的励磁电流和转矩电流进行控制，从而达到控制异步电动机转矩的目的。1992 年，西门子开发出 6SE70 系列矢量控制的变频器，是矢量控制模型的代表产品。

矢量控制方式又有基于转差频率控制的矢量控制方式、无速度传感器矢量控制方式和有速度传感器的矢量控制方式等。这样就可以将一台三相异步电动机等效为直流电动机来控制，因而获得与直流调速系统同样的静、动态性能。矢量控制算法已被广泛地应用在 Siemens、ABB、GE、Fuji 和 SAJ 等国际化大公司变频器上。

③ 第三阶段：直接转矩控制。直接转矩控制系统简称 DTC（Direct Torque Control）是在 20 世纪 80 年代中期继矢量控制技术之后发展起来的一种高性能异步电动机变频调速系统。1977 年美国学者 A.B.Plunkett 在 IEEE 杂志上首先提出了直接转矩控制理论，1985 年德国鲁尔大学 Depenbrock 教授和日本 Tankahashi 分别取得了直接转矩控制在应用上的成功，接着在 1987 年又把直接转矩控制推广到弱磁调速范围。不同于矢量控制，直接转矩控制具有鲁棒性强、转矩动态响应速度快、控制结构简单等优点，它在很大程度上解决了矢量控制中结构复杂、计算量大、对参数变化敏感等问题。直接转矩控制技术的主要问题是低速时转矩脉动大，其低速性能不能达到矢量控制的水平。

1995 年美国 AB 公司推出的 ACS600 直接转矩控制系列变频器是直接转矩控制的代表产品。

表 1-3 是 20 世纪 60 年代到 21 世纪初变频器技术发展的历程。

表 1-3  变频器技术发展的历程

| 项目 | 20 世纪 60 年代 | 20 世纪 70 年代 | 20 世纪 80 年代 | 20 世纪 90 年代 | 21 世纪初 |
|---|---|---|---|---|---|
| 电动机控制算法 | U/f 控制 | | 矢量控制 | 无速度矢量控制电流矢量 U/f | 算法优化 |
| 功率半导体技术 | SCR | GTR | IGBT | IGBT 大容量 | 更大容量更高开关频率 |
| 计算机技术 | | | 单片机 DSP | 高速 DSP 专用芯片 | 更高速率和容量 |
| PWM 技术 | | PWM 技术 | SPWM 技术 | 空间电压矢量调制技术 | PWM 优化新一代开关技术 |
| 变频器的特点 | 大功率传动使用变频器，体积大，价格高 | 变频器体积缩小，开始在中小功率电动机上使用 | 超静音变频器开始流行，解决了 GTR 噪声问题，变频器性能大幅提升，大批量使用，取代直流 | | 未来发展方向：完美无谐波，如矩阵式变频器 |

（2）我国变频器技术发展现状

20 世纪 80 年代，大量中小型日本变频器进入我国市场。20 世纪 90 年代后，欧美大容量变频器如西门子、ABB、AB、科比、罗克韦尔等进入中国市场。

**11**

1989 年大连引入日本东芝第一条变频器生产线。

目前，国内有超过 200 多家生产厂家，以华为、森兰、汇川为代表，技术水平较接近世界先进水平，但总市场份额只有 10%左右。我国国产变频器的生产，主要是交流 380V 的中小型变频器，且大部分产品为低压，而高压大功率则很少，能够研制、生产并提供服务的高压变频器厂商，只有少数几个具备科研能力或资金实力强的企业；并且在技术方面，更是仅仅少数企业采用 $U/f$ 控制方式，对中、高压电动机进行变频调速改造。我国高压变频器的品种和性能，还处于发展的初步阶段，仍需大量从国外进口，这一现状主要表现在以下几个方面。

① 国外各大品牌的产品，加快了占领国内市场的步伐并将产品本地化，但我国目前变频器市场较大，仍有巨大的发展潜力。

② 多数企业不具有足够资金进行科研和规模化生产，生产工艺相对落后，产品的技术含量低，品质有待提高，但总体上价格低廉。

③ 国内高压变频器尚未形成一套完备的标准，产品差异性大，需要进一步完备、完善高压变频器的标准，同时，国产高压变频器的功率等级较低，一般不超过 3500kW。

④ 高压变频器周边产业少，不够发达，约束了高压变频器的发展速度，很多变频器中的主要功率器件，无法自行生产，如驱动电路、电解电容等。

⑤ 自主研发能力逐步提高，与发达国家的技术差距逐渐缩小，自主创新的技术和产品也逐步得到应用。

⑥ 已经研制出具有瞬时掉电再恢复、故障再恢复等性能的变频器，同时正在研发能够进行四象限运行的高压变频器。

（3）变频器技术存在的问题

变频器在使用中存在的主要问题，是干扰问题。电网是一个非常复杂的结构，电网谐波是对变频器产生干扰的主要干扰源。谐波源的产生，主要有各种整流设备、交直流互换设备、电子电压调整设备、非线性负载以及照明设备等。这些设备在启动和工作的时候，产生一些对电网的冲击波（即电磁干涉），使得电网中的电压、电流的波形发生一定的畸变，对电网中的其他设备产生的这种谐波影响，需要进行简单的处理，即在接入变频器处加装电源滤波器，滤去干扰波，使变频器尽可能小地受到电网中的这些谐波的影响，从而稳定工作。其次，另一种共模干涉，则通过变频器的控制线，对控制信号产生一定的干扰，影响其正常工作。

（4）变频器的发展趋势

随着节约环保型社会发展模式的提出，人们开始更多地关注起生活的环境品质。节能型、低噪声变频器，是今后一段时间发展的一个总趋势。我国变频器的生产商家虽然不少，但是缺少统一的、具体的规范标准，使得产品差异性较大。且大部分采用了 $U/f$ 控制和电压矢量控制，其精度较低，动态性能也不高，稳定性能较差，这些方面与国外同等产品相比有一定的差距。就变频器设备来说，其发展趋势主要表现在以下几个方面。

① 变频器将朝着高压大功率和低压小功率、小型化、轻型化的方向发展。

② 工业高压大功率变频器，民用低压中小功率变频器潜力巨大。

③ 目前，IGBT、IGCT、SGCT 仍将扮演主要的角色，SCR、GTO 将会退出变频器

市场。

④ 无速度传感器的矢量控制、磁通控制和直接转矩控制等技术的应用，将趋于成熟。

⑤ 全面实现数字化和自动化。发展参数自设定技术，过程自优化技术，故障自诊断技术。

⑥ 高性能单片机的应用，优化了变频器的性能，实现了变频器的高精度和多功能。

⑦ 相关配套行业正朝着专业化、规模化发展，社会分工逐渐明显。

⑧ 伴随着节约型社会的发展，变频器在民用领域的使用会逐步得到推广和应用。

### 1.3.2 变频器的分类

（1）按变换的环节分类

① 交-直-交变频器，这种变频器先把工频交流通过整流器变成直流，然后再把直流逆变成频率电压可调的交流，又称间接式变频器，是目前广泛应用的通用型变频器。

② 交-交变频器，即将工频交流直接变换成频率电压可调的交流的变频器，又称直接式变频器。主要用于大功率（500kW 以上）低速交流传动系统中，目前已经在轧机、鼓风机、破碎机、球磨机和卷扬机等设备中应用。这种变频器既可用于异步电动机，也可以用于同步电动机的调速控制。

这两种变频器的比较见表 1-4。

表 1-4 交-直-交变频器和交-交变频器的比较

| 交-直-交变频器 | 交-交变频器 |
| --- | --- |
| ① 结构简单<br>② 输出频率变化范围大<br>③ 功率因数高<br>④ 谐波易于消除<br>⑤ 可使用各种新型大功率器件 | ① 过载能力强<br>② 效率高输出波形好<br>③ 但输出频率低<br>④ 使用功率器件多<br>⑤ 输入无功功率大<br>⑥ 高次谐波对电网影响大 |

（2）按直流电源性质分类

① 电压型变频器。电压型变频器特点是中间直流环节的储能元件采用大电容，负载的无功功率将由它来缓冲，直流电压比较平稳，直流电源内阻较小，相当于电压源，故称电压型变频器，常用于负载电压变化较大的场合。这种变压器应用广泛。

② 电流型变频器。电流型变频器特点是中间直流环节采用大电感作为储能元件，缓冲无功功率，即扼制电流的变化，使电压接近正弦波，由于该直流内阻较大，故称电流源型变频器（电流型）。电流型变频器的特点（优点）是能扼制负载电流频繁而急剧的变化。常用于负载电流变化较大的场合。

（3）按照用途分类

可以分为通用变频器、高性能专用变频器、高频变频器、单相变频器和三相变频器等。此外，变频器还可以按输出电压调节方式分类，按控制方式分类，按主开关元器件分类，按输入电压高低分类。

（4）按变频器调压方法

① PAM 变频器是一种通过改变电压源 $U_d$ 或电流源 $I_d$ 的幅值进行输出控制的变频器。这种变频器现已很少使用。

② PWM 变频器的基本原理是在变频器输出波形的一个周期产生多个脉冲波，其等值电压为正弦波，波形较平滑。

（5）按控制方式分

① $U/f$ 控制变频器（VVVF 控制）。$U/f$ 控制就是保证输出电压跟频率成正比的控制。低端变频器都采用这种控制原理。

② SF 控制变频器（转差频率控制）。转差频率控制就是通过控制转差频率来控制转矩和电流。是高精度的闭环控制，但通用性差，一般用于车辆控制。与 $U/f$ 控制相比，其加减速特性和限制过电流的能力得到提高。另外，它有速度调节器，利用速度反馈构成闭环控制，速度的静态误差小。然而要实现自动控制系统稳态控制，还达不到良好的动态性能。

③ VC 控制变频器（Vectory Control 矢量控制）。矢量控制实现的基本原理是通过测量和控制异步电动机定子电流矢量，根据磁场定向原理分别对异步电动机的励磁电流和转矩电流进行控制，从而达到控制异步电动机转矩的目的。一般用在高精度要求的场合。

④ 直接转矩控制。简单地说就是将交流电动机等效为直流电动机进行控制。

（6）按国际区域分类

① 中国变频器品牌：内地的品牌有安邦信、汇川、浙江三科、欧瑞传动、森兰、英威腾、蓝海华腾、迈凯诺、伟创、易泰帝等，内地的品牌已经超过 200 家。港台变频器品牌有台达、普传、台安、东元、美高。

② 欧美变频器品牌：西门子、科比、伦茨、施耐德、ABB、丹佛斯、ROCKWELL、VACON、AB、西威。

③ 日本变频器品牌：富士、三菱、安川、三垦、日立、欧姆龙、松下电器、松下电工、东芝、明电舍。

④ 韩国变频器品牌：LG 、现代、三星、收获。

（7）按电压等级分类

① 高压变频器：3kV、6kV、10kV 。

② 中压变频器：660V、1140V 。

③ 低压变频器：220V、380V。

（8）按电压性质分类

① 交流变频器：AC-DC-AC（交-直-交）、AC-AC（交-交）。

② 直流变频器：DC-AC（直-交）。

### 1.3.3　变频器关键技术指标

通常变频器关键技术指标有输入侧指标、输出侧指标和防护等级。

（1）输入侧指标

① 额定工作电压：给变频器供电的额定工作电压，各国家不完全一样。我国低压变频器的额定电压是 220V/单相/50Hz 或 380V/3 相/50Hz。

② 电压允许波动：限制变频器的最高和最低工作电压，避免损坏变频器。当电压超过最高值时，变频器失去保护能力。

③ 频率波动范围：我国的范围是 50/60Hz±5％。

（2）输出侧指标

① 额定输出电压：变频器的最大输出电压，由额定工作电压决定。

② 额定电流：变频器能够长期输出的最大电流。

③ 过载能力：变频器的输出电流允许超过额定电流的倍数和时间，由逆变模块决定。

④ 最大输出频率：变频器能够输出的最大工作频率。

⑤ 频率精度：输出频率的准确度（相对于设定频率）。

⑥ 频率分辨率：给定运行频率的最小改变量。

（3）防护等级

IP（Ingress Protection）防护等级系统是由国际电工委员会（IEC）所起草。将电器依其防尘防湿气的特性加以分级。外物含工具、人的手指等均不可接触电器内的带电部分，以免触电。IP防护等级是由两个数字组成的，第1个数字表示灯具离尘、防止外物侵入的等级，第2个数字表示灯具防湿气、防水侵入的密闭程度，数字越大表示其防护等级越高。如IP20（不防尘、不防水）。

### 1.3.4 变频器的应用

（1）主要应用行业

如今变频器已经在各行各业得到了广泛的应用，但主要的应用行业是纺织、冶金、石化、电梯、供水、电力、油田、市政、塑料、印刷、建材、起重和造纸，其他行业也有很多应用。如图1-15所示是按2005年中国市场变频器的销售总价格统计的百分比，这个表格基本可以反应变频器在各个行业的使用情况。

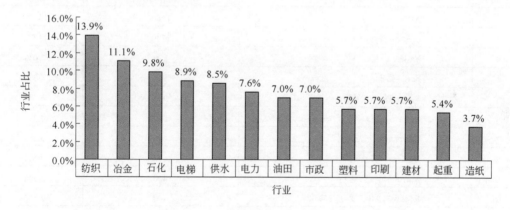

图1-15 变频器的应用行业百分比

（2）变频器在节能方面的应用

变频器的产生主要是实现对交流电动机的无极调速，但由于全球能源供求矛盾日益突出，其节能效果越来越受到重视。变频器在风机和水泵的应用中，节能效果尤其明显，因此多数变频器的厂家都生产专门的风机、水泵用变频器。

① 风机、泵类的123定律。

a. 风机、水泵的流量与电动机转速的一次方成正比。

b. 风机、水泵的扬程（压头）与电动机转速的二次方成正比。

c. 风机、水泵的轴功率与转速的三次方成正比。

扬程：是指水泵能够扬水的高度，也是单位重量液体通过泵所获得的能量，通常用 $H$ 表示，单位是 m。

② 节能效果。有关资料显示，风机、泵类负载使用变频调速后节能率可达 20%~60%。这类负载的应用场合是恒压供水、风机、中央空调、液压泵变频调速等。

（3）变频器在精确自控系统中的应用

算术运算和智能控制功能是变频器的另一特色，输出精度可达 0.1%~0.01%。这类负载的应用场合是印刷、电梯、纺织、机床、生产流水线等行业的速度控制。

（4）变频器在提高工艺方面的应用

可以改善工艺和提高产品质量，减少设备冲击和噪声，延长设备使用寿命，使机械设备简化，操作和控制更具人性化，从而提高整个设备的功能。

### 1.3.5 主流变频器介绍

尽管国产变频器的品牌很多（超过 200 家），但在市场中的份额并不高，但上升势头比较明显，能进入销售前列的国产品牌只有少数几个，大部分产品份额仍然被欧美品牌占领，特别是在一些高端应用场合。表 1-5 是 2009 年低压变频器的市场份额（以在中国的销售收入排名）。可以看出前 16 个品牌占领的市场份额高达 75.2%。

表 1-5  2009 年低压变频器的中国市场份额

| 序号 | 品牌 | 销售收入/百万 | 份额 |
| --- | --- | --- | --- |
| 1 | ABB | 1950 | 15.7% |
| 2 | Siemens（西门子） | 1730 | 13.9% |
| 3 | Yaskawa（安川） | 870 | 7.0% |
| 4 | Fuji（富士） | 590 | 4.7% |
| 5 | Schneider（施耐德） | 560 | 4.7% |
| 6 | Delta（台安） | 510 | 4.3% |
| 7 | Emerson（艾默生） | 440 | 3.5% |
| 8 | Danfoss（丹富士） | 430 | 3.5% |
| 9 | Mitsubishi（三菱） | 400 | 3.2% |
| 10 | Rockwell AB（罗克韦尔） | 300 | 2.5% |
| 11 | Innovance（汇川） | 290 | 2.4% |
| 12 | Sanken（三垦） | 290 | 2.3% |
| 13 | INV（英威腾） | 280 | 2.3% |
| 14 | Hitachi（日立） | 220 | 1.8% |
| 15 | Huifeng（汇丰） | 210 | 1.7% |
| 16 | Vacon（伟肯） | 210 | 1.7% |

## 小结

**重点难点：**

1. 三相异步电动机的结构、工作原理、机械特性。

2. 三相异步电动机的调速原理和特点。

# 习题

1．什么是直流传动？直流传动的特点是什么？

2．什么是交流传动？交流传动的特点是什么？

3．什么是三相异步电动机的三角形连接？什么是三相异步电动机的星形连接？

4．简述三相异步电动机的工作原理。

5．三相异步电动机有哪几种调速方式？用机械特性图解释这几种调速方式的优缺点。

6．变频器的定义是什么？

7．简述变频器的分类。

8．变频器有哪几个发展阶段？

9．目前变频器主要应用在哪些行业？

10．已知一台三相异步电动机，额定频率 $P_N=150\,kW$，额定电压 $380\,V$，额定转速 $n_N=1460$ r/min，过载倍数 $\lambda_m=2.4$。当转子回路不串入电阻时：

（1）求其转矩的实用表达式；

（2）电动机能否带动额定负载启动？

## 第2章
# 变频器的工作原理

本章主要介绍变频器的电力电子器件、主电路、控制电路，阐述变频器工作的原理，这是学习本书后续内容的必要准备。

## 2.1 电力电子器件

电力电子器件是变频器的核心器件之一，变频器的发展和电力电子器件的进步是密不可分的，了解电力电子器件对理解变频器的工作是必要的。以下介绍几种关键的电力电子器件。

（1）晶闸管（SCR）

晶闸管于 1958 年由美国的 GE（通用电气）公司发明。晶闸管是三端器件，通过控制信号能控制其开通，但不能控制其关断。目前晶闸管的容量已经达到 8kV、3kA，但晶闸管的工作频率低于 400Hz，大大限制了其应用范围，在中小功率的变频器中，已经基本不用晶闸管了。晶闸管目前已经产生了一些派生器件，如快速晶闸管、双向晶闸管、光控晶闸管和逆导晶闸管等。

晶闸管具有四层 PNPN 结构，三端引线是 A（阳极）、G（门极）、K（阴极），其符号如图 2-1 所示。

① 晶闸管的开通条件。

● 阳极和阴极间承受正向电压时，在门极和阴极间也加正向电压。

● 当阳极电流上升到擎住电流后，门极电压信号即失去作用，若撤去门极信号，晶闸管可继续导通（擎住电流是使晶闸管由关断到导通的最小电流）。

② 晶闸管的关断条件。使晶闸管阳极电流 $I_A$ 小于维持电流 $I_H$（维持电流 $I_H$ 是保持晶闸管导通的最小电流）。

③ 晶闸管的伏安特性。晶闸管的伏安特性就是晶闸管的阳极和阴极的电压 $U_A$ 与晶闸管的阳极和阴极电流 $I_A$ 之间的关系特性，如图 2-2 所示。

图 2-1　晶闸管的符号

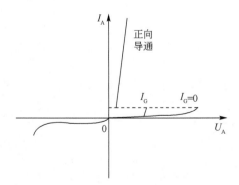

图 2-2　晶闸管的伏安特性

（2）门极可关断晶闸管（GTO）

门极可关断晶闸管就是可以用门极信号控制其关断的晶闸管。目前 GTO 的容量已经达到 6000A、6000V，开关频率为 1000Hz。GTO 是一种多元功率集成器件，它由十几个甚至数百个共阳极的小 GTO 元组成，其阴极并联在一起，阳极也并联在一起，这样就便于控制。门极可关断晶闸管的符号如图 2-3 所示。

① 伏安特性与 SCR 的特性相似。

② 导通与关断条件。导通条件与 SCR 相同，但关断时门极需要负脉冲。

③ 缺点。

- 驱动功率大，驱动电路复杂。
- 工作频率不够高，一般在 10kHz 以下。

④ 优点。

- 电压、电流容量较大，可达到 6000V、6000A 。
- 多应用于高压大功率的场合。

（3）电力晶体管（GTR）

电力晶体管产生于 20 世纪 70 年代，是一种电流控制的双极双结电力电子器件，它具备晶体管的固有特性，又增加了功率容量，因此，由它组成的电路灵活、成熟，开关损失少、时间短，在中等容量和中等频率的电力电子变流设备中应用广泛。电力晶体管的额定值达到 1800V、800A、2000Hz，1400V、600A、5000Hz，600V、300A、100kHz。其符号如图 2-4 所示。

图 2-3 门极可关断晶闸管的符号　　图 2-4 电力晶体管的符号

① 电力晶体管的伏安特性。GTR 在一定的基极电流 $I_B$ 下，管子的集射极之间的电压 $u_{CE}$ 和集电极电流 $i_C$ 之间的关系特性如图 2-5 所示。电力晶体管有放大、饱和和截止三种状态，类似于三极管。GTR 作为开关器件，其工作状态应在截止（关）和饱和（开）两种状态之间交替。

② 电力晶体管缺点。GTR 耐冲击能力差，易受二次击穿损坏。目前 GTR 的应用一般被 IGBT 和 MOSFET 所替代。

（4）电力场效应晶体管（MOSFET）

电力场效应晶体管产生于 20 世纪 70 年代，是一种电压控制型单极晶体管。它通过栅极电压来控制漏极电流。目前电力场效应晶体管的容量水平达到 1000V、2A、2MHz，60V、200A、2MHz。其符号如图 2-6 所示。

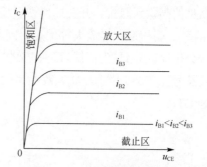

图 2-5 电力晶体管的伏安特性

① 电力场效应晶体管的伏安特性和输出特性。电力场效应晶体管的伏安特性如图 2-7 所示，分为非饱和区、饱和区和截止区。电力场效应晶体管的输出特性如图 2-8 所示。

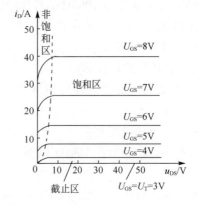

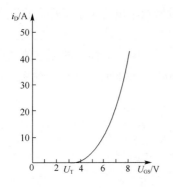

图 2-6　电力场效应晶体管的符号　　图 2-7　电力场效应晶体管的伏安特性

② 电力场效应晶体管的导通和截止条件。

• 导通条件：当漏源极电压 $u_{DS}$ 加正向电压，且栅源极电压 $U_{GS}$ 大于开启电压 $U_T$ 时，电力场效应晶体管导通。

• 截止条件：当漏源极电压 $u_{DS}$ 加正向电压，且栅源极电压 $U_{GS}$ 为 0 时，电力场效应晶体管截止。

③ 电力场效应晶体管的优缺点。

• 优点：驱动功率小，开关速度快，没有二次击穿问题，安全工作区宽，耐破坏性强。

• 缺点：电流容量小，耐压低，通态压降大，不适合大功率场合。

图 2-8　电力场效应晶体管的输出特性

（5）绝缘栅双极型晶体管（IGBT）

绝缘栅双极型晶体管（IGBT）是 20 世纪 80 年代问世的一种新型复合电力电子器件，是一种 N 槽道增强型场控（电压）复合器件，属于少子器件类型，却兼有 MOSFET 和双极性器件的高输入阻抗、开关速度快、安全工作区域宽、饱和压降低（甚至接近于 GTR 的饱和压降）、耐压高、电流大等优点。因此，IGBT 是一种比较理想的电力电子器件，近年来发展十分迅速，应用最为广泛。目前 IGBT 的容量达到 1800~3300V、1200~1600A，工作频率 40kHz。其符号如图 2-9 所示，其等效电路如图 2-10 所示，IGBT 相当于一个由 MOSFET 驱动的厚基区 GTR。

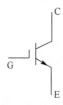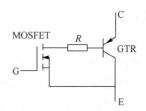

图 2-9　绝缘栅双极型晶体管的符号　　图 2-10　绝缘栅双极型晶体管的等效电路

① 绝缘栅双极型晶体管的伏安特性如图 2-11 所示。

② 绝缘栅双极型晶体管的导通和截止条件。

● 导通条件：$u_{CE}$ 加正压，且门极电压 $U_G > U_{GE(th)}$ （开启电压），绝缘栅双极型晶体管导通。

● 截止条件：门极电压 $U_G < U_{GE(th)}$ （开启电压），绝缘栅双极型晶体管截止。

③ 优点：驱动功率小、开关速度快、电流容量大、耐压高、综合性能优良。

④ IGBT 的类型。IGBT 的类型主要有 4 种，

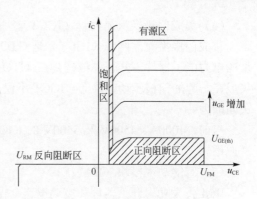

图 2-11　绝缘栅双极型晶体管的伏安特性

包括一单元模块[图 2-12（a）]、单桥臂二单元模块[图 2-12（b）]、双桥臂四单元模块[图 2-120（c）]、三相桥六单元模块[图 2-12（d）]。

（a）一单元模块

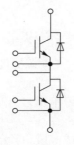

（b）单桥臂二单元模块

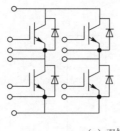

（c）双桥臂四单元模块

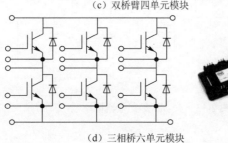

（d）三相桥六单元模块

图 2-12　IGBT 类型

**21**

（6）集成门极换流晶闸管（IGCT）

集成门极换流晶闸管（IGCT）是 GTO 的派生器件，产生于 20 世纪 90 年代，是一种新型的电力电子器件。其基本结构是在 GTO 的基础进行了改进，如特殊的环状门极、与管芯集成在一起的门极驱动电路等。IGCT 不仅具有与 GTO 相当的容量，而且具有优良的开通和关断能力。

目前，4000A、4500V 及 5500V 的 IGCT 已研制成功。在大容量变频电路中，IGCT 被广泛应用。

（7）智能功率模块（IPM）

IPM 将大功率开关器件和驱动电路、保护电路、检测电路等集成在同一个模块内，是电力集成电路的一种。

IPM 的优点是高度集成化、结构紧凑，避免了由于分布参数 、保护延迟所带来的一系列技术难题。适合逆变器高频化发展方向的需要。

目前，IPM 一般以 IGBT 为基本功率开关元件，构成单相或三相逆变器的专用功能模块，在中小容量变频器中广泛应用。

## 2.2 变频器的变频原理

### 2.2.1 交-直-交变换简介

电网的电压和频率是固定的。在我国，低压电网的电压和频率为 380V、50Hz，通常是不能变的。要想得到电压和频率都能调节的电源，应从另一种能源变过来，即直流电。因此，交-直-交变频器的工作可分为两个基本过程。

① 交-直变换过程：就是先把不可调的电网的三相（或单相）交流电经整流桥整流成直流电。

② 直-交变换过程：就是反过来又把直流电"逆变"成电压和频率都任意可调的三相交流电。交-直-交变频器框图如图 2-13 所示。

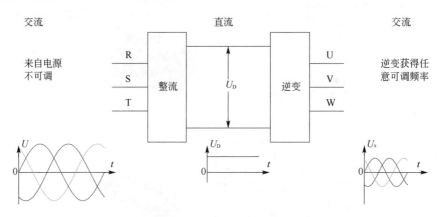

图 2-13 交-直-交变频器框图

### 2.2.2 变频变压的原理

（1）变频变压的原因

电动机的转速公式为：

$$n = \frac{60f(1-s)}{p}$$

式中　　$n$——电动机的转速；

　　　　$f$——电源的频率；

　　　　$s$——转差率；

　　　　$p$——电动机的磁极对数。

电动机变频变压调速不仅需要改变电动机的频率 $f$，同时也需要改变电动机的电压，这是因为电动机的磁通量满足如下公式：

$$\Phi_{\mathrm{m}} = \frac{E_{\mathrm{g}}}{4.44fN_{\mathrm{s}}k_{\mathrm{ns}}} \approx \frac{U_{\mathrm{s}}}{4.44fN_{\mathrm{s}}k_{\mathrm{ns}}}$$

式中　　$\Phi_{\mathrm{m}}$——电动机的每极气隙的磁通量；

　　　　$f$——定子的频率；

　　　　$N_{\mathrm{s}}$——定子绕组的匝数；

　　　　$k_{\mathrm{ns}}$——定子基波绕组系数；

　　　　$U_{\mathrm{s}}$——定子相电压；

　　　　$E_{\mathrm{g}}$——气隙磁通在定子每相中感应电动势的有效值。

由于实际测量 $E_{\mathrm{g}}$ 比较困难，而 $U_{\mathrm{s}}$ 和 $E_{\mathrm{g}}$ 大小近似，所以用 $U_{\mathrm{s}}$ 代替 $E_{\mathrm{g}}$。又因为在设计电动机时，电动机的每极气隙的磁通量 $\Phi_{\mathrm{m}}$ 接近饱和值，因此，降低电动机频率时，如果 $U_{\mathrm{s}}$ 不降低，那么势必使得 $\Phi_{\mathrm{m}}$ 增加，而 $\Phi_{\mathrm{m}}$ 接近饱和值，不能增加，所以导致绕组线圈的电流急剧上升，从而造成烧毁电动机的绕组。所以变频器在改变频率的同时，需要改变 $U_{\mathrm{s}}$，通常保持磁通为一个恒定的数值，也就是电压和频率成以一个固定的比例，满足如下公式：

$$\frac{U_{\mathrm{s}}}{f} = \mathrm{const}$$

（2）变频变压的实现方法

变频变压的实现方法有脉幅调制（PAM）、脉宽调制（PWM）和正弦脉宽调制（SPWM）。

① 脉幅调制（PAM）就是在频率下降的同时，使直流电压下降。因为晶闸管的可控整流技术已经成熟，所以在整流的同时使直流电的电压和频率同步下降。PAM 调制如图 2-14 所示，图 2-14（a）中频率高，整流后的直流电压也高，图 2-14（b）中频率低，整流后的直流电压也低。

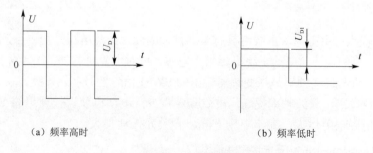

（a）频率高时　　　　　　　　　　（b）频率低时

图 2-14　PAM 调制

脉幅调制比较复杂，因为要同时控制整流和逆变两个部分，目前使用并不多。

② 脉冲宽度调制（PWM），是英文"pulse width modulation"的缩写，简称脉宽调制，是利用微处理器的数字输出来对模拟电路进行控制的一种非常有效的技术，广泛应用在从测量、通信到功率控制与变换的许多领域中。最早用于无线电领域。由于 PWM 控制技术具有控制简单、灵活和动态响应好的优点，所以成为电力电子技术最广泛应用的控制方式，也是人们研究的热点。PWM 控制技术可用于直流电动机调速和阀门控制，例如现在的电动车电动机调速就是使用的这种调速方式。

占空比（Duty Ratio）就是在一串脉冲周期序列中（如方波），脉冲的持续时间与脉冲总周期的比值。脉冲波形图如图 2-15 所示。占空比公式如下：

$$i = \frac{t}{T}$$

对于变频器的输出电压而言，PWM 实际就是将每半个周期分割成许多个脉冲，通过调节脉冲宽度和脉冲周期的"占空比"来调节平均电压，占空比越大，平均电压越大。

PWM 的优点是只需要在逆变侧控制脉冲的上升沿和下降沿的时刻（即脉冲的时间宽度），而不必控制直流侧，因而大大简化了电路。

③ 正弦脉宽调制（SPWM，是英文"sinusoidal pulse width modulation"的缩写），就是在 PWM 的基础上改变了调制脉冲方式，脉冲宽度时间占空比按正弦规律排列，这样输出波形经过适当的滤波可以做到正弦波输出。

正弦脉宽调制的波形图如图 2-16 所示，图形上部是正弦波，图形的下部是正弦脉宽调制波，在图中正弦波与时间轴围成的面积分成 7 块，每一块的面积与下面的矩形的面积相等，也就是说正弦脉宽调制波等效于正弦波。

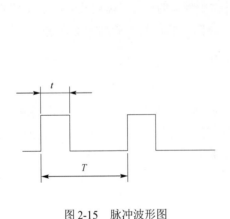

图 2-15　脉冲波形图　　　　　　　　图 2-16　正弦脉宽调制波形图

SPWM 的优点：由于电动机绕组具有电感性，因此，虽然电压是由一系列的脉冲波构成的，但通入电动机的电流（电动机绕组相当于电感，可对电流进行滤波）十分接近于正弦波。

载波频率，所谓载波频率是指变频器输出的 PWM 信号的频率。一般在 0.5~12kHz 之间，可通过功能参数设定。载波频率提高，电磁噪声减少，电动机获得较理想的正弦电流曲线。开关频率高，电磁辐射增大，输出电压下降，开关元件耗损大。

### 2.2.3　正弦脉宽调制波的实现方法

正弦脉宽调制有两种方法，即单极性正弦脉宽调制和双极性脉宽调制。双极性脉宽调制使用较多，而单极性正弦脉宽调制很少使用，但其简单，容易说明问题，故首先加以介绍。

（1）单极性SPWM法

单极性正弦脉宽调制波形图如图2-17所示，正弦波是调制波，其周期决定于需要的给定频率$f_x$，其振幅$U_x$按比例$U_x/f_x$，随给定频率$f_x$变化。等腰三角波是载波，其周期决定于载波频率，原则上随着载波频率而改变，但也不全是如此，取决于变频器的品牌，载波的振幅不变，每半周期内所有三角波的极性均相同（即单极性）。

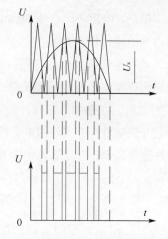

图2-17 单极性正弦脉宽调制波形图

如图2-17所示，调制波和载波的交点，决定了SPWM脉冲系列的宽度和脉冲的间隔宽度，每半周期内的脉冲系列也是单极性的。

单极性调制的工作特点：每半个周期内，逆变桥同一桥臂的两个逆变器件中，只有一个器件按脉冲系列的规律时通时断地工作，另一个完全截止；而在另半个周期内，两个器件的工况正好相反，流经负载的便是正、负交替的交变电流。

值得注意的是，变频器中并无三角波发生器和正弦波发生器，图2-17所示的交点，都是由变频器中的计算机计算得来的，这些交点是十分关键的，决定了脉冲的上升时刻和下降时刻。

（2）双极性SPWM法

毫无疑问，双极性SPWM法是应用最为广泛的方法。单相桥式SPWM逆变电路如图2-18所示。

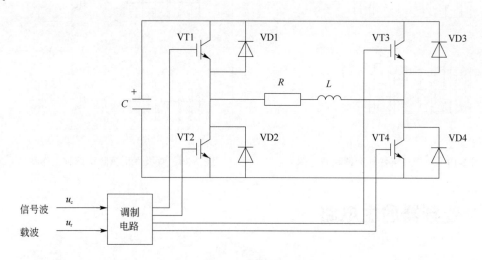

图2-18 单相桥式SPWM逆变电路

双极性正弦脉宽调制波形图如图2-19所示，正弦波是调制波，其周期决定于需要的给定频率$f_x$，其振幅$U_x$按比例$U_x/f_x$，随给定频率$f_x$变化。等腰三角波是载波，其周期决定于载波频率，原则上随着载波频率而改变，但也不全是如此，取决于变频器的品牌，载波的振幅不变。调制波与载波的交点决定了逆变桥输出相电压的脉冲系列，此脉冲系列也是双极性的。

**25**

但是，由相电压合成为线电压（$U_{UV} = U_U - U_V$，$U_{VW} = U_V - U_W$，$U_{WV} = U_W - U_U$）时，所得到的线电压脉冲系列却是单极性的。

双极性调制的工作特点：逆变桥在工作时，同一桥臂的两个逆变器件总是按相电压脉冲系列的规律交替地导通和关断。如图 2-20 所示，当 VT1 导通时，VT4 关断，而 VT4 导通时，VT1 关断。在图中，正脉冲时，驱动 VT1 导通；而负脉冲时，脉冲经过反相，驱动 VT4 导通。开关器件 VT1 和 VT4 交替导通，必须先关断，停顿一小段时间（死区时间），确保开关器件完全关断，再导通另一个开关器件。而流过负载的电流是按线电压规律变化的交变电流。

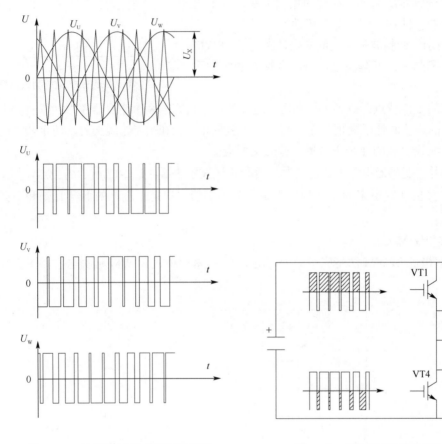

图 2-19　双极性正弦脉宽调制波形图　　　　图 2-20　双极性正弦脉宽调制工作特点

## 2.3　变频器的主电路

（1）整流与滤波电路

① 整流电路。整流和滤波回路如图 2-21 所示。整流电路比较简单，由 6 个二极管组成全桥整流（如果进线单相变频器，则需要 4 个二极管），交流电经过整流后就变成了直流电。

② 滤波电路。市电经过左侧的全桥整流后，转换成直流电，但此时的直流电有很多交流成分，因此需要经过滤波，电解电容器 $C_1$ 和 $C_2$ 就起滤波作用。实际使用的变频器的 $C_1$ 和 $C_2$ 电容上还会并联小容量的电容，主要是为了吸收短时间的干扰电压。

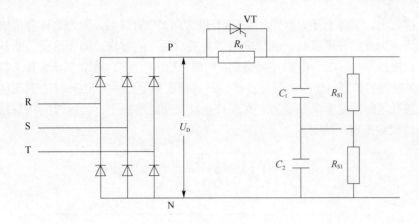

图 2-21　整流和滤波回路图

由于经过全桥滤波后直流 $U_D$ 的峰值为 $380 \times \sqrt{2} = 537\text{V}$，又因我国的电压许可范围是 $\pm 10\%$，所以 $U_D$ 的峰值实际可达 591V，一般取 $U_D$ 的峰值 600~700V，而电解电容的耐压通常不超过 500V，所以在滤波电路中，要将两个电容器串联起来，又由于电容器的电容量有误差，所以每个电容器并联一个电阻（$R_{S1}$ 和 $R_{S2}$），这两个电阻就是均压电阻，因为 $R_{S1} = R_{S2}$，所以能保证两个电容的电压基本相等。

由于变频器都要采用滤波器件，滤波器件都有储能作用，以电容滤波为例，当主电路断电后，电容器上还存储有电能，因此即使主电路断电，人体也不能立即触碰变频器的导体部分，以免触电。一般变频器上设置了指示灯，这个指示灯就是指示电荷是否释放完成的标志，如果指示灯亮，表示电荷没有释放完成。这个指示灯并不是用于指示变频器是否通电的。

③ 限流。在合上电源前，电容器上是没有电荷的，电压为 0V，而电容器两端的电压又是不能突变的。就是说，在合闸瞬间，整流桥两端（P、N 之间）相当于短路。因此，在合上电源瞬间，有很大的冲击电流，这有可能损坏整流管。因此为了保护整流桥，在回路上接入一个限流电阻 $R_0$，如果限流电阻一直接入在回路中有两个弊端：一是电阻要耗费电能，特别是大型变频器更是如此，二是 $R_0$ 的分压作用使得逆变后的电压将减少，这是非常不利的[举例说，假设 $R_0$ 一直接入，那么当变频器的输出频率与输入的市电一样大时（50Hz），变频器的输出电压小于 380V]。因此，变频器启动后，可控硅 VT（也可以是接触器的触头）导通，短接 $R_0$，使变频器在正常工作时，$R_0$ 不接入电路。

通常变频器使用电容滤波，而不采用 π 形滤波，因为 π 形滤波要在回路中接入电感器，电感器的分压作用也类似于图 2-21 中 $R_0$ 的分压，使得逆变后的电压减少。

（2）逆变电路

① 逆变电路的工作原理。交-直-交变压变频器中的逆变器一般是三相桥式电路，以便输出三相交流变频电源。如图 2-22 所示，6 个电力电子开关器件 VT1~VT6 组成三相逆变器主电路，图中的 VT 符号代表任意一种电力电子开关器件。控制各开关器件轮流导通和关闭，可使输出端得到三相交流电压。在某一瞬间，控制一个开关器件关断，控制另一个开关器件导通，实现两个器件之间的换流。在三相桥式逆变器中有 180° 导通型和 120° 导通型两种换流方式，以下仅介绍 180° 导通型换流方式。

当 VT1 关断后，VT4 导通，而 VT4 断开后，VT1 导通。实际上，每个开关器件，在一个周期里导通的区间是 180°，其他各相也是如此。每一时刻都有 3 个开关器件导通。但必须防止同一桥臂上、下两个开关器件（如 VT1 和 VT4）同时导通，因为这样会造成直流电源短路，即直通。为此，在换流时，必须采取"先关后通"的方法，即先给要关断开关器件发送关断信号，待其关断后留一定的时间裕量，叫做"死区时间"，再给要导通开关器件发送导通信号。死区时间的长短，要根据开关器件的开关速度确定，例如 MOSFET 的死区时间就可以很短，设置死区时间是非常必要的，在保证电路安全的前提下，死区时间越短越好，因为死区时间会造成输出电压畸变。

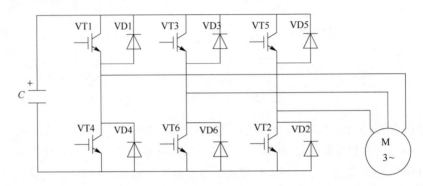

图 2-22　三相桥式逆变器电路

② 反向二极管的作用。如图 2-23 所示，逆变桥的每个逆变器件旁边都反向并联一个二极管，以一个桥臂为例说明，其他的桥臂也是类似的。

a. 在 0~$t_1$ 时间段，电流 $i$ 和电压 $u$ 的方向是相反的，绕组的自感电动势（反电动势）克服电源电压做功，这时的电流通过二极管 VD1 流向直流回路，向滤波电容器充电。如果没有反向并联的二极管，电流的波形将发生畸变。

b. 在 $t_1$~$t_2$ 时间段，电流 $i$ 和电压 $u$ 的方向是相同的，电源电压克服绕组自感电动势做功，这时的电流通过滤波电容向电动机放电。

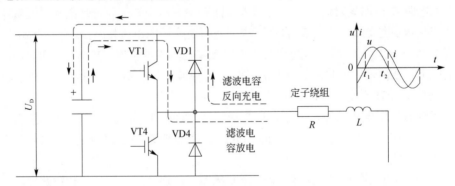

图 2-23　逆变桥反向并联二极管的作用

## 2.4　变频器的控制电路

控制回路包括变频器的核心软件算法电路、检测传感电路、控制信号的输入输出电路、驱动电路和保护电路。

现在以某通用变频器为例来介绍控制回路（图2-24），它包括以下几个部分。

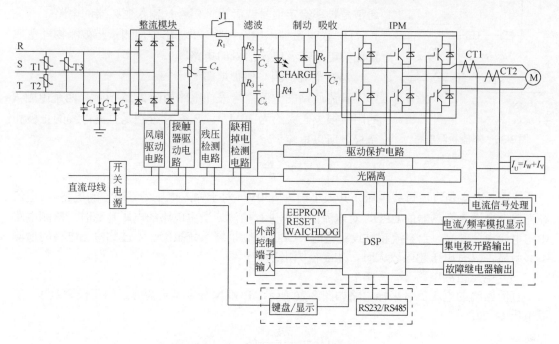

图 2-24  通用变频器回路图

（1）开关电源

开关电源是高频开关稳压电源的简称，在变频器中，开关电源用于为控制电路的各个部分提供电压稳定的直流电。具体用途如下。

① PWM 的自励电源，用于为 PWM 发生器提够电源。

② 5V 电源，用于给 CPU 及其相关电路的供电，这部分供电非常重要。

③ +24V 电源，各种变频器都为用户提够＋24V 电源直流电，作为传感器使用。

④ ±15 V 电源，主要用于为频率给定电路提够电源，有的变频器是 ±10 V 电源。

⑤ 驱动电源，为 IGBT 的驱动电路提够电源。

总之，开关电源是变频器的重要组成部分，其可靠性直接与变频器的可靠性相关，在小功率的变频器中，开关电源电路占有的空间比例较大。

（2）DSP 外围电路

图 2-24 所示的通用变频器采用的 DSP（数字信号处理器）为 TI 公司的产品，如TMS320F240 系列。它主要实现电流、电压、温度采样，六路 PWM 输出，各种故障报警输入，电流电压频率设定信号输入，电动机控制算法的运算等功能。

（3）输入输出端子电路

变频器控制电路输入输出端子电路包括以下方面。

① 数字量输入电路，数字量输入端子主要包括输入多功能选择端子、正反转端子、复位端子等。把外部数字量信号转换成 CPU 可以接受和识别的电路即是数字量输入电路。

② 数字量输出电路，数字量输出端子包括继电器输出端子、开路集电极输出多功能端子等。CPU 把信号送到数字量输出端子的电路为数字量输出电路，通常包括信号放大和光电隔离等电路。

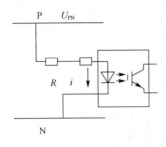

图 2-25　电流检测电路

③ 模拟量输入电路，即外部模拟量（电流或者电压信号，通常是频率给定信号或者反馈信号）输入变频器的电路。

④ 模拟量输出电路，即用于输出外部测量与被测物理量成正比的电压或者电流信号的电路。

（4）电流检测与保护电路

直流回路的电流信号采样电路如图 2-25 所示，两个电阻 $R$ 的阻值很大，大约为 30MΩ，P 和 N 分别是直流母线的正极和负极，所以电流 $i$ 为：

$$i = \frac{U_{PN}}{R}$$

式中，$U_{PN}$ 是直流母线电压，其大小约为 550V（对于输入电压为 380V 的电路）。电流经光耦合器送入变频器的 CPU，对电流的大小进行检测。当主电路的电压升高时，检测电路中的电流也会升高，当电流超过设定值时，CPU 控制报警系统报警。不过此检测电路的检测不够明显，只有电压超限较大时，才能检测出来。

（5）电压检测电路

直流回路的电压信号采样电路如图 2-26 所示，P 和 N 分别是直流母线的正极和负极，所以电压 $U_2$ 为：

$$U_2 = \frac{R_2}{R_1 + R_2} U_{PN}$$

式中，$U_{PN}$ 是直流母线电压，其大小约为 550V。电阻 $R_2$ 上的电压 $U_2$ 可以反映 $U_{PN}$ 的变化情况，$U_2$ 经光耦合器送入变频器的 CPU，对电压的大小进行检测。当主电路的电压升高时，检测电路中的电流也会升高，当电压超过设定值时，CPU 控制报警系统报警。

从上面内容可知：电压检测和电流检测电路类似。

变频器的重要的控制还有 IGBT 驱动电路等，由于比较复杂，在此暂不作介绍。

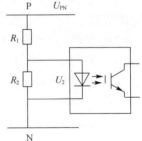

图 2-26　电压检测电路

# 小结

**重点难点：**

1. 变频器的主回路。
2. 变频器的控制回路。
3. SPWM 的产生原理。

# 习题

1. 均值电阻的作用是什么？
2. 限流电阻的作用是什么？
3. 交-直-交变频器的主电路的构成是怎样的？
4. 逆变器件旁边为何要并联二极管？
5. 简述 SPWM 产生的原理。
6. 为什么变频器运行（减速）时或停止时主电路 PN 之间电压较静态时高？
7. 变频器怎样检测直流电（电流和电压）？
8. 开关电源在变频器中有什么作用？

第3章

# 通用变频器的常用功能

本章主要介绍变频器的如下常用功能：频率控制功能、$U/f$ 控制功能、矢量控制功能、运行控制与保护功能、变频器的闭环运行和变频器的外部接线。这些功能直接涉及变频器的具体应用，是非常重要的。

## 3.1 频率控制功能

### 3.1.1 变频器的输出频率设定

变频器的输出频率可通过下述方式设定。

① 操作面板上的功能键设置频率。

② 功能参数码进行预置。

③ 操作面板上的电位器设定频率。

④ 外端子控制频率，包含三种设置频率的方法，即外部模拟量设定、多段调速设定（也称为开关量设定）和网络通信设定。

### 3.1.2 极限频率和回避频率

（1）最高频率 $f_{max}$

变频器允许输出的最高频率，一般为电动机的额定频率。在西门子 MM440 中，在 P1082 中设定，如 P1082=50Hz，在我国工频为 50Hz，因此在很多场合最高频率设为 50Hz。但有的电动机自身转速超过 50Hz 的除外（如变频电动机）。

（2）基本频率 $f_b$

又称基准频率或基底频率，只有在 $U/f$ 模式下才设定。它是指当输出电压 $U=U_N$（额定电压）时，$f$ 达到的值 $f_N$，一般为额定频率。变频器的输出频率和电压的关系如图 3-1 所示。

限制变频器的输出频率范围，从而限制电动机的转速范围，防止由于错误操作造成事故。

（3）上限频率 $f_H$

允许变频器输出的最高频率。上限和下限频率如图 3-2 所示。

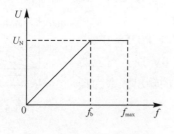

图 3-1　频率、电压关系

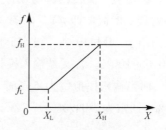

图 3-2　上限和下限频率

31

（4）下限频率 $f_L$

允许变频器输出的最低频率。在西门子 MM440 中，在 P1080 中设定，如 P1080=0Hz。

对于普通三相异步交流电动机，无特殊要求时，可设定下限频率为 0 Hz，上限频率为 50Hz。

（5）回避频率

也称为跳转频率。为避免传动系统共振，应设置回避频率。就是变频器跳过而不运行的频率。一般情况下可设置三个以上回避频率。回避频率如图 3-3 所示。

设置回避频率的三种方法：

① 设定回避频率的上端和下端频率，如设定 43Hz 和 39Hz，则回避频率范围是 39～43Hz。

② 设定回避频率值和回避频率的范围，在西门子 MM440 中，在 P1091（也可在 P1092、P1093 和 P1094 中）中设定跳转频率，在 P1101 中设定跳转频率宽度，如 P1091=40Hz 和 P1101=2Hz，则回避频率范围是 38～42Hz。

③ 只设定回避频率，回避频率范围由变频器内定。

### 3.1.3　频率增益和频率偏置

频率给定来自模拟控制端子输入的信号，如：电压 0～5V，0～10V；电流 4～20mA。为了使模拟信号与频率给定相匹配，需设置频率偏置和频率增益。

（1）频率偏置

模拟控制信号为 0 时的频率给定值为频率偏置，如图 3-4 所示。

例如，在西门子 MM440 中，设定 P0757=4mA，P0758=0%，P0759=20 mA，P0760=100%。含义是输入模拟量为 4mA 时，对应的输出频率为 0，而当输入模拟量为 20mA 时，对应的输出频率为频率标定的 100%（通常为 50Hz）。

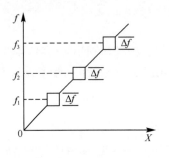

图 3-3　回避频率

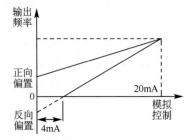

图 3-4　频率偏置

（2）频率增益

频率给定（标定值）变化范围与模拟控制信号（标定值）变化范围的比率为频率增益，即 $f/X$。如图 3-5 所示。

例如，在西门子 MM440 中，设定 P0757=0V，P0758=0%，P0759=5V，P0760=100%。含义是输入模拟量为 0V 时，对应的输出频率为 0，而当输入模拟量为 5V 时，对应的输出频率为频率标定的 100%（通常为 50Hz）。

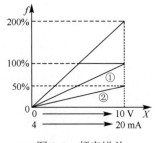

图 3-5　频率增益

# 3.2 *U/f* 控制功能

变频器调速系统的控制方式通常有两种，一是 *U/f* 控制，是基本方式，一般的变频器都有这项功能；二是矢量控制，为高级方式，有些经济型的变频器没有这项功能，如三菱的 FR-D700 和西门子的 MM420 就没有矢量控制功能，而西门子 MM440 有矢量控制功能。

## 3.2.1 *U/f* 控制方式

由于电动机的磁通为 $\varPhi_m = \dfrac{E}{4.44 f N_s k_{ns}} \approx \dfrac{U}{4.44 f N_s k_{ns}}$，在变频调速过程中为了保持主磁通的恒定，所以使 *U/f*=常数，这是变频器的基本控制方式。*U/f* 控制曲线如图 3-6 所示，真实的曲线与这条曲线有区别。

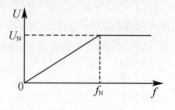

图 3-6 *U/f* 控制曲线

## 3.2.2 转矩补偿功能

（1）转矩补偿

在 *U/f* 控制方式下，利用增加输出电压来提高电动机转矩的方法称为转矩补偿或者转矩提升。

（2）转矩补偿的原因

在基频以下调速时，须保持 *E/f* 恒定，即保持主磁通 $\varPhi_m$ 恒定。频率 *f* 较高时，保持 *U/f* 恒定，即可近似地保持主磁通 $\varPhi_m$ 恒定。*f* 较低时，*E/f* 会下降，导致输出转矩下降。所以提高变频器的输出电压即可补偿转矩不足，变频器的这个功能叫做"转矩提升"。以下用一个例子进一步解释转矩补偿的原理。

【例 3-1】 有一台三相异步电动机，其主要参数是额定功率 45kW，额定频率 50Hz，额定电压 380V，额定转速 1480r/min，相电流为 85A。满载时阻抗压降是 30V。采用 *U/f* 模式变频调速，试计算 10Hz 时，其磁通的相对值。

解：① 电动机以 50Hz 工作，满载时，定子绕组每相的反电动势

$$E = U_1 - \Delta U = 380V - 30V = 350V$$

$$\frac{E}{f} = \frac{350}{50} = 7.0$$

显然，此时的磁通等于额定磁通，由于计算准确的磁通的数值比较麻烦，这里的磁通用相对值表示，额定磁通为 100%，即

$$\varPhi_m^* = 100\%$$

② 电动机的工作频率 10Hz 时，每相绕组的电压为：

$$U_{1X} = K_U U_1 = \frac{f_1}{f} U_1 = 0.2 \times 380V = 76V$$

$$E_1 = U_{1X} - \Delta U = 76V - 30V = 46V$$

$$\frac{E_1}{f_1} = \frac{46}{10} = 4.6$$

所以相对磁通为：

$$\Phi_X^* = \frac{4.6}{7.0}\Phi_m^* = 65.7\%$$

显而易见，此时的磁通只相当于额定磁通的 65.7%，电动机的带负载能力势必减少。而且是随着频率的减小，带负载能力不断减小，所以低频率时，不能保持磁通量不变，因此某些情况下转矩补偿就十分必要。

如图 3-7 所示为 $U/f$ 等于恒定值条件下的机械特性，由图可以明显看出当电动机的频率 $f_X$ 小于额定频率 $f_N$ 时，其输出转矩小于额定转矩，特别是在低频段输出转矩快速降低，由此可见，转矩补偿是非常必要的。

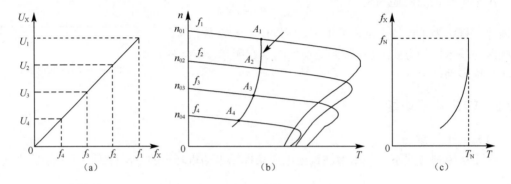

图 3-7    $U/f$ 等于恒定值条件下的机械特性

（3）常用的补偿方法

① 线性补偿。在低频时，变频器的启动电压从 0 提升到某一数值，$U/f$ 仍保持线性关系。线性补偿如图 3-8 所示。适当增加 $U/f$ 比值后，实际就是增加了反向电动势与频率的比值。西门子 MM440 变频器，设置 P1300=0 是线性补偿。

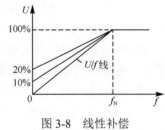

图 3-8    线性补偿

线性补偿算法以例 3-1 为例说明，假设要求低频时相对磁通为 100%，则：

$$\frac{E_1'}{f_1} = 7.0，即：E_1' = 7.0f_1 = 7.0\times10 = 70V$$

所以补偿电压为：

$$\Delta U = E_1' - E_1 = 70V - 46V = 24V$$

② 分段补偿。启动过程中分段补偿，有正补偿、负补偿两种。分段补偿如图 3-9 所示。西门子公司称这种补偿为可编程 $U/f$ 特性补偿。西门子 MM440 变频器，设置 P1300=3 是分段补偿。

正补偿：补偿曲线在标准 $U/f$ 曲线的上方，适用于高转矩启动运行的场合。

负补偿：补偿曲线在标准 $U/f$ 曲线的下方，适用于低转矩启动运行的场合。

③ 平方律补偿。补偿曲线为抛物线。低频时斜率小（$U/f$ 比值小），高频时斜率大（$U/f$ 比值大）。多用于风机和泵类负载的补偿，因为风机和水泵是二次方负载，低速时负载转矩小，所以要负补偿，而随着速度的升高，其转矩成二次方升高，所以要进行二次方补偿，以到达节能的目的。平方律补偿如图 3-10 所示。西门子 MM440 变频器，设置 P1300=2 是平方律补偿。

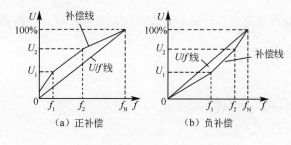

图 3-9　分段补偿

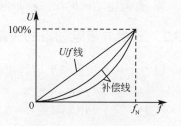

图 3-10　平方律补偿

### 3.2.3　节能运行控制功能

（1）节能运行控制功能

变频器将检测到的电动机运行状态，与变频器中储存的标准电动机的参数进行比较，从而自动给出最佳工作电压的过程，即为节能运行。

（2）变频器预置为节能运行时必须满足的条件

① 变频器中已储存有实际电动机的参数。

② 变频器节能运行时，动态性能较差，因此多用于转矩较稳定的负载中。

③ 节能运行只能用于 $U/f$ 控制方式下，不能用于矢量控制方式。

## 3.3　矢量控制功能

矢量控制是变频器的一种高性能的控制方式，其控制原理类似于直流电动机。将测得变频器实际输出电流按空间矢量的方式进行分解，形成转矩电流分量与磁通电流分量两个电流闭环，同时又可借助编码器或内置观测器模型来构成速度闭环，这种双闭环控制方式可以改善变频器的动态响应能力，减小滑差，保证系统速度稳定，确保低频时的转矩输出。典型应用场合：行车、皮带运输机、挤出机、空气压缩机和电梯等。由于矢量调速类似于直流调速，所以先简单介绍直流调速的原理。

### 3.3.1　他励直流电动机的调速原理

（1）直流电动机的转矩表达式

$$T = C_T \Phi I_a$$

式中　$T$——电磁转矩；

　　　$C_T$——与电机结构有关的常数；

　　　$I_a$——电枢电流；

　　　$\Phi$——磁通。

（2）他励直流电动机调速的优点

① $\Phi$、$I_a$ 为相互独立的变量，分别由励磁绕组、电枢绕组控制。

② 电动机的转矩控制方便，调速特性好，精度高。

（3）他励直流电动机调速的缺点

① 直流电动机结构复杂、换向过程复杂。

② 直流电动机的容量、最高转速受到限制。

③ 直流电动机的换向器和电刷装置的事故率较高，需要定期维护和更换，维护费用高。

### 3.3.2　三相异步电动机的矢量控制原理

（1）三相异步电动机的转矩表达式

$$T = C_{\mathrm{T}} \Phi_{\mathrm{m}} I_2 \cos \varphi_2$$

式中　$T$——电磁转矩；

　　　$C_{\mathrm{T}}$——与电机结构有关的常数；

　　　$\Phi_{\mathrm{m}}$——定子气隙磁通；

　　　$I_2$——转子电流；

　　$\cos \varphi_2$——转子回路功率因数。

（2）三相异步电动机转矩控制的难点

① 式中的 $\Phi_{\mathrm{m}}$、$I_2$、$\cos \varphi_2$ 都影响转矩 $T$。

② $\Phi_{\mathrm{m}}$ 与 $I_2$ 都由定子电流控制，两者不独立。

③ 难以直接实现转矩控制。

（3）矢量控制的原理

① 解决思路。针对三相异步电动机转矩控制的难点，将定子电流人为地分解为两个相互垂直的矢量，并解释为励磁电流和转子电流。交流异步电动机的控制就变得很方便。

② 矢量控制的原理。

a. 将定子电流人为分解为两个相互垂直的矢量，即励磁电流和转子电流。

b. 然后用他励直流电动机的控制方式去控制交流异步电动机。

矢量控制的具体运算过程比较麻烦，对读者的数学要求较高，涉及复杂的矩阵运算。因此，在此不作介绍。

### 3.3.3　变频器的矢量控制功能

（1）矢量控制的实现过程

① 首先检测并计算三相输出电压和电流矢量。

② 然后将电流矢量分解为两个相互垂直的电流矢量，即励磁电流和转子电流。

③ 通过运算调节器对这两个信号分别控制，从而控制逆变电路的输出。

④ 具有该功能的变频器工程上称为矢量型变频器。

（2）设置矢量控制功能时应符合的条件

① 变频器只能连接一台电动机。

② 运行前应对电动机进行自动测试，并对变频器进行自整定操作。

③ 所配备电动机的容量比应配备电动机的容量最多小一个等级。

④ 变频器与电动机之间的电缆长度应不大于 50m。

⑤ 变频器与电动机之间接有电抗器时，应使用变频器的自整定功能修改控制参数。

## 3.4　运行控制与保护功能

### 3.4.1　加速曲线和减速曲线

（1）加速曲线

通常变频器有三种加速曲线，如图 3-11 所示。

① 线性上升方式：频率随时间呈正比的上升，适用于一般要求的场合。

② S型上升方式：先慢、中快、后慢，启动、制动平稳，适用于传送带、电梯等对启动有特殊要求的场合。

③ 半S型上升方式：正半S型适用于大惯性负载，反半S型适合于风机、泵类负载。

（2）减速曲线

减速曲线与加速曲线类似，加速和减速曲线的组合，如图 3-12 所示，根据不同的机型可分为三种情况。

① 只能预置加、减速的方式，曲线形状由变频器内定，用户不能自由设置。

② 可为用户提供若干种 S 区，如 0.2s、0.5s、1s 等。

③ 用户可在一定的非线性区内设置时间的长短。

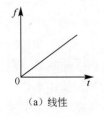 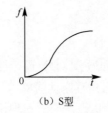 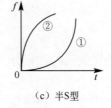 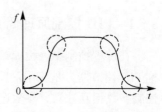

（a）线性　　　　　（b）S型　　　　　（c）半S型

图 3-11　加速曲线　　　　　　　　　　图 3-12　减速曲线

### 3.4.2　点动控制

（1）点动控制的概念

点一下按键或按钮，电动机在某一频率下运行的控制方式叫点动控制（寸动控制）。

（2）点动控制功能的设定

点动频率设定根据变频器的不同而不同，下面以 MM440 为例说明。

① 正向点动频率，设置参数是 P1058，其默认值是 5Hz，可以根据需要设定。

② 反向点动频率，设置参数是 P1059，其默认值也是 5Hz，可以根据需要设定。

③ 点动的斜坡上升时间，设置参数是 P1060，其默认值是 10s，如图 3-13 所示。其中 P1082 代表最大频率。

### 3.4.3　制动控制

（1）制动控制功能

用于电动机运行过程中迅速停止或准确定位。

（2）制动控制功能分类

制动控制分为回馈制动、直流制动和电阻能耗制动等，将在后续章节详细介绍。

### 3.4.4　过载保护功能

（1）保护的对象

保护的对象为电动机和变频器。

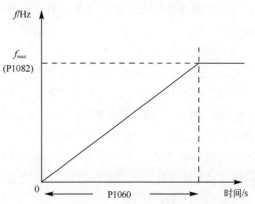

图 3-13　点动的斜坡上升时间

（2）对电动机的过热保护功能

变频器内部内置电子热继电器，监视变频器的输出电流，但只能对一台电动机进行电子热保护，当一台变频器拖动多台电动机时，需要在每台电动机上接热继电器，进行热保护。

（3）对变频器自身的保护功能

变频器对过流、过压、过功率、断电、其他故障等均可进行自动保护，并发出报警信号，甚至自动跳闸断电。变频器在出现过载及故障时，一方面由显示屏发出文字报警信号，另一方面由接点开关输出报警信号。

当故障排除后，要由专用的复位控制指令复位，变频器方可重新工作。

# 3.5  变频器的 PID 闭环控制功能

## 3.5.1  PID 控制原理简介

在过程控制中，按偏差的比例（P）、积分（I）和微分（D）进行控制的 PID 控制器（也称 PID 调节器）是应用最广泛的一种自动控制器。它具有原理简单、易于实现、适用面广、控制参数相互独立、参数选定比较简单和调整方便等优点，而且在理论上可以证明，对于过程控制的典型对象——"一阶滞后＋纯滞后"与"二阶滞后＋纯滞后"，PID 控制器是一种最优控制。PID 调节是连续系统动态品质校正的一种有效方法，它的参数整定方式简便，结构改变灵活（如可为 PI 调节、PD 调节等）。长期以来，PID 控制器被广大科技人员及现场操作人员所采用，并积累了大量的经验。

PID 控制器根据系统的误差，利用比例、积分、微分计算出控制量来进行控制。当被控对象的结构和参数不能完全掌握、得不到精确的数学模型或控制理论的其他技术难以采用时，系统控制器的结构和参数必须依靠经验和现场调试来确定，这时应用 PID 控制技术最为恰当。即当不完全了解一个系统和被控对象或不能通过有效的测量手段来获得系统参数时，最适合采用 PID 控制技术。

（1）比例（P）控制

比例控制是一种最简单、最常用的控制方式，如放大器、减速器和弹簧等。比例控制器能立即成比例地响应输入的变化量。但仅有比例控制时，系统输出存在稳态误差（steady-state error）。

（2）积分（I）控制

在积分控制中，控制器的输出量是输入量对时间的积累。对一个自动控制系统，如果在进入稳态后存在稳态误差，则称这个控制系统是有稳态误差的或简称有差系统（system with steady-state error）。为了消除稳态误差，在控制器中必须引入"积分项"。积分项对误差的运算取决于时间的积分，随着时间的增加，积分项会增大。所以即便误差很小，积分项也会随着时间的增加而加大，它推动控制器的输出增大，使稳态误差进一步减小，直到等于零。因此，采用比例+积分（PI）控制器，可以使系统在进入稳态后无稳态误差。

（3）微分（D）控制

在微分控制中，控制器的输出与输入误差信号的微分（即误差的变化率）成正比关系。自动控制系统在克服误差的调节过程中可能会出现振荡甚至失稳。其原因是存在较大的惯性组件（环节）或滞后（delay）组件，这些组件具有抑制误差的作用，其变化总是落后于误差的变化。解决的办法是使抑制误差的作用变化"超前",即在误差接近零时,抑制误差的作用就应该是零。在控制器中仅引入"比例"项往往是不够的,比例项的作用仅是放大误差的幅值,而目前需要增加的是"微分项",它能预测误差变化的趋势,这样具有比例+微分的控制器就能够提前使抑制误差的控制作用等于零,甚至为负值,从而避免被控量的严重超调。所以对有较大惯性或滞后的被控对象,比例+微分(PD)控制器能改善系统在调节过程中的动态特性。

(4)闭环控制系统特点

控制系统一般包括开环控制系统和闭环控制系统。开环控制系统(open-loop control system)是指被控对象的输出(被控制量)对控制器(controller)的输出没有影响,在这种控制系统中不依赖将被控制量反送回来以形成任何闭环回路。闭环控制系统(closed-loop control system)的特点是系统被控对象的输出(被控制量)会反送回来影响控制器的输出,形成一个或多个闭环。闭环控制系统有正反馈和负反馈,若反馈信号与系统给定值信号相反,则称为负反馈(negative feedback);若极性相同,则称为正反馈(positive feedback)。一般闭环控制系统均采用负反馈,又称负反馈控制系统。可见,闭环控制系统性能远优于开环控制系统。

(5)PID控制器的参数整定

PID控制器的参数整定是控制系统设计的核心内容。它根据被控过程的特性,确定PID控制器的比例系数、积分时间和微分时间的大小。PID控制器参数整定的方法很多,概括起来有如下两大类。

① 理论计算整定法。它主要依据系统的数学模型,经过理论计算确定控制器参数。这种方法所得到的计算数据不可以直接使用,还必须通过工程实际进行调整和修改。

② 工程整定法。它主要依赖于工程经验,直接在控制系统的试验中进行,方法简单、易于掌握,在工程实际中被广泛采用。PID控制器参数的工程整定方法主要有临界比例法、反应曲线法和衰减法。这三种方法各有其特点,其共同点都是通过试验,然后按照工程经验公式对控制器参数进行整定。但无论采用哪一种方法所得到的控制器参数,都需要在实际运行中进行最后的调整与完善。

现在一般采用的是临界比例法。利用该方法进行PID控制器参数的整定步骤如下。

a. 首先预选择一个足够短的采样周期让系统工作。

b. 仅加入比例控制环节,直到系统对输入的阶跃响应出现临界振荡,记下这时的比例放大系数和临界振荡周期。

c. 在一定的控制度下通过公式计算得到PID控制器的参数。

(6)PID控制器的主要优点

PID控制器已成为应用最广泛的控制器,它具有以下优点。

① PID算法蕴涵了动态控制过程中过去、现在、将来的主要信息,而且其配置几乎最优。其中,比例(P)代表了当前的信息,起纠正偏差的作用,使过程反应迅速。微分(D)在信号变化时有超前控制作用,代表将来的信息,在过程开始时强迫过程进行,过程结束时减小超调,克服振荡,提高系统的稳定性,加快系统的过渡过程。积分(I)代表了过去积累的信息,它能消除静差,改善系统的静态特性。此三种作用配合得当,可使动态过程快速、平稳、准确,收到良好的效果。

② PID控制适应性好,有较强的鲁棒性,对各种工业场合,都可在不同的程度上应用。

特别适于"一阶惯性环节+纯滞后"和"二阶惯性环节+纯滞后"的过程控制对象。

③ PID 算法简单明了，各个控制参数相对较为独立，参数的选定较为简单，形成了完整的设计和参数调整方法，很容易为工程技术人员所掌握。

④ PID 控制根据不同的要求，针对自身的缺陷进行了不少改进，形成了一系列改进的 PID 算法。例如，为了克服微分带来的高频干扰的滤波 PID 控制，为克服大偏差时出现饱和超调的 PID 积分分离控制，为补偿控制对象非线性因素的可变增益 PID 控制等。这些改进算法在一些应用场合取得了很好的效果。同时当今智能控制理论的发展，又形成了许多智能 PID 控制方法。

（7）PID 的算法

PID 控制器调节输出，保证偏差（$e$）为零，使系统达到稳定状态，偏差是给定值（$SP$）和过程变量（$PV$）的差。PID 控制的原理基于以下公式：

$$M(t) = K_C e + K_C \int_0^1 e \mathrm{d}t + M_{\text{initial}} + K_C \frac{\mathrm{d}e}{\mathrm{d}t} \tag{3-1}$$

式中　$M(t)$ ——PID 回路的输出；

　　　$K_C$ ——PID 回路的增益；

　　　$e$ ——PID 回路的偏差（给定值与过程变量的差）；

　　　$M_{\text{initial}}$ ——PID 回路输出的初始值。

由于以上的算式是连续量，必须将连续量离散化才能在计算机中运算，离散处理后的算式如下：

$$M_n = K_C e_n + K_I \sum_1^n e_x + M_{\text{initial}} + K_D(e_n - e_{n-1}) \tag{3-2}$$

式中　$M_n$ ——在采样时刻 $n$ 回路输出的计算值；

　　　$K_C$ ——PID 回路的增益；

　　　$K_I$ ——积分项的比例常数；

　　　$K_D$ ——微分项的比例常数；

　　　$e_n$ ——采样时刻 $n$ 的回路的偏差值；

　　　$e_{n-1}$ ——采样时刻 $n-1$ 的回路的偏差值；

　　　$e_x$ ——采样时刻 $x$ 的回路的偏差值；

　　　$M_{\text{initial}}$ ——PID 回路输出的初始值。

再对以上算式进行改进和简化，得出如下计算 PID 输出的算式：

$$M_n = MP_n + MI_n + MD_n \tag{3-3}$$

式中　$M_n$ ——第 $n$ 次采样时刻的计算值；

　　　$MP_n$ ——第 $n$ 次采样时刻的比例项的值；

　　　$MI_n$ ——第 $n$ 次采样时刻的积分项的值；

　　　$MD_n$ ——第 $n$ 次采样时刻微分项的值。

$$MP_n = K_C(SP_n - PV_n) \tag{3-4}$$

式中　$MP_n$ ——第 $n$ 采样时刻的比例项的值；

　　　$K_C$ ——增益；

　　　$SP_n$ ——第 $n$ 次采样时刻的给定值；

　　　$PV_n$ ——第 $n$ 次采样时刻的过程变量值。

很明显，比例项 $MP_n$ 数值的大小和增益 $K_C$ 成正比，增益 $K_C$ 增加可以直接导致比例项 $MP_n$ 的快速增加，从而直接导致 $M_n$ 增加。

$$MI_n = K_C \frac{T_S}{T_I}(SP_n - PV_n) + MX_{n-1} \tag{3-5}$$

式中    $K_C$——增益；

       $T_S$——回路的采样时间；

       $T_I$——积分时间；

     $SP_n$——第 $n$ 次采样时刻的给定值；

     $PV_n$——第 $n$ 次采样时刻的过程变量值；

  $MX_{n-1}$——第 $n-1$ 次采样时刻的积分项（也称为积分前项）的值。

很明显，积分项 $MI_n$ 数值的大小随着积分时间 $T_I$ 的减小而增加，$T_I$ 的减小可以直接导致积分项 $MI_n$ 数值的增加，从而直接导致 $M_n$ 增加。

$$MD_n = K_C(PV_{n-1} - PV_n)\frac{T_D}{T_S} \tag{3-6}$$

式中    $K_C$——增益；

       $T_S$——回路的采样时间；

       $T_D$——微分时间；

     $PV_n$——第 $n$ 次采样时刻的过程变量值；

  $PV_{n-1}$——第 $n-1$ 次采样时刻的过程变量。

很明显，微分项 $MD_n$ 数值的大小随着微分时间 $T_D$ 的增加而增加，$T_D$ 的增加可以直接导致积分项 $MD_n$ 数值的增加，从而直接导致 $M_n$ 增加。

【关键点】 式（3-3）～式（3-6）是非常重要的。根据这几个公式，读者必须建立一个概念：增益 $K_C$ 增加可以直接导致比例项 $MP_n$ 的快速增加，$T_I$ 的减小可以直接导致积分项 $MI_n$ 数值的增加，微分项 $MD_n$ 数值的大小随着微分时间 $T_D$ 的增加而增加，从而直接导致 $M_n$ 增加。理解这一点，对于正确调节 P、I、D 三个参数是至关重要的。

变频器的闭环运行就是在变频器控制的拖动系统中引入负反馈，进行反馈控制，以提高传动精度。反馈器件主要有脉冲编码器(实现转速反馈)、压力传感器、速度传感器等。

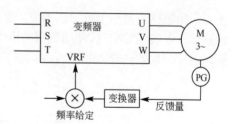

图 3-14 变频器的转速闭环控制系统

### 3.5.2 变频器的转速闭环控制

变频器的转速闭环控制模型如图 3-14 所示。转速闭环控制的优点是可以大幅提高速度控制的精度。测速元件通常采用光电编码器（简称 PG）。

各种速度控制方案的控制精度比较见表 3-1。

表 3-1   控制精度比较

| 控 制 方 式 | 速度控制精度 | 速度控制范围 |
| --- | --- | --- |
| $U/f$ 控制 | 2%～3% | 1：40 |
| 矢量控制 | ±0.5% | 1：100 |

续表

| 控 制 方 式 | 速度控制精度 | 速度控制范围 |
|---|---|---|
| $U/f$ 有 PG 反馈控制 | ±0.03% | 1：40 |
| 有 PG 反馈矢量控制 | ±0.05% | 1：1000 |

有 PG 反馈的矢量控制方式调速范围最大，调速精度最高。无 PG 反馈的矢量控制方式调速范围及精度适中。$U/f$ 控制方式调速精度及范围较差，但价格较低，是最为常见的控制方式。

### 3.5.3　变频器的 PID 控制应用实例

PID 控制在工业控制中非常常用，特别是用到变频器的场合，更是经常用到 PID 控制，典型的应用有恒压供水、恒压供气和张力控制等。常见的变频器中自带 PID 功能，对于不太复杂的 PID 控制，变频器可以独立完成。在工程中，很多情况下用到变频器，却利用 PLC 或者专用控制器完成 PID 运算。以下用几个实例分别介绍。

（1）储气罐压力闭环控制系统（专用 PID 控制器）

如图 3-15 所示为储气罐压力闭环控制系统（专用 PID 控制器），压力传感器检测储气罐的气压，压力数值传送到 PID 控制器（PID 控制器可以是 PLC，也可以是 PID 仪表），经过 PID 仪表的运算输出一个模拟量给变频器的模拟量输入端子，如果压力值小于设定压力值，那么输出模拟量控制变频器升速，从而使得空气压缩机输出较多的压缩空气，使储气罐的压力上升而达到设定数值。这种控制模式是常用的控制模式，PID 运算用专门的 PID 控制器完成。

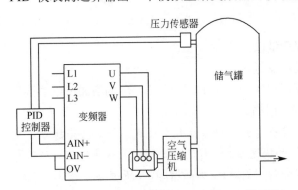

图 3-15　储气罐压力闭环控制系统（专用 PID 控制器）

（2）储气罐压力闭环控制系统（变频器自带 PID 控制器）

如图 3-16 所示为储气罐压力闭环控制系统（变频器自带 PID 控制器），压力传感器检测储气罐的气压，压力数值传送到变频器，经过变频器的 PID 运算，得出一个信号，如果压力值小于设定压力值，那么这个信号自动控制变频器升速，从而使得空气压缩机输出较多的压缩空气，使储气罐的压力上升而达到设定数值。这种控制模式不选专门的 PID 控制器，因此硬件投入相对较少。很多变频器都有 PID 功能。

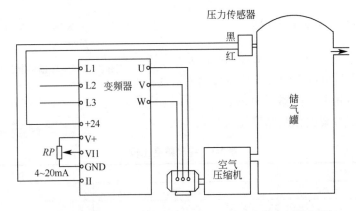

图 3-16　储气罐压力闭环控制系统（变频器自带 PID 控制器）

（3）恒流量供液系统（变频器自带 PID 控制器）

如图 3-17 所示为变频器流量 PID 调节控制系统。传感器是 4～20mA 输出的 2 线式流量传感器，传感器的电源是外供电+24V。流量传感器测量流量信号，经过变频器的 A/D（模/数）转换后，经过 PID 运算，输出一个电动机运行的频率，通常是当泵的流量低于设定值时，电动机升速，而当泵的流量高于设定值时，电动机减速。

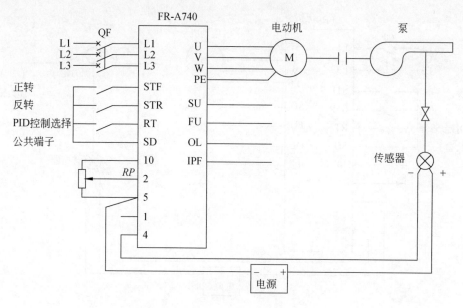

图 3-17　变频器流量 PID 调节控制系统

与 PID 相关的参数说明见表 3-2。

表 3-2　与 PID 相关的参数说明

| 参数号 | 名　称 | 设定范围 | 作用与意义 |
|---|---|---|---|
| Pr127 | 快速上升频率 | 0～400Hz | 快速上升频率值 |
| Pr128 | 系统结构选择 | 0～61 | 0：PID 功能无效<br>10：负作用 AI 误差控制。AI 为 1 时，为误差输入，误差增大时，输出频率减小<br>11：正作用 AI 误差控制。AI 为 1 时，为误差输入，误差增大时，输出频率增加<br>20：负作用"给定+反馈"结构<br>21：正作用"给定+反馈"结构 |
| Pr129 | 比例增益 | 0.1%～1000% | PID 的比例增益 $K_P$ |
| Pr130 | 积分时间 | 0.1～3600s | PID 调节积分时间 |
| Pr131 | PID 调节上限 | 0～100% | 测量反馈超过上限，FUP 信号 ON |
| Pr132 | PID 调节下限 | 0～100% | 测量反馈低于下限，FDN 信号 ON |
| Pr133 | PU 给定 | 0～100% | 100%对应于 Pr903 |
| Pr134 | 微分时间 | 0.1～3600s | PID 调节微分时间 |
| Pr575 | 中断检测延时 | 0～3600s | PID 调节中断功能设定 |
| Pr576 | 中断检测频率 | 0～400Hz | PID 调节中断功能设定 |
| Pr577 | 中断解除误差 | 900%～1100% | PID 调节中断功能设定 |

（4）张力控制（变频器自带 PID 控制器）

张力控制在工业控制中较为常见，如图 3-18 所示为变频器薄板张力 PID 调节控制的系统。
*RP* 是电位器，给定系统所需要的张力数值，传感器测量张力数值，当张力数值小于设定数值
时，变频器经过 PID 后控制动力轮上的电动机加速，当张力数值大于设定数值时，变频器经
过 PID 后控制动力轮上的电动机减速。从而保证薄板的张力保持在一定的范围内。

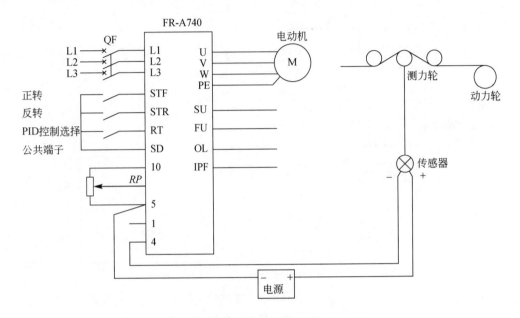

图 3-18　变频器薄板张力 PID 调节控制的系统

# 小结

**重点难点：**

1．转矩提升的原理和实施方法。

2．矢量控制的原理。

3．PID 的原理及其应用。

# 习题

1．变频器在低频运行时，为何要进行转矩提升？

2．什么是矢量控制？实现矢量控制的条件是什么？

3．有反馈矢量控制和无反馈矢量控制的区别是什么？哪一个的控制精度更高？

4．有一台设备在 25Hz 时，振动很强烈，如何解决此问题？

5．PID 的含义是什么？

6．简述变频器电气制动的分类。

![第4章] 第4章

# 西门子变频器的技术应用

西门子公司的变频器品种规格齐全。功率小到几百瓦,大到数千千瓦;功能从低端到高端;额定电压从低压、中压到高压;分交流变频器和直流变频器等。本章以西门子公司的通用变频器 MM440 系列为例,介绍西门子变频器的使用。

## 4.1 西门子变频器的接线与参数设置

### 4.1.1 西门子 MM440 变频器的接线

(1)西门子 MM440 变频器

西门子 MM440 变频器是通用型变频器,由微处理器控制,并采用绝缘栅双极型晶体管(IGBT)作为功率输出器件,它具有很高的运行可靠性和功能多样性。脉冲宽度调制的开关频率也是可选的,降低了电动机运行的噪声。西门子 MM440 变频器的外形如图 4-1 所示。

图 4-1 变频器外形

(2)西门子 MM440 变频器的接线

MM440 变频器的线路框图如图 4-2 所示,控制端子定义见表 4-1。

表 4-1 MM440 控制端子定义

| 端子序号 | 端子名称 | 功 能 | 端子序号 | 端子名称 | 功 能 |
|---|---|---|---|---|---|
| 1 | – | 输出+10 V | 13 | DAC1– | 模拟输出 1(–) |
| 2 | – | 输出 0 V | 14 | PTCA | 连接 PTC/KTY84 |
| 3 | ADC1+ | 模拟输入 1(+) | 15 | PTCB | 连接 PTC/KTY84 |
| 4 | ADC1– | 模拟输入 1(–) | 16 | DIN5 | 数字输入 5 |
| 5 | DIN1 | 数字输入 1 | 17 | DIN6 | 数字输入 6 |
| 6 | DIN2 | 数字输入 2 | 18 | DOUT1/NC | 数字输出 1/常闭触点 |
| 7 | DIN3 | 数字输入 3 | 19 | DOUT1/NO | 数字输出 1/常闭触点 |
| 8 | DIN4 | 数字输入 4 | 20 | DOUT1/COM | 数字输出 1/转换触点 |
| 9 | – | 隔离输出+24 V / max,100 mA | 21 | DOUT2/NO | 数字输出 2/常闭触点 |
| 10 | ADC2+ | 模拟输入 2(+) | 22 | DOUT2/COM | 数字输出 2/转换触点 |
| 11 | ADC2– | 模拟输入 2(–) | 23 | DOUT3/NC | 数字输出 3 常闭触点 |
| 12 | DAC1+ | 模拟输出 1(+) | 24 | DOUT3/NO | 数字输出 3 常开触点 |

| 端子序号 | 端子名称 | 功　能 | 端子序号 | 端子名称 | 功　能 |
|---|---|---|---|---|---|
| 25 | DOUT3/COM | 数字输出 3 转换触点 | 28 | – | 隔离输出 0 V/max，100 mA |
| 26 | DAC2+ | 模拟输出 2（+） | 29 | P+ | RS485 信号正 |
| 27 | DAC2– | 模拟输出 2（–） | 30 | N– | RS485 信号负 |

　　MM440 变频器的核心部件是 CPU 单元，根据设定的参数，经过运算输出控制正弦波信号，再经过 SPWM 调制，放大输出正弦交流电驱动三相异步电动机运转。

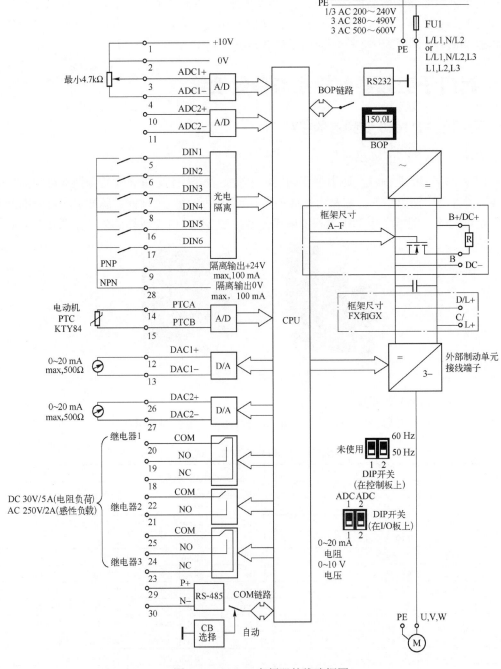

图 4-2　MM440 变频器的线路框图

## 4.1.2 西门子 **MM440** 变频器的参数设置

（1）BOP 基本操作面板的功能

MM440 变频器是一个智能化的数字变频器，在基本操作板上可进行参数设置，参数可分为四个级别。

① 标准级，可以访问经常使用的参数。

② 扩展级，允许扩展访问参数范围，例如变频器的 I/O功能。

③ 专家级，只供专家使用，即高级用户。

④ 维修级，只供授权的维修人员使用，具有密码保护。

【关键点】 一般的用户，将变频器设置成标准级或者扩展级即可。

图 4-3　BOP 基本操作面板的外形

BOP 基本操作面板的外形如图 4-3 所示，利用基本操作面板可以改变变频器的参数。BOP具有 7 段显示的 5 位数字，可以显示参数的序号和数值、报警和故障信息以及设定值和实际值。参数的信息不能用 BOP 存储。BOP 基本操作面板上的按钮功能见表 4-2。

表 4-2　**BOP** 基本操作面板上的按钮功能

| 显示/按钮 | 功　能 | 功　能　的　说　明 |
|---|---|---|
| P(1) r0000 Hz | 状态显示 | LED 显示变频器当前的设定值 |
| I | 启动变频器 | 按此键启动变频器。缺省值运行时此键是被封锁的。为了使此键起作用，应设定 P0700=1 |
| O | 停止变频器 | OFF1：按此键，变频器将按选定的斜坡下降速率减速停车；缺省值运行时此键被封锁；为了允许此键起作用，应设定 P0700=1。OFF2：按此键两次（或一次，但时间较长）电动机将在惯性作用下自由停车，此功能总是"使能"的 |
| ↻ | 改变电动机的旋转方向 | 按此键可以改变电动机的旋转方向。电动机的反向用负号（－）表示或用闪烁的小数点表示。在缺省设定时此键被封锁。为使此键有效，应先按"启动电动机"键 |
| jog | 电动机点动 | 在"准备合闸"状态下按压此键，则电动机启动并运行在预先设定的点动频率。当释放此键，电动机停车。当电动机正在旋转时，此键无功能 |
| Fn | 功能 | 此键用于浏览辅助信息<br>变频器运行过程中，在显示任何一个参数时按下此键并保持不动 2s，将显示以下参数值（在变频器运行中，从任何一个参数开始）<br>① 直流回路电压（用 d 表示，单位：V）<br>② 输出电流（A）<br>③ 输出频率（Hz）<br>④ 输出电压（用 o 表示，单位：V）<br>⑤ 由 P0005 选定的数值[如果 P0005 选择显示上述参数中的任何一个（3、4 或 5），这里将不再显示]<br>连续多次按下此键，将轮流显示以上参数<br>跳转功能<br>在显示任何一个参数（r××××或 P××××）时，短时间按下此键，将立即跳转到 r0000，如果需要，可以接着修改其他的参数。跳转到 r0000 后，按此键将返回原来的显示点 |

| 显示/按钮 | 功　能 | 功能的说明 |
|---|---|---|
| ⓟ | 访问参数 | 按此键即可访问参数 |
| ▲ | 增加数值 | 按此键即可增加面板上显示的参数数值 |
| ▼ | 减少数值 | 按此键即可减少面板上显示的参数数值 |
| Fn + ⓟ | AOP 菜单 | 调出 AOP 菜单提示（仅用于 AOP） |

（2）BOP 基本操作面板的使用举例

【例 4-1】 将参数 P1000 的第 0 组参数（P1000[0]），设置为 1。

解：参数的设定方法见表 4-3。

表 4-3　参数的设定方法

| 序号 | 操 作 步 骤 | BOP 显示 |
|---|---|---|
| 1 | 按 ⓟ 键，访问参数 | r0000 |
| 2 | 按 ▲ 键，直到显示 P1000 | P1000 |
| 3 | 按 ⓟ 键，显示 in000，即 P1000 的第 0 组值 | in000 |
| 4 | 按 ⓟ 键，显示当前值 2 | 2 |
| 5 | 按 ▼ 键，达到所要求的数值 1 | 1 |
| 6 | 按 ⓟ 键，存储当前设置 | P1000 |
| 7 | 按 Fn 键，显示 r0000 | r0000 |
| 8 | 按 ⓟ 键，显示频率 | 1000 |

# 4.2　西门子变频器的速度给定

西门子变频器的速度给定方法有手动键盘速度给定、模拟量速度给定、多段速度给定和通信速度给定，常规的变频器都有上述的速度给定方式，以下分别介绍。

## 4.2.1　手动键盘速度给定

所谓手动键盘（BOP）速度给定就是利用变频器上配置的键盘进行启动、停止控制和频率设置，它是最基本和最简单的速度给定方法，工业控制中的所有变频器都支持这种速度给定方法，不需要配置任何额外的软硬件就可完成无级速度给定。先介绍两个概念。

命令源是通过变频器采用哪种方法对电动机进行启停控制，常用的方法有键盘启停控制、端子排启停控制和通信启停控制。

频率源是改变变频器输出频率的方法，常见的是手动键盘速度给定、模拟量速度给定、多段速度给定和通信速度给定。

以下用一个例子介绍 MM440 变频器手动键盘（BOP）速度给定的过程。

【例 4-2】 一台 MM440 变频器配一台西门子三相异步电动机，已知电动机的技术参数，功率为 0.75kW，额定转速为 1380 r/min，额定电压为 380V，额定电流为 2.05A，额定频率为

50Hz，试用 BOP 将电动机的运行频率设定为 10Hz。

**解：** 按照表 4-4 中的步骤进行设置。

表 4-4　设置过程

| 步骤 | 参数及设定值 | 说　明 | 步骤 | 参数及设定值 | 说　明 |
|---|---|---|---|---|---|
| 1 | P0003=2 | 扩展级 | 9 | P1000=1 | 频率源为 BOP |
| 2 | P0010=1 | 为 1 才能修改电动机参数 | 10 | P1080=0 | 最小频率 |
| 3 | P0304=380 | 额定电压 | 11 | P1082=50 | 最大频率 |
| 4 | P0305=2.05 | 额定电流 | | | |
| 5 | P0307=0.75 | 额定功率 | 12 | P1120=10 | 从静止到达最大频率所需时间 |
| 6 | P0311=1380 | 额定转速 | | | |
| 7 | P0010=0 | 运行时必须为 0 | 13 | P1121=10 | 从最大频率到停止所需时间 |
| 8 | P0700=1 | 命令源（启停）为 BOP | | | |

按下基本操作面板上的 ⬛ 按键，三相异步电动机启动，稳定运行的频率为 10Hz；当按 ⬛ 按键时，电动机停机。

**【关键点】** ① 设置电动机参数之前，要把 P0010 设置成 1，电动机参数包括电动机的额定功率、额定电压、额定电流等与电动机相关的参数；在设置变频器参数前和运行时，要把 P0010 设置成 0，这点十分重要。

② 常规运用时，将扩展级 P0003 设置成 2 即可，若设置成 1，一些常规参数会看不到。

③ 初学者在设置参数时，有时不注意进行了错误的设置，但又不知道在什么参数的设置上出错，一般这种情况下可以对变频器进行复位，一般的变频器都有这个功能，复位后变频器的所有的参数变成出厂的设定值，但工程中正在使用的变频器要谨慎使用此功能。西门子 MM440 的复位方法是，先将 P0010 设置为 30，再将 P0970 设置为 1，变频器上的显示器中闪烁的 "busy" 消失后，变频器成功复位。

## 4.2.2　变频器多段速度给定

用基本操作面板进行手动速度给定方法简单，对资源消耗少，但这种速度给定方法对于操作者来说比较麻烦，而且不容易实现自动控制，而 PLC 控制的多段速度给定和通信速度给定，就容易实现自动控制，以下将介绍 PLC 控制的多段速度给定。

**【例 4-3】** 用一台继电器输出 CPU226CN（DC/AC/Relay），控制一台 MM440 变频器，当按下 SB1 时，三相异步电动机以 5Hz 正转，当按下 SB2 时，三相异步电动机以 15Hz 正转，当按下 SB3 时，三相异步电动机以 15Hz 反转，已知电动机的技术参数，功率为 0.06kW，额定转速为 1430r/min，额定电压为 380V，额定电流为 0.35A，额定频率为 50Hz，请设计方案，并编写程序。

**解：** ① 主要软硬件配置

a. 1 套 STEP7-Micro/WIN V4.0。

b. 1 台 MM440 变频器。

c. 1 台 CPU 226CN。

d. 1 台电动机。

e. 1 根编程电缆（或者 CP5611 卡）。

硬件配置如图 4-4 所示。

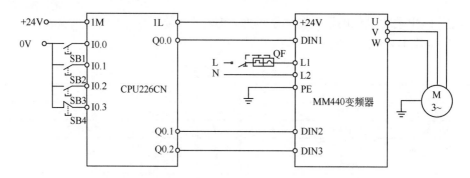

图 4-4  多段速度给定接线图（PLC 为继电器输出）

② 参数的设置。多段速度给定时，当 DIN1 端子与变频器的 24V（端子 9）连接时对应一个频率，当 DIN1 和 DIN2 端子同时与变频器的 24V（端子 9）连接时再对应一个频率，DIN3 端子与变频器的 24V 接通时为反转，DIN3 端子与变频器的 24V 不接通时为正转。变频器参数见表 4-5。

表 4-5  多段速度给定变频器参数（PLC 为继电器输出）

| 序号 | 变频器参数 | 出厂值 | 设定值 | 功 能 说 明 |
|---|---|---|---|---|
| 1 | P0304 | 230 | 380 | 电动机的额定电压（380V） |
| 2 | P0305 | 1.8 | 0.35 | 电动机的额定电流（0.35A） |
| 3 | P0307 | 0.75 | 0.06 | 电动机的额定功率（60W） |
| 4 | P0310 | 50.00 | 50.00 | 电动机的额定频率（50Hz） |
| 5 | P0311 | 0 | 1430 | 电动机的额定转速（1430 r/min） |
| 6 | P1000 | 2 | 3 | 固定频率设定 |
| 7 | P1080 | 0 | 0 | 电动机的最小频率（0Hz） |
| 8 | P1082 | 50 | 50.00 | 电动机的最大频率（50Hz） |
| 9 | P1120 | 10 | 10 | 斜坡上升时间（10s） |
| 10 | P1121 | 10 | 10 | 斜坡下降时间（10s） |
| 11 | P0700 | 2 | 2 | 选择命令源（由端子排输入） |
| 12 | P0701 | 1 | 16 | 固定频率设定值（直接选择+ON） |
| 13 | P0702 | 12 | 16 | 固定频率设定值（直接选择+ON） |
| 14 | P0703 | 9 | 12 | 反转 |
| 15 | P1001 | 0.00 | 5 | 固定频率 1 |
| 16 | P1002 | 5.00 | 10 | 固定频率 2 |

当 Q0.0 为 1 时，变频器的 9 号端子与 DIN1 端子连通，电动机以 5Hz（固定频率 1）的转速运行，固定频率 1 设定在参数 P1001 中；当 Q0.0 和 Q0.1 同时为 1 时，DIN1 和 DIN2 端子同时与变频器的 24V（端子 9）连接，电动机以 15Hz（固定频率 1+固定频率 2）的转速运行，固定频率 2 设定在参数 P1002 中。

修改参数 P0701，对应设定数字输入 1（DIN1）的功能；修改参数 P0702，对应设定数字输入 2（DIN2）的功能，依次类推。

【关键点】 不管是什么类型 PLC，只要是继电器输出，其接线图都可以参考图 4-5，若增加三个中间继电器则更加可靠，如图 4-5 所示。

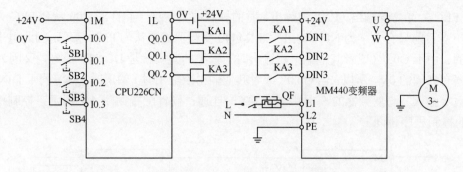

图 4-5　多段速度给定接线图（PLC 为继电器输出，增加三个中间继电器）

③ 编写程序。这个程序相对比较简单，如图 4-6 所示。

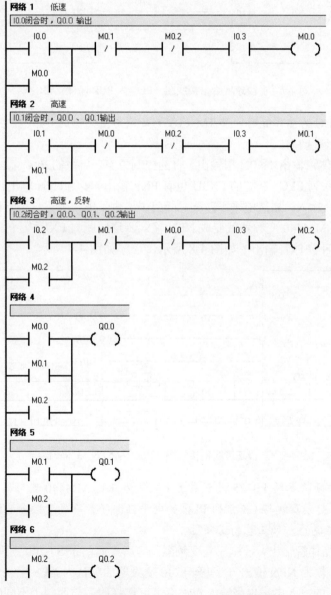

图 4-6　多段速度给定程序（PLC 为继电器输出）

④ PLC 为晶体管输出（PNP 型输出）时的控制方案。西门子的 S7-200 系列 PLC 大多为 PNP 输出（目前只有 1 款为 NPN 输出），MM440 变频器的默认为 PNP 输入，因此电平是可以兼容的。由于 Q0.0（或者其他输出点输出时）输出的其实就是 DC 24V 信号，又因为 PLC 与变频器有共同的 0V，所以，当 Q0.0（或者其他输出点输出时）输出时，就等同于 DIN1（或者其他数字输入）与变频器的 9 号端子（24V）连通，硬件配置如图 4-7 所示，控制程序与图 4-6 的控制程序相同。

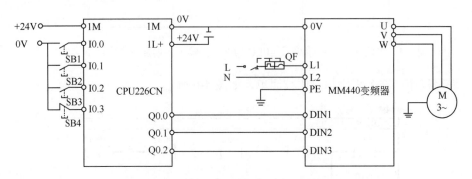

图 4-7　多段速度给定接线图（PLC 为 PNP 晶体管输出）

【关键点】 PLC 为晶体管时，其 1M（0V）必须与变频器的 0V（数字地）短接，否则，PLC 的输出不能形成回路。

⑤ PLC 为晶体管输出（NPN 型输出）时的控制方案。日系的 PLC 晶体管输出多为 NPN 型，如三菱的 FX 系列 PLC（新型的 FX3U 也有 PNP 输出）多为 NPN 输出，而西门子 MM440 变频器默认为 PNP 输入，显然电平不匹配。西门子提供了解决方案，只要将参数 P0725 设置成 0（默认为 1），MM440 变频器就变成 NPN 输入，这样就与 FX 系列 PLC 的电平匹配了。接线（PLC 为 NPN 晶体管输出）如图 4-8 所示，程序如图 4-9 所示。

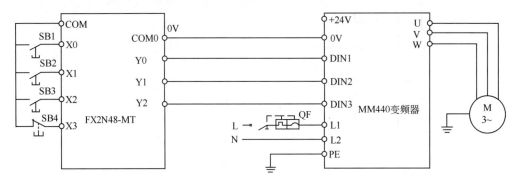

图 4-8　多段速度给定接线图（PLC 为 NPN 晶体管输出）

【关键点】 必须将参数 P0725 设置成 0（默认为 1），MM440 变频器才能变成 NPN 输入，这样 MM440 变频器就与 FX 系列 PLC 的电平匹配了。有的变频器的输入电平的选择是通过跳线的方式实现的，如三菱的变频器。

⑥ S7-200（晶体管输出）控制三菱变频器的方案。西门子 S7-200 系列 PLC 大多为 PNP 输出（目前只有 1 款为 NPN 输出），三菱 A740 变频器的默认为 NPN 输入，因此电平是不兼容的。三菱变频器的输入电平也是输入和输出可以选择的，与西门子不同的是，需要将电平

选择的跳线改换到 PNP 输入，而不需要改变参数设置。其接线图如图 4-10 所示。

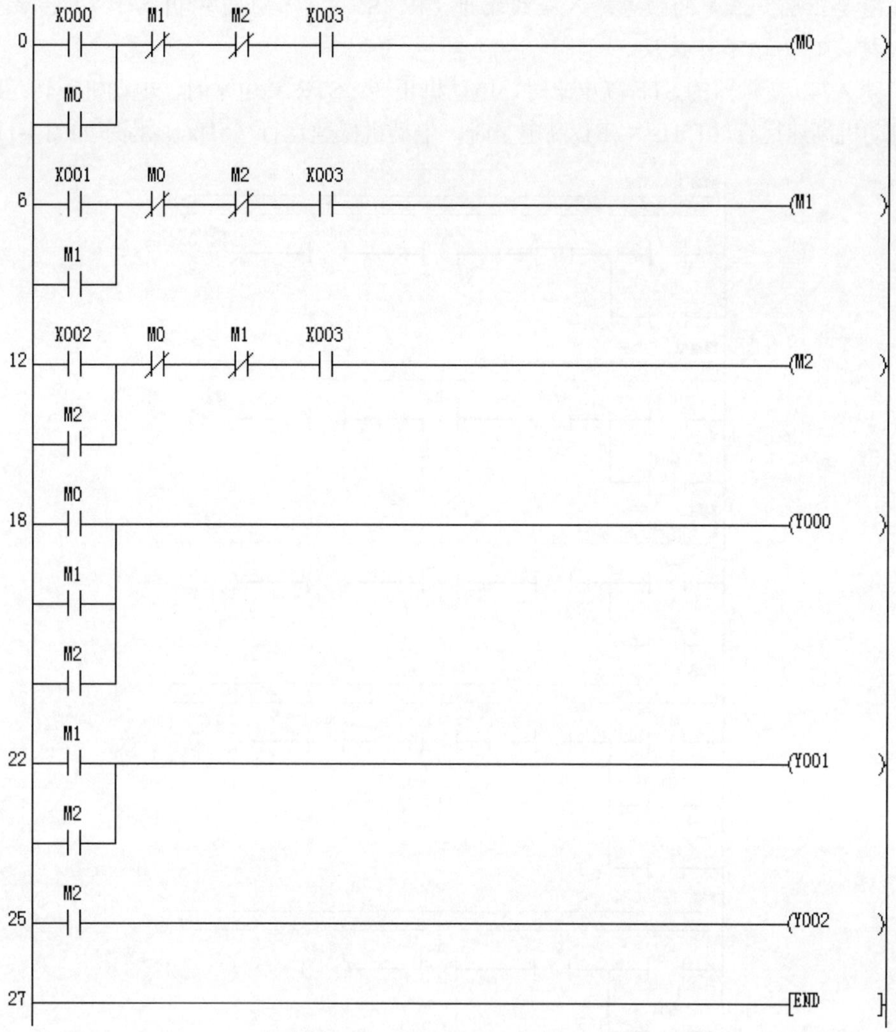

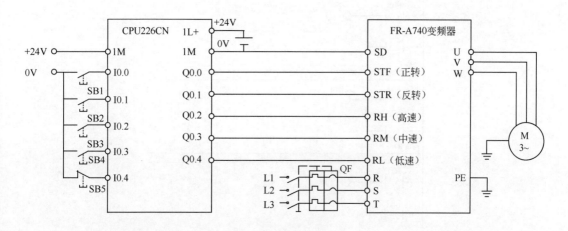

图 4-9　多段速度给定程序（PLC 为 NPN 晶体管输出）

图 4-10　多段速度给定接线图（S7-200 晶体管输出 PLC，三菱 A740 变频器）

【关键点】 将电平选择的跳线改换到 PNP 输入（由默认的"SINK"改成"SOURCE"）。此外，接线图要正确。三菱的强电输入接线端子（R、S、T）和强电输出端子（U、V、W）相距很近，接线时，切不可接反。

当三菱 A740 变频器的 STF 高电平时，电动机正转；STR 高电平时，电动机反转；RH 高电平时，电动机高速运行（15Hz），RL 高电平时，电动机低速运行（5Hz），程序如图 4-11 所示。

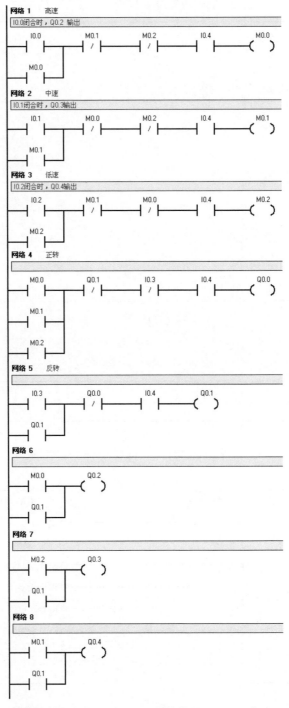

图 4-11　多段速度给定程序（S7-200 晶体管输出 PLC，三菱 A740 变频器）

### 4.2.3 变频器模拟量速度给定

（1）模拟量模块的简介

① 模拟量 I/O 扩展模块的规格。模拟量 I/O 扩展模块包括模拟量输入模块、模拟量输出模块和模拟量输入输出模块。部分模拟量模块的规格见表 4-6。

表 4-6 模拟量 I/O 扩展模块规格

| 模 块 型 号 | 输 入 点 | 输 出 点 | 电 压 | 功耗/W | 电 源 要 求 | |
|---|---|---|---|---|---|---|
| | | | | | DC 5V | DC 24V |
| EM 232 | 0 | 2 | DC 24V | 2 | 20mA | 70mA |
| EM 235 | 4 | 1 | DC 24V | 2 | 30mA | 60mA |

② 模拟量 I/O 扩展模块的接线。S7-200 系列的模拟量模块用于输入和输出电流或者电压信号。模拟量输出模块的接线如图 4-12 所示。

模拟量输入模块有两个参数容易混淆，即模拟量转换的分辨率和模拟量转换的精度（误差）。分辨率是 A/D 模拟量转换芯片的转换精度，即用多少位的数值来表示模拟量。若 S7-200 模拟量模块的转换分辨率是 12 位，能够反映模拟量变化的最小单位是满量程的 1/4096。模拟量转换的精度除了取决于 A/D 转换的分辨率，还受到转换芯片的外围电路的影响。在实际应用中，输入的模拟量信号会有波动、噪声和干扰，内部模拟电路也会产生噪声、漂移，这些都会对转换的最后精度造成影响。这些因素造成的误差要大于 A/D 芯片的转换误差。

当模拟量扩展模块的输入点/输出点有信号输入或者输出时，LED 指示灯不会亮，这点与数字量模块不同，因为西门子模拟量模块上的指示灯没有与电路相连。

使用模拟量模块时，要注意以下问题。

a. 模拟量模块有专用的扁平电缆与 CPU 通信，并通过此电缆由 CPU 向模拟量模块提供 5V DC 的电源。此外，模拟量模块必须外接 24V DC 电源。

b. 每个模块能同时输入/输出电流或者电压信号。双极性就是信号在变化的过程中要经过"零"，单极性不过零。由于模拟量转换为数字量是有符号整数，所以双极性信号对应的数值会有负数。在 S7-200 中，单极性模拟量输入/输出信号的数值范围是 0～32000；双极性模拟量信号的数值范围是–32000～32000。

c. 一般电压信号比电流信号容易受干扰，应优先选用电流信号。电压型的模拟量信号，由于输入端的内阻很高（S7-200 的模拟量模块为 10 MΩ），极易引入干扰。一般电压信号用在控制设备柜内电位器设置，或者距离非常近、电磁环境好的场合。电流型信号不容易受到传输线沿途的电磁干扰，因而在工业现场获得广泛的应用。电流信号可以传输比电压信号远得多的距离。

d. 对于模拟量输出模块，电压型和电流型信号的输出信号的接线不同，各自的负载接到各自的端子上。

e. 模拟量输出模块总是要占据两个通道的输出地址。即便有些模块（EM235）只有一个实际输出通道，它也要占用两个通道的地址。在编程

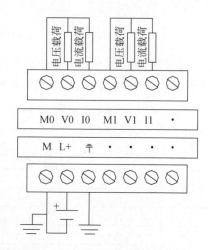

图 4-12 EM 232 模块接线图

**55**

计算机和 CPU 实际联机时，使用 Micro/WIN 的菜单命令"PLC→信息（Information）"，可以查看 CPU 和扩展模块的实际 I/O 地址分配。

（2）模拟量速度给定的应用

数字量多段速度给定可以设定速度段是有限的，而且不能做到无级调速，而外部模拟量输入可以做到无级调速，也容易实现自动控制，而且模拟量可以是电压信号或者电流信号，使用比较灵活，因此应用较广。以下用一个例子介绍电流信号速度给定。

【例 4-4】 用一台触摸屏、PLC 对变频器进行速度给定，已知电动机的技术参数，功率为 0.06kW，额定转速为 1430r/min，额定电压为 380V，额定电流为 0.35A，额定频率为 50Hz。

**解：** ① 软硬件配置。

a. 1 套 STEP7-Micro/WIN V4.0。

b. 1 台 MM440 变频器。

c. 1 台 CPU226CN。

d. 1 台电动机。

e. 1 根编程电缆（或者 CP5611 卡）。

f. 1 台 EM232。

g. 1 台 HMI。

将 PLC、变频器、模拟量输出模块 EM232 和电动机按照如图 4-13 所示接线。

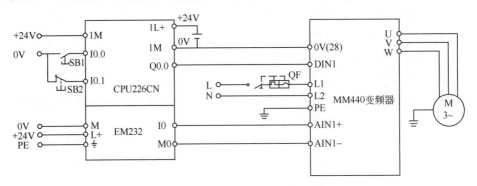

图 4-13　模拟量速度给定接线图

【关键点】 接线时一定要把变频器的 0V（2 脚，模拟地）和 AIN1-短接，PLC 的 1M 与变频器的 0V（28 脚，数字地）也要短接，否则不能进行速度给定。注意区分模拟地和数字地。

② 设定变频器的参数。先查询 MM440 变频器的说明书，再依次在变频器中设定表 4-7 中的参数。

表 4-7　模拟量速度给定变频器参数

| 序　号 | 变频器参数 | 出　厂　值 | 设　定　值 | 功　能　说　明 |
|---|---|---|---|---|
| 1 | P0304 | 230 | 380 | 电动机的额定电压（380V） |
| 2 | P0305 | 3.25 | 0.35 | 电动机的额定电流（0.35A） |
| 3 | P0307 | 0.75 | 0.06 | 电动机的额定功率（60W） |
| 4 | P0310 | 50.00 | 50.00 | 电动机的额定频率（50Hz） |
| 5 | P0311 | 0 | 1430 | 电动机的额定转速（1430 r/min） |

续表

| 序　号 | 变频器参数 | 出　厂　值 | 设　定　值 | 功 能 说 明 |
|---|---|---|---|---|
| 6 | P0700 | 2 | 2 | 选择命令源（由端子排输入） |
| 7 | P0756 | 0 | 1 | 选择 ADC 的类型（电流信号） |
| 8 | P1000 | 2 | 2 | 频率源（模拟量） |
| 9 | P701 | 1 | 1 | 数字量输入 1 |

【关键点】 P0756 设定成 1 表示电流信号对变频器速度给定，这是容易忽略的，默认是电压信号；此外，还要将 I/O 控制板上的 DIP 开关设定为 "ON"，如图 4-14 所示。

③ 编写程序，并将程序下载到 PLC 中。程序如图 4-15 所示。

图 4-14　I/O 控制板上的 DIP 开关设定为 "ON"

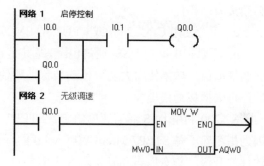

图 4-15　模拟量速度给定程序

## 4.2.4　变频器的通信速度给定

西门子 MM440 变频器可以和 PLC 以多种通信协议进行通信，本文将介绍两种常见的通信方式：USS 通信和 PROFIBUS-DP 通信。

（1）USS 协议简介

USS 协议（Universal Serial Interface Protocol，通用串行接口协议）是 SIEMENS 公司所有传动产品的通用通信协议，它是一种基于串行总线进行数据通信的协议。USS 协议是主-从结构的协议，规定了在 USS 总线上可以有一个主站和最多 31 个从站；总线上的每个从站都有一个站地址（在从站参数中设定），主站依靠它识别每个从站；每个从站也只对主站发来的报文作出响应并回送报文，从站之间不能直接进行数据通信。另外，还有一种广播通信方式，主站可以同时给所有从站发送报文，从站在接收到报文并作出相应的响应后，可不回送报文。

① 使用 USS 协议的优点。

a. 对硬件设备要求低，减少了设备之间的布线。

b. 无需重新连线就可以改变控制功能。

c. 可通过串行接口设置或改变传动装置的参数。

d. 可实时监控传动系统。

② USS 通信硬件连接注意要点。

a. 条件许可的情况下，USS 主站尽量选用直流型的 CPU（针对 S7-200 系列）。

b. 一般情况下，USS 通信电缆采用双绞线即可（如常用的以太网电缆），如果干扰比较大，可采用屏蔽双绞线。

c. 在采用屏蔽双绞线作为通信电缆时，把具有不同电位参考点的设备互连，会造成在互连电缆中产生不应有的电流，从而造成通信口的损坏。所以要确保通信电缆连接的所有设备共用一个公共电路参考点，或设备是相互隔离的，以防止不应有的电流产生。屏蔽线必须连接到机箱接地点或 9 针连接插头的插针 1。建议将传动装置上的 0V 端子连接到机箱接地点。

d. 尽量采用较高的波特率，通信速率只与通信距离有关，与干扰没有直接关系。

e. 终端电阻的作用是用来防止信号反射的，并不用来抗干扰。如果在通信距离很近、波特率较低或点对点的通信的情况下，可不用终端电阻。多点通信的情况下，一般也只需在 USS 主站上加终端电阻就可以取得较好的通信效果。

f. 当使用交流型的 CPU22X 和单相变频器进行 USS 通信时，CPU22X 和变频器的电源必须接成同相位。

g. 建议使用 CPU226（或 CPU224+EM277）来调试 USS 通信程序。

h. 不要带电插拔 USS 通信电缆，尤其是正在通信过程中，这样极易损坏传动装置和 PLC 的通信端口。如果使用大功率传动装置，即使传动装置掉电后，也要等几分钟，让电容放电后，再去插拔通信电缆。

S7-200 利用 USS 通信速度给定，STEP7-Micro/WIN V4.0 软件中必须另外安装指令库，因为指令库不是 STEP7-Micro/WIN V4.0 的标准配置，需要购买，随着 STEP7-Micro/WIN V4.0 软件的升级，指令库自动升级，并不需要单独升级指令库。

（2）USS 通信的应用

以下用一个例子介绍 USS 通信的应用。

【例 4-5】 用一台 CPU226CN 对变频器进行 USS 无级速度给定，已知电动机的技术参数，功率为 0.06kW，额定转速为 1440r/min，额定电压为 380V，额定电流为 0.35A，额定频率为 50Hz。请制订解决方案。

解：① 软硬件配置。

a. 1 套 STEP7-Micro/WIN V4.0（含指令库）。

b. 1 台 MM440 变频器。

c. 1 台 CPU226CN。

d. 1 台电动机。

e. 1 根编程电缆（或者 CP5611 卡）。

f. 1 根屏蔽双绞线。

硬件配置如图 4-16 所示。

【关键点】 图 4-16 中，串口的第 3 脚与变频器的 29 脚相连，串口的第 8 脚与变频器的 30 脚相连，并不需要占用 PLC 的输出点。图 4-16 的 USS 通信连接是要求不严格时的做法，一般的工业现场不宜采用，工业现场的 PLC 端应使用专用的网络连接器，且终端电阻要接通，如图 4-17 所示，变频器端的连接图如图 4-18 所示，在购买变频器时附带有所需的电阻，并不需要另外购置。还有一点必须指出：如果有多台变频器，则只有最末端的变频器需要接入如图 4-18 所示的电阻。

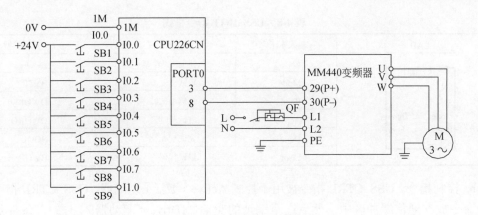

图 4-16 USS 通信硬件配置图

开关位置为ON
接通终端电阻

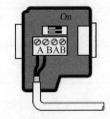

图 4-17 网络连接器图（PLC 端）　　　图 4-18 连接图（变频器端）

② 相关指令介绍。

a. 初始化指令。USS_INIT 指令被用于启用和初始化或禁止驱动器通信。在使用任何其他 USS 协议指令之前，必须执行 USS_INIT 指令，且无错。一旦该指令完成，立即设置"完成"位，才能继续执行下一条指令。

EN 输入打开时，在每次扫描时执行该指令。仅限为通信状态的每次改动执行一次 USS_INIT 指令。使用边缘检测指令，以脉冲方式打开 EN 输入。欲改动初始化参数，执行一条新 USS_INIT 指令。USS 输入数值选择通信协议：输入值 1 将端口 0 分配给 USS 协议，并启用该协议；输入值 0 将端口 0 分配给 PPI，并禁止 USS 协议。Baud（波特率）将波特率设为 1200bit/s、2400bit/s、4800bit/s、9600bit/s、19200bit/s、38400bit/s、57600bit/s 或 115200bit/s。

Active（激活）表示激活驱动器。当 USS_INIT 指令完成时，DONE（完成）输出打开。"错误"输出字节包含执行指令的结果。USS_INIT 指令格式见表 4-8。

站点号具体计算如下：

| D31 | D30 | D29 | D28 | ⋯ | D19 | D18 | D17 | D16 | ⋯ | D3 | D2 | D1 | D0 |
|---|---|---|---|---|---|---|---|---|---|---|---|---|---|
| 0 | 0 | 0 | 0 | | 0 | 1 | 0 | 0 | | 0 | 0 | 0 | 0 |

D0～D31 代表 32 台变频器，要激活某一台变频器，就将该位置 1，上面的表格将 18 号变频器激活，其 16 进制表示为：16#00040000。若要将所有 32 台变频器都激活，则 Active 为 16#FFFFFFFF。如果只要激活第 0 台变频器，那么设置为 16#00000001，而不是想当然设置为 16#00000000，初学者容易犯此错误。

表 4-8　USS_INIT 指令格式

| LAD | 输入/输出 | 含　义 | 数 据 类 型 |
|---|---|---|---|
| USS_INIT<br>EN<br>Mode　Done<br>Baud　Error<br>Active | EN | 使能 | BOOL |
| | Mode | 模式 | BYTE |
| | Baud | 通信的波特率 | DWORD |
| | Active | 激活驱动器 | DWORD |
| | Done | 完成初始化 | BOOL |
| | Error | 错误代码 | BYTE |

　　b. 控制指令。USS_CTRL 指令被用于控制 Active（激活）驱动器。USS_CTRL 指令将选择的命令放在通信缓冲区中，然后送至编址的驱动器[Drive（驱动器）参数]，条件是已在 USS_INIT 指令的 Active（激活）参数中选择该驱动器。仅限为每台驱动器指定一条 USS_CTRL 指令。USS_CTRL 指令格式见表 4-9。

表 4-9　USS_CTRL 指令格式

| LAD | 输入/输出 | 含　义 | 数 据 类 型 |
|---|---|---|---|
| USS_CTRL<br>EN<br>RUN<br>OFF2<br>OFF3<br>F_ACK　Resp_R<br>DIR　　Error<br>　　　Status<br>Drive　Speed<br>Type　Run_EN<br>Speed_SP　D_Dir<br>　　　Inhibit<br>　　　Fault | EN | 使能 | BOOL |
| | RUN | 模式 | BOOL |
| | OFF2 | 允许驱动器滑行至停止 | BOOL |
| | OFF3 | 命令驱动器迅速停止 | BOOL |
| | F_ACK | 故障确认 | BOOL |
| | DIR | 驱动器应当移动的方向 | BOOL |
| | Drive | 驱动器的地址 | BYTE |
| | Type | 选择驱动器的类型 | BYTE |
| | Speed_SP | 驱动器速度 | DWORD |
| | Resp_R | 收到应答 | BOOL |
| | Error | 通信请求结果的错误字节 | BYTE |
| | Speed | 全速百分比 | DWORD |
| | Status | 驱动器返回的状态字原始数值 | WORD |
| | D_Dir | 表示驱动器的旋转方向 | BOOL |
| | Inhibit | 驱动器上的禁止位状态 | BOOL |
| | Fault | 故障位状态 | BOOL |

　　具体描述如下。

　　EN 位必须打开，才能启用 USS_CTRL 指令。该指令应当始终启用。RUN（运行）[RUN/STOP（运行 / 停止）]表示驱动器是打开（1）还是关闭（0）。当 RUN（运行）位打开时，驱动器收到一条命令，按指定的速度和方向开始运行。为了使驱动器运行，必须符合三个条件，分别是 Drive（驱动器）在 USS_INIT 中必须被选为 Active（激活）；OFF2 和 OFF3 必须被设为 0；Fault（故障）和 Inhibit（禁止）必须为 0。

　　当 RUN（运行）关闭时，会向驱动器发出一条命令，将速度降低，直至电动机停止。OFF2 位被用于允许驱动器滑行至停止。OFF3 位被用于命令驱动器迅速停止。Resp_R（收到应答）位确认从驱动器收到应答。对所有的激活驱动器进行轮询，查找最新驱动器状态信息。每次 S7-200 从驱动器收到应答时，Resp_R 位均会打开，进行一次扫描，所有以下数值均被更新。F_ACK（故障确认）位被用于确认驱动器中的故障。当 F_ACK 从 0 转为 1 时，驱动器清除故障。DIR（方向）位表示驱动器应当移动的方向。"驱动器"（驱动器地址）输入是驱动器的地址，向该地址发送 USS_CTRL 命令。有效地址：0～31。"类型"（驱动器类型）输入选择驱动器的类型。将 3（或更早版本）驱动器的类型设为 0。将 4 驱动器的类型设为 1。

Speed_SP（速度设定值）是作为全速百分比的驱动器速度。Speed_SP 的负值会使驱动器反向旋转。范围：−200.0%～200.0%。

Error 是一个包含对驱动器最新通信请求结果的错误字节。USS 指令执行错误标题定义可能是因执行指令而导致的错误条件。

Status 是驱动器返回的状态字原始数值。

Speed（反馈值）是作为全速百分比的驱动器速度。范围：−200.0%～200.0%。

Run_EN（运行启用）表示驱动器是运行（1）还是停止（0）。

D_Dir 表示驱动器的旋转方向。

Inhibit 表示驱动器上的禁止位状态（0—不禁止，1—禁止）。欲清除禁止位，"故障"位必须关闭，RUN（运行）、OFF2 和 OFF3 输入也必须关闭。

Fault 表示故障位状态（0—无故障，1—故障）。驱动器显示故障代码。欲清除故障位，应纠正引起故障的原因，并打开 F_ACK 位。

③ 设置变频器的参数。先查询 MM440 变频器的说明书，再依次在变频器中设定表 4-10 中的参数。

表 4-10　USS 通信变频器参数

| 序号 | 变频器参数 | 出　厂　值 | 设　定　值 | 功　能　说　明 |
|---|---|---|---|---|
| 1 | P0304 | 230 | 380 | 电动机的额定电压（380V） |
| 2 | P0305 | 3.25 | 0.35 | 电动机的额定电流（0.35A） |
| 3 | P0307 | 0.75 | 0.06 | 电动机的额定功率（60W） |
| 4 | P0310 | 50.00 | 50.00 | 电动机的额定频率（50Hz） |
| 5 | P0311 | 0 | 1430 | 电动机的额定转速（1430 r/min） |
| 6 | P0700 | 2 | 5 | 选择命令源（COM 链路的 USS 设置） |
| 7 | P1000 | 2 | 5 | 频率源（COM 链路的 USS 设置） |
| 8 | P2010 | 6 | 6 | USS 波特率（6 表示 9600bit/s） |
| 9 | P2011 | 0 | 18 | 站点的地址 |
| 10 | P2012 | 2 | 2 | PZD 长度 |
| 11 | P2013 | 127 | 127 | PKW 长度（长度可变） |
| 12 | P2014 | 0 | 0 | 看门狗时间 |

【关键点】 P2011 设定值为 18，与程序中的地址一致，正确设置变频器的参数是 USS 通信成功的前提。此外，要选用 USS 通信的指令，只要双击在如图 4-19 所示的库中对应的指令即可。

④ 编写程序。程序如图 4-20 所示。

（3）PROFIBUS-DP 通信

PROFIBUS 已被纳入现场总线的国际标准 IEC 61158 和欧洲标准 EN 50170，并于 2001 年被定为我国的国家标准 JB/T 10308.6—2001。PROFIBUS 在 1999 年 12 月通过的 IEC

61156，并在其中称为 Type 3，PROFIBUS 的基本部分称为 PROFIBUS-V0。在 2002 年新版的 IEC61156 中增加了 PROFIBUS-V1、PROFIBUS-V2 和 RS-485IS 等内容。新增的 PROFInet 规范作为 IEC 61158 的 Type10。截至 2012 年底，安装的 PROFIBUS 节点设备已突破了三千万个，在中国超过数百万个。在二十大现场总线中，PROFIBUS-DP 使用最为广泛。

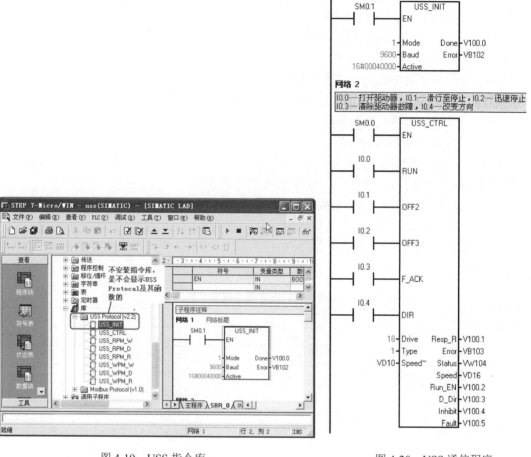

图 4-19　USS 指令库　　　　　　　　图 4-20　USS 通信程序

S7-200 可以与 MM440 变频器进行 USS 通信，USS 通信其实就是一种自由口通信。但由于 S7-200 只能作 PROFIBUS-DP 从站，不能作 PROFIBUS-DP 主站，MM440 变频器也只能作 PROFIBUS-DP 从站，不能作 PROFIBUS-DP 主站，因此 S7-200 不能作为主站对 MM440 变频器进行现场总线通信。但 S7-300/400 可以在 PROFIBUS-DP 网络中作主站。以下用一个例子介绍 S7-300 与 MM440 变频器的现场总线通信速度给定。

【例 4-6】 一台设备的控制系统由 HMI、CPU314C-2DP 和 MM440 变频器组成，要求对电动机进行无级调速，请设计方案，并编写程序。

解：① 软硬件配置。

a. 1 套 STEP7 V5.5 CN。

b. 1 台 MM440 变频器（含 PROFIBUS 模板）。

c. 1 台 CPU314C-2DP。

d. 1 台电动机。

e. 1 根 PC/MPI 电缆（或者 CP5611 卡）。

f. 1 根 PROFIBUS 屏蔽双绞线。

g. 1 台 HMI。

硬件配置如图 4-21 所示。

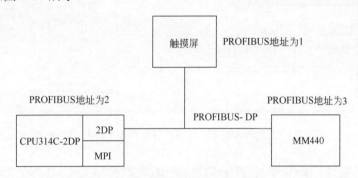

图 4-21    PROFIBUS-DP 通信硬件配置

② MM440 变频器的设置。MM440 变频器的参数数值见表 4-11。

表 4-11    **PROFIBUS-DP 通信变频器参数**

| 序号 | 变频器参数 | 出 厂 值 | 设 定 值 | 功 能 说 明 |
|---|---|---|---|---|
| 1 | P0304 | 230 | 380 | 电动机的额定电压（380V） |
| 2 | P0305 | 3.25 | 0.35 | 电动机的额定电流（0.35A） |
| 3 | P0307 | 0.75 | 0.06 | 电动机的额定功率（60W） |
| 4 | P0310 | 50.00 | 50.00 | 电动机的额定频率（50Hz） |
| 5 | P0311 | 0 | 1430 | 电动机的额定转速（1430 r/min） |
| 6 | P0700 | 2 | 6 | 选择命令源（COM 链路的通信板 CB 设置） |
| 7 | P1000 | 2 | 6 | 频率源（COM 链路的通信板 CB 设置） |
| 8 | P2009 | 0 | 1 | USS 规格化 |

MM440 变频器 PROFIBUS 站地址的设定在变频器的通信板（CB）上完成，通信板（CB）上有一排拨钮用于设置地址，每个拨钮对应一个"8-4-2-1"码的数据，所有的拨钮处于"ON"位置对应的数据相加的和就是站地址。拨钮示意图如图 4-22 所示，拨钮 1 和 2 处于"ON"位置，所以对应的数据为 1 和 2；而拨钮 3、拨钮 4、拨钮 5 和拨钮 6 处于"OFF"位置，所对应的数据为 0，站地址为 1+2+0+0+0+0+0+0=3。

【关键点】图 4-22 设置的站地址 3，必须和 STEP7 软件中硬件组态的地址保持一致，否则不能通信。

③ S7-300 的硬件组态。

a. 新建工程和 PROFIBUS 网络。将工程命名为"7-6"。新建    图 4-22    拨钮示意图
PROFIBUS 网络，设置 CPU314C-2DP 的站地址为 2，选中如图 4-23 中"1"处的网络，展开
"PROFIBUS    DP"。

b. 选中"MICROMASTER 4"。如图 4-24 所示，先展开"SIMOVERT"，再选中
"MICROMASTER 4"，并双击，弹出如图 4-24 所示的界面。

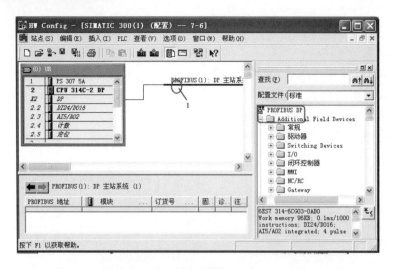

图 4-23　PROFIBUS-DP 通信新建工程和 PROFIBUS 网络

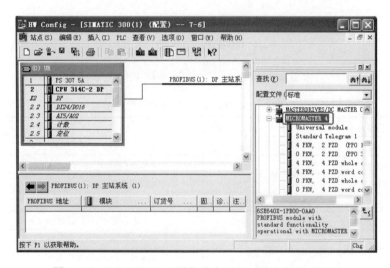

图 4-24　PROFIBUS-DP 通信选中"MICROMASTER 4"

　　c. 设置 MM440 的站地址。如图 4-25 所示,先选中"PROFIBUS（1）"网络,再将"地址"设置为 3,最后单击"确定"按钮。

　　d. 选择通信报文的结构。PROFIBUS 的通信报文由两部分组成,即 PKW（参数识别 ID 数据区）和 PZD 区（过程数据）。如图 4-26 所示,先选中"1"处,再双击"0 PKW ,2 PZD（PPO3）","0 PKW,2 PZD （PPO3）"通信报文格式的含义是报文中没有 PKW,只有 2 个字的 PZD。

　　e. MM440 的数据地址。如图 4-27 所示,MM440 接收主站的数据存放在 IB256～IB259（共两个字）,MM440 发送信息给主站的数据区 QB256~QB259（共两个字）。最后,编译并保存组态完成的硬件。

　　④ 编写程序。

　　a. 任务报文 PZD 的介绍。任务报文的 PZD 区是为控制和检测变频器而设计的。PZD 的第一个字是变频器的控制字（STW）。变频器的 STW 控制字见表 4-12。

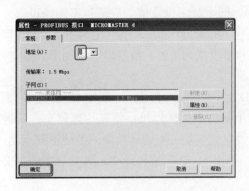

图 4-25　PROFIBUS-DP 通信设置 MM440 的站地址　　图 4-26　PROFIBUS-DP 通信选择通信报文的结构

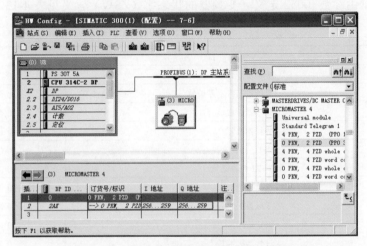

图 4-27　PROFIBUS-DP 通信 MM440 的数据地址

表 4-12　变频器的 STW 控制字

| 位 | 项　目 | 含　义 |
|---|---|---|
| 位 00 | ON（斜坡上升）/OFF1（斜坡下降） | 0 否，1 是 |
| 位 01 | OFF2：按照惯性自由停车 | 0 是，1 否 |
| 位 02 | OFF3：快速停车 | 0 是，1 否 |
| 位 03 | 脉冲使能 | 0 否，1 是 |
| 位 04 | 斜坡函数发生器（RFG）使能 | 0 否，1 是 |
| 位 05 | RFG 开始 | 0 否，1 是 |
| 位 06 | 设定值使能 | 0 否，1 是 |
| 位 07 | 故障确认 | 0 否，1 是 |
| 位 08 | 正向点动 | 0 否，1 是 |
| 位 09 | 反向点动 | 0 否，1 是 |
| 位 10 | 由 PLC 进行控制 | 0 否，1 是 |
| 位 11 | 设定值反向 | 0 否，1 是 |
| 位 12 | 未使用 | |
| 位 13 | 用电动电位计 MOP 升速 | 0 否，1 是 |
| 位 14 | 用电动电位计 MOP 降速 | 0 否，1 是 |
| 位 15 | 本机/远程控制 | 0P7019 下标 0，1P7019 下标 1 |

**65**

PZD 的第二个字是变频器的主设定值（HSW），即主频率设定值。有两种不同的设置方式，当 P2009 设置为 0 时，数值以十六进制形式发送，即 4000（hex）规格化为由 P2000（默认值为 50）设定的频率，4000 相当于 50Hz。当 P2009 设置为 1 时，数值以十进制形式发送，即 4000（十进制）表示频率为 40.00Hz。

例如当 P2009＝0 时，任务报文为 PZD＝047F4000，第一个字的二进制为 0000,0100,0111,1111。这个字的含义是斜坡上升；不是自由惯性停机；不是快速停车；脉冲使能；斜坡函数发生器（RFG）使能；RFG 开始；设定值使能；不确认故障；不是正向点动；不是反向点动；由 PLC 进行控制；设定值不反向；不用 MOP 升速和降速。第二个字的含义是转速为 50Hz。

b. 应答报文 PZD 的介绍。应答报文 PZD 的第一个字是变频器的状态字（ZWS）。变频器的状态字通常由参数 r0052 定义。变频器的状态字（ZSW）含义见表 4-13。

表 4-13 变频器的状态字（ZSW）含义

| 位 | 项 目 | 含 义 |
|---|---|---|
| 位 00 | 变频器准备 | 0 否，1 是 |
| 位 01 | 变频器运行准备就绪 | 0 否，1 是 |
| 位 02 | 变频器正在运行 | 0 否，1 是 |
| 位 03 | 变频器故障 | 0 是，1 否 |
| 位 04 | OFF2 命令激活 | 0 是，1 否 |
| 位 05 | OFF3 命令激活 | 0 是，1 否 |
| 位 06 | 禁止接通 | 0 否，1 是 |
| 位 07 | 变频器报警 | 0 否，1 是 |
| 位 08 | 设定值/实际偏差过大 | 0 是，1 否 |
| 位 09 | 过程数据监控 | 0 否，1 是 |
| 位 10 | 已经达到最大频率 | 0 否，1 是 |
| 位 11 | 电动机极限电流报警 | 0 是，1 否 |
| 位 12 | 电动机抱闸制动投入 | 0 是，1 否 |
| 位 13 | 电动机过载 | 0 是，1 否 |
| 位 14 | 电动机正向运行 | 0 否，1 是 |
| 位 15 | 变频器过载 | 0 是，1 否 |

应答报文的 PZD 的第二个字是变频器的运行实际参数（HIW）。通常定义为变频器的实际输出频率。其数值也由 P2009 进行规格化。

c. 编写程序。程序如图 4-28 所示。

【关键点】 理解任务报文和应答报文的各位的含义是十分关键的，否则是很难编写出正确程序。

（4）S7-300 通过 PROFIBUS 现场总线修改 MM440 变频器的参数

S7-300 通过 PROFIBUS 现场总线通信修改变频器的参数实际上就是 S7-300 和 MM440 变频器现场总线通信。以下用一个例子介绍 S7-300 通过 PROFIBUS 现场总线修改 MM440 变频器的参数。

【例 4-7】 利用一台 CPU314C-2DP 通过 PROFIBUS 现场总线通信修改 MM440 变频器的参数，将 P701 原有数值 1 修改成 2，请设计方案，并编写程序。

**解：** ① 软硬件配置。

a. 1 套 STEP7 V5.5。

b. 1 台 MM440 变频器（含 PROFIBUS 模板）。

c. 1 台 CPU314C-2DP。

d. 1 根 PROFIBUS 屏蔽双绞线。

e. 1 根 PC/MPI 电缆（或者 CP5611 卡）。

硬件配置方案如图 4-29 所示。

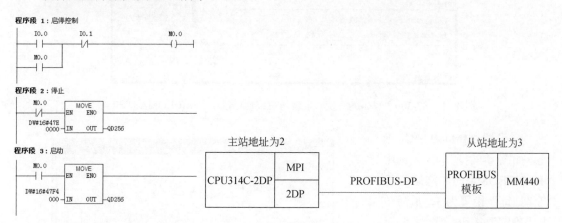

图 4-28 PROFIBUS-DP 通信程序　　图 4-29 S7-300 和 MM440 变频器现场总线通信硬件配置方案

② 硬件组态。

a. 新建工程和 PROFIBUS 网络。将工程命名为"7-7"。新建 PROFIBUS 网络，设置 CPU314C-2DP 的站地址为 2，选中如图 4-30 中"1"处所示的网络，展开"PROFIBUS DP"。

图 4-30 S7-300 和 MM440 变频器现场总线通信新建工程和 PROFIBUS 网络

b. 选中"MICROMASTER 4"。如图 4-31 所示，先展开"SIMOVERT"，再选中"MICROMASTER 4"，并双击，弹出如图 4-31 所示的界面。

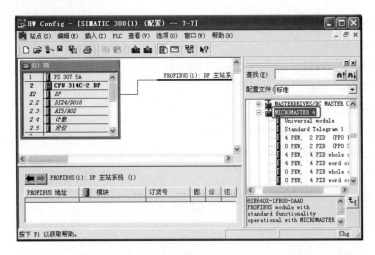

图 4-31 S7-300 和 MM440 变频器现场总线通信选中"MICROMASTER 4"

c. 设置 MM440 的站地址。如图 4-32 所示,先选中"PROFIBUS(1)"网络,再将"地址"设置为 3,最后单击"确定"按钮。

d. 选择通信报文的结构。PROFIBUS 的通信报文由两部分组成,即 PKW(参数识别 ID 数据区)和 PZD 区(过程数据)。如图 4-33 所示,先选中"1"处,再双击"4 PKW,2 PZD (PPO1)","4 PKW,

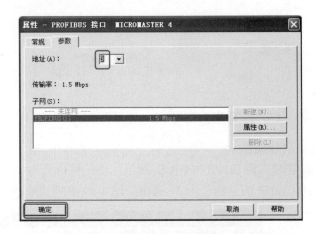

图 4-32 S7-300 和 MM440 变频器现场总线通信设置 MM440 的站地址

2 PZD (PPO1)"通信报文格式的含义是报文中有 4 个字的 PKW,有 2 个字的 PZD。

图 4-33 S7-300 和 MM440 变频器现场总线通信选择通信报文的结构

e. MM440 的数据地址。如图 4-34 所示,MM440 接收主站的 PKW 数据存放在 IB256～IB263(共四个字),MM440 发送反馈信息给主站的数据区 QB256～QB263(共四个字)。而

68

MM440 接收主站的 PZD 数据存放在 IB264～IB267（共两个字），MM440 发送反馈信息给主站的数据区 QB264～QB267（共两个字）。理解这一点非常关键。

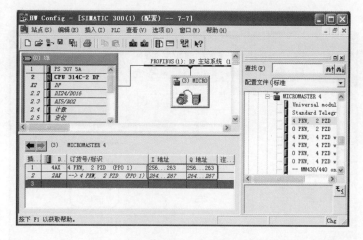

图 4-34　S7-300 和 MM440 变频器现场总线通信 MM440 的数据地址

f. 插入组织块、数据块和参数表。返回管理器界面，插入组织块 OB82、OB86 和 OB122，再插入数据块 DB1 和参数表 VAT_1，如图 4-35 所示。

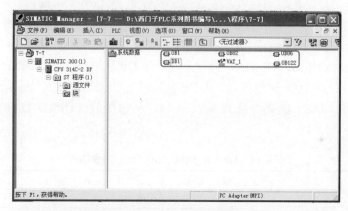

图 4-35　S7-300 和 MM440 变频器现场总线通信插入组织块、数据块和参数表

g. 在数据块中创建数组。双击如图 4-35 中的数据块"DB1"，创建数组"DB_VAR"，如图 4-36 所示。

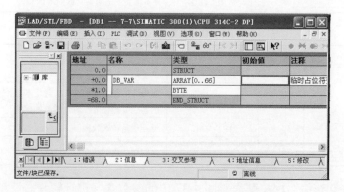

图 4-36　S7-300 和 MM440 变频器现场总线通信在数据块中创建数组

h. 在参数表中输入 PKW 参数。双击如图 4-35 中的参数表"VAT_1"，弹出参数表，如图 4-37 所示。"1"处的参数为写入 MM440 变频器的参数，"2"处的参数为向变频器读写参数的开关。

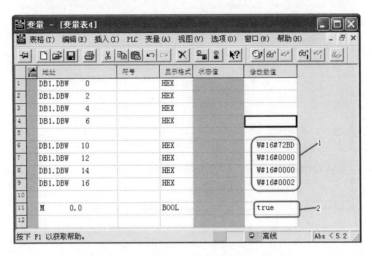

图 4-37　S7-300 和 MM440 变频器现场总线通信在参数表中输入 PKW 参数

③ 相关指令简介。在组态接收和发送时，经常遇到"Consistency"（一致性），当选择"Unit"时，则以字节发送和接收数据。如果数据到达从站接收区不在同一时刻，从站可能不能在同一周期处理完接收区数据。如果需要从站必须在同一周期处理完这些数据，可选择"All"选项，编程时调用 DPWR_DAT 打包发送，从 DP 从站或者 PROFINET IO 设备上发送连续数据，调用 DPRD_DAT 解包接收，从 DP 从站或者 PROFINET IO 设备上接收连续数据。打包发送（DPWR_DAT）的指令格式见表 4-14，解包接收（DPRD_DAT）的指令格式见表 4-15。

表 4-14　DPWR_DAT（SFC 15）指令格式

| LAD | 输入 / 输出 | 说　明 | 数据类型 |
|---|---|---|---|
| "DPWR_DAT"<br><br>—EN　　ENO—<br>—LADDR　RET_VAL—<br>—RECORD | EN | 使能 | BOOL |
| | LADDR | 对方数据起始地址，其实就是对方要接收的数据存放的起始地址 | WORD |
| | RET_VAL | 返回值是错误代码 | INT |
| | RECORD | 本地要发送数据存放的地址 | ANY |

表 4-15　DPRD_DAT（SFC 14）指令格式

| LAD | 输入 / 输出 | 说　明 | 数据类型 |
|---|---|---|---|
| "DPRD_DAT"<br><br>—EN　　ENO—<br>—LADDR　RET_VAL—<br>　　　　RECORD— | EN | 使能 | BOOL |
| | LADDR | 对方数据起始地址，其实就是本地要接收的解包数据存放在对方的起始地址 | WORD |
| | RET_VAL | 返回值是错误代码 | INT |
| | RECORD | 接收解包数据后存放的地址 | ANY |

④ 编写程序。在编写程序前先对图 4-37 中的参数含义进行解释。

　　a. W#16#72BD，PKW 的第一个字，即参数识别标记 ID，显然是用十六进制表示，"7"表示修改参数数值，此参数为数组、单字，"2BD"就是 701 的十六进制。

　　b. W#16#0000，PKW 的第二个字，即参数下标，显然 701 小于 2000，所以其下标为 0。

　　c. W#16#0000，PKW 的第三个字，第一个参数值（PWE1），为 0。

　　d. W#16#0002，PKW 的第四个字，第二个参数值（PWE2），为 2，是要修改的新数值。

　　e. 通信程序如图 4-38 所示。

【关键点】 要编写正确的程序，首先必须理解 PKW 各个字的含义，这是重点，同时也是难点。其次要理解 DPRD_DAT 和 DPWR_DAT 的用法，如图 4-38 所示的程序中"LADDR"前的"W#16#100"是用十六进制表示的，就是十进制的 256，与图 4-34 中的地址是对应的，这点必须注意，否则通信是不能成功的。

程序段 1：接收数据，存放在 DB1.DBX0.0 开始的 8 个字节

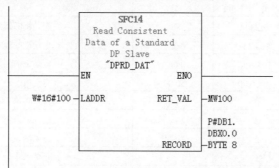

程序段 2：发送从 DB1.DBX10.0 开始的 8 个字节，修改变频器的参数

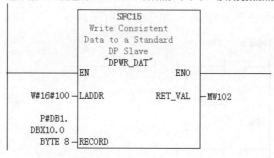

图 4-38　S7-300 和 MM440 变频器现场总线通信程序

## 4.3　西门子变频器的正反转和制动控制

### 4.3.1　西门子变频器的正反转控制

　　不使用变频器时，控制电动机正反转要用两个接触器，而使用变频器后，就不需要这样做了。电动机的启动、正反转和制动均由 PLC 控制完成，$SB_1$ 控制正转启动、$SB_2$ 控制反转启动、$SB_3$ 控制停止（制动，OFF3 方式）。

　　① 将 PLC、变频器和电动机按照如图 4-39 连线。

　　② 参考说明书，按照表 4-16 设定变频器的参数。

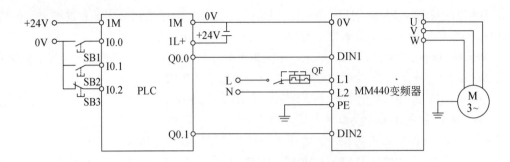

图 4-39　西门子变频器正反转控制接线图

表 4-16　西门子变频器正反转控制变频器参数

| 序号 | 变频器参数 | 出　厂　值 | 设　定　值 | 功　能　说　明 |
|---|---|---|---|---|
| 1 | P0304 | 230 | 380 | 电动机的额定电压 |
| 2 | P0305 | 3.25 | 0.35 | 电动机的额定电流 |
| 3 | P0307 | 0.75 | 0.06 | 电动机的额定功率 |
| 4 | P0310 | 50.00 | 50.00 | 电动机的额定频率 |
| 5 | P0311 | 0 | 1430 | 额定转速 1430r/min |
| 6 | P0700 | 2 | 2 | 选择命令源 |
| 7 | P1000 | 2 | 1 | 频率源 |
| 8 | P0701 | 1 | 1 | 正转 |
| 9 | P0702 | 12 | 2 | 反转 |

③ 编写程序，并下载到 PLC 中去，如图 4-40 所示。

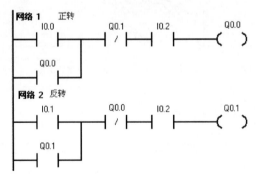

图 4-40　西门子变频器正反转梯形图

### 4.3.2　西门子变频器的制动控制

使用 MM440 变频器时的制动方法有 OFF1、OFF2、OFF3、复合制动、直流注入制动和外接电阻制动等方式。

MM440 采用了外接电阻的制动方法，其连线如图 4-41 所示。

① 根据变频器的功率和运输站电动机的工况，选用合适的制动电阻，具体参考 MM440 变频器使用说明书。

② 按照如图 4-41 将变频器与电动机连接在一起，注意制动电阻 $R$ 上的开关触头要与接

触器 KM 的线圈串联，这样当制动电阻过热时，制动电阻上的热敏电阻切断接触器 KM 的电源，从而切断变频器的供电电源，起到保护作用。

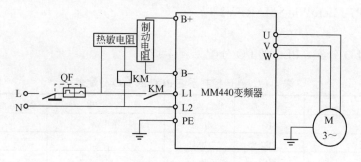

图 4-41　西门子变频器制动控制接线图

③ 验证，当切断变频器电源或者按停止"按钮"时，电动机是否迅速停车。

# 4.4　西门子变频器应用实例

## 4.4.1　刨床控制系统的设计

【例 4-8】　已知某刨床的控制系统主要由 PLC 和变频器组成，PLC 对变频器进行通信速度给定，变频器的运动曲线如图 4-42 所示，变频器以 20Hz、30Hz、50Hz、0Hz 和反向 50Hz 运行，每种频率运行的时间都是 8s，而且减速和加速时间都是 2s（这个时间不包含在 8s 内），如此工作 2 个周期自动停止。要求如下。

① 试设计此系统，画出原理图。

② 正确设置变频器的参数。

③ 编写程序。

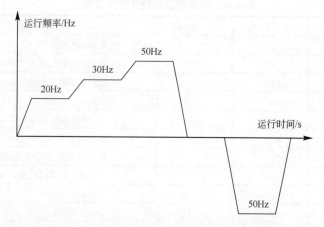

图 4-42　刨床的变频器的运行频率-时间曲线

**解：**（1）软硬件配置

① 主要软硬件配置。

a. 1 台 CPU SR20。

b. 1 台 MM440 变频器。

c. 1 套 STEP7-MicroWin SMART V2.3。

d. 1 根网线。

② PLC 的 I/O 分配。PLC 的 I/O 分配见表 4-17。

表 4-17  刨床控制系统 PLC 的 I/O 分配表

| 名　称 | 符　号 | 输 入 点 | 名　称 | 符　号 | 输 出 点 |
|---|---|---|---|---|---|
| 启动按钮 | SB1 | I0.0 | 继电器 | | Q0.0 |
| 停止按钮 | SB2 | I0.1 | | | |
| 急停按钮 | SB3 | I0.2 | | | |

③ 控制系统的接线。控制系统的接线如图 4-43 所示。

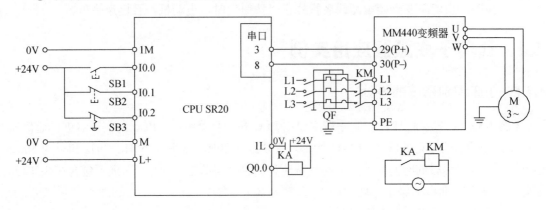

图 4-43  刨床控制系统 PLC 接线图

④ 变频器参数设定。变频器的参数设定见表 4-18。

表 4-18  刨床控制系统变频器参数

| 序号 | 变频器参数 | 出 厂 值 | 设 定 值 | 功 能 说 明 |
|---|---|---|---|---|
| 1 | P0005 | 21 | 21 | 显示电流值 |
| 2 | P0304 | 380 | 380 | 电动机的额定电压（380V） |
| 3 | P0305 | 19.7 | 20 | 电动机的额定电流（20A） |
| 4 | P0307 | 7.5 | 7.5 | 电动机的额定功率（7.5 kW） |
| 5 | P0310 | 50.00 | 50.00 | 电动机的额定频率（50Hz） |
| 6 | P0311 | 0 | 1440 | 电动机的额定转速（1440 r/min） |
| 7 | P0700 | 2 | 5 | 选择命令源（COM 链路的 USS 设置） |
| 8 | P1000 | 2 | 5 | 频率源（COM 链路的 USS 设置） |
| 9 | P1120 | 10 | 2 | 斜坡上升时间 |
| 10 | P1121 | 10 | 2 | 斜坡下降时间 |
| 11 | P2010 | 6 | 6 | USS 波特率（6 表示 9600bit/s） |
| 12 | P2011 | 0 | 0 | 站点的地址 |
| 13 | P2012 | 2 | 2 | PZD 长度 |
| 14 | P2013 | 127 | 127 | PKW 长度（长度可变） |
| 15 | P2014 | 0 | 0 | 看门狗时间 |

（2）编写程序

从图 4-42 可见，一个周期的运行时间是 52s，上升和下降时间直接设置在变频器中，也就是 P1120=P1121=2s，编写程序不用考虑。编写程序时，将 2 个周期当作一个周期考虑，可使程序编写更加方便。梯形图如图 4-44 所示。

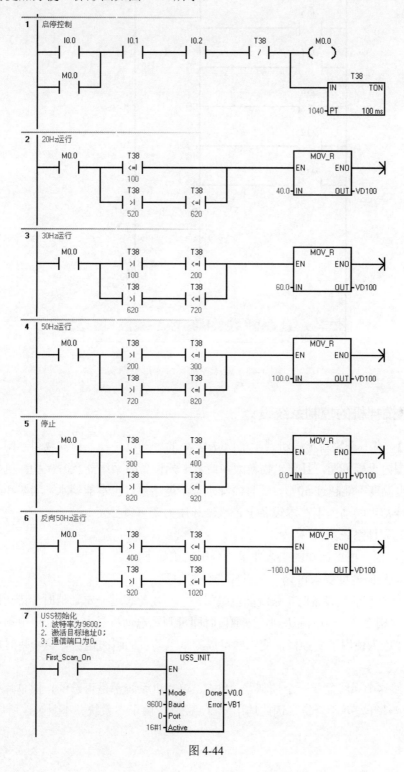

图 4-44

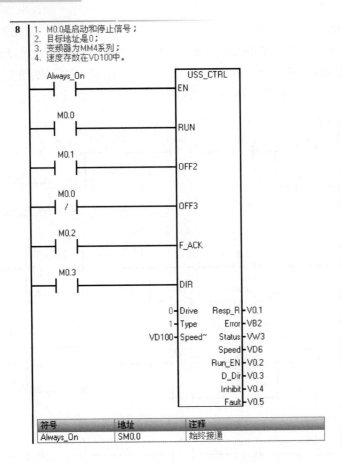

图 4-44　刨床控制系统梯形图

### 4.4.2　物料搅拌机的控制系统设计

**【例 4-9】**　有一个物料搅拌机，主机由 7.5kW 的电动机带动，根据物料不同，要求速度在一定的范围内无极可调，且要求物料太多或者卡死设备时系统能及时保护；机器上配有冷却水，冷却水温度不能超过 50℃，而且冷却水管不能堵塞，也不能缺水，堵塞和缺水将造成严重后果，冷却水的动力不在本设备上，水温和压力要可以显示。

**解：**（1）硬件系统集成

①　分析问题。根据已知的工艺要求，分析结论如下。

a. 主电动机的速度要求可调，所以应选择变频器。

b. 系统要求有卡死设备时，系统能及时保护。当载荷超过一定数值时（特别是电动机卡死时），电流急剧上升，当电流达到一定数值时即可判定电动机是卡死的，而电动机的电流是可以测量的。因为使用了变频器，变频器可以测量电动机的瞬时电流，这个瞬时电流值可以用通信的方式获得。

c. 很显然这个系统需要一个控制器，PLC、单片机系统都是可选的，但单片机系统的开发周期长，单件开发并不合算，因此选用 PLC 控制，由于本系统并不复杂，所以小型 PLC 即可满足要求。

d. 冷却水的堵塞和缺水可以用压力判断，当水压力超过一定数值时，视为冷却水堵塞，当压力低于一定的压力时，视为缺水，压力一般要用压力传感器测量，温度由温度传感器测量。因此，PLC 系统要配置模拟量模块。

e. 要求水温和压力可以显示，所以需要触摸屏或者其他设备显示。

② 硬件系统集成。

a. 硬件选型。

• 小型 PLC 都可作为备选，由于西门子 S7-200 SMART 系列 PLC 通信功能较强，而且性价比较高，所以初步确定选择 S7-200 SMART 系列 PLC，因为 PLC 要和变频器通信占用一个通信口，和触摸屏通信也要占用一个通信口，CPU SR20 有一个编程口（PN），用于下载程序和与触摸屏通信，另一个串口则可以作为 USS 通信用。

由于压力变送器和温度变送器的信号都是电流信号，所以要考虑使用专用的 AD 模块，两路信号使用 EMAI4 是适当的选择。

由于 CPU SR20 的 I/O 点数合适，所以选择 CPU SR20。

• MM440 是一款功能比较强大的变频器，价格适中，可以与 S7-200 SMART 很方便地进行 USS 通信，所以选择 MM440 变频器。

• 触摸屏选择西门子的 Smart 700 IE。

b. 系统的软硬件配置。

• 1 台 CPU SR20。

• 1 台 EM AE04。

• 1 台 Smart 700IE 触摸屏。

• 1 台 MM440 变频器。

• 1 台压力传感器（含变送器）。

• 1 台温度传感器（含变送器）。

• 1 套 STEP7-MicroWin SMART V1.0。

• 1 套 WINCC FLEXIBLE 2008 SP4。

c. 原理图。系统的原理图如图 4-45 所示。

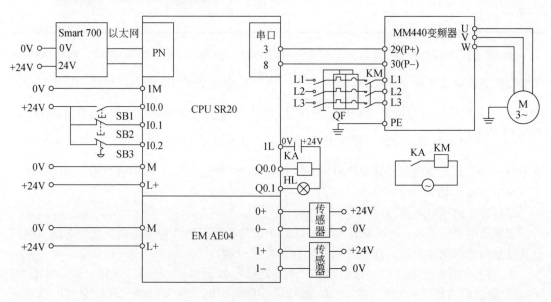

图 4-45 原理图

d. 变频器参数设定。变频器的参数设定见表 4-19。

表 4-19　物料搅拌机控制系统变频器参数

| 序　号 | 变频器参数 | 出　厂　值 | 设　定　值 | 功　能　说　明 |
|---|---|---|---|---|
| 1 | P0005 | 21 | 27 | 显示电流值 |
| 2 | P0304 | 380 | 380 | 电动机的额定电压（380V） |
| 3 | P0305 | 19.7 | 20 | 电动机的额定电流（20 A） |
| 4 | P0307 | 7.5 | 7.5 | 电动机的额定功率（7.5 kW） |
| 5 | P0310 | 50.00 | 50.00 | 电动机的额定频率（50Hz） |
| 6 | P0311 | 0 | 1400 | 电动机的额定转速（1400 r/min） |
| 7 | P0700 | 2 | 5 | 选择命令源（COM 链路的 USS 设置） |
| 8 | P1000 | 2 | 5 | 频率源（COM 链路的 USS 设置） |
| 9 | P2010 | 6 | 6 | USS 波特率（6 表示 9600bit/s） |
| 10 | P2011 | 0 | 18 | 站点的地址 |
| 11 | P2012 | 2 | 2 | PZD 长度 |
| 12 | P2013 | 127 | 127 | PKW 长度（长度可变） |
| 13 | P2014 | 0 | 0 | 看门狗时间 |

（2）编写 PLC 程序

① I/O 分配。PLC 的 I/O 分配见表 4-20。

表 4-20　物料搅拌机控制系统 PLC 的 I/O 分配表

| 序　号 | 地　址 | 功　能 | 序　号 | 地　址 | 功　能 |
|---|---|---|---|---|---|
| 1 | I0.0 | 启动 | 8 | AIW16 | 温度 |
| 2 | I0.1 | 停止 | 9 | AIW18 | 压力 |
| 3 | I0.2 | 急停 | 10 | VD0 | 满频率的百分比 |
| 4 | M0.0 | 启/停 | 11 | VD22 | 电流值 |
| 5 | M0.3 | 缓停 | 12 | VD50 | 转速设定 |
| 6 | M0.4 | 启/停 | 13 | VD104 | 温度显示 |
| 7 | M0.5 | 快速停 | 14 | VD204 | 压力显示 |

② 编写程序。温度传感器最大测量量程是 100℃，其对应的数字量是 27648，所以 AIW16 采集的数字量除 27648 再乘 100（即 $\frac{AIW16 \times 100}{27648}$）就是温度值；压力传感器的最大量程是 10000Pa，其对应的数字量是 27648，所以 AIW18 采集的数字量除 27648 再乘 10000（即 $\frac{AIW18 \times 10000}{27648}$）就是压力值；程序中的 VD0 是额定频率的百分比，由于电动机的额定转速是 1400r/min，假设电动机转速是 700 r/min，那么 VD0＝50.0，所以 VD0=VD50÷1400×100。

程序如图 4-46 所示。

（3）设计触摸屏项目

本例选用西门子 Smart 700IE 触摸屏，这个型号的触摸屏性价比很高，使用方法与西门子其他系列的触摸屏类似，以下介绍其工程的创建过程。

① 首先创建一个新工程，接着建立一个新连接，如图 4-47 所示。选择"SIMATIC S7 Smart"通信驱动程序，触摸屏与 PLC 的通信接口为"以太网"，设定 PLC 的 IP 地址为"192.168.0.1"，设定触摸屏的 IP 地址为"192.168.0.2"，这一步很关键。

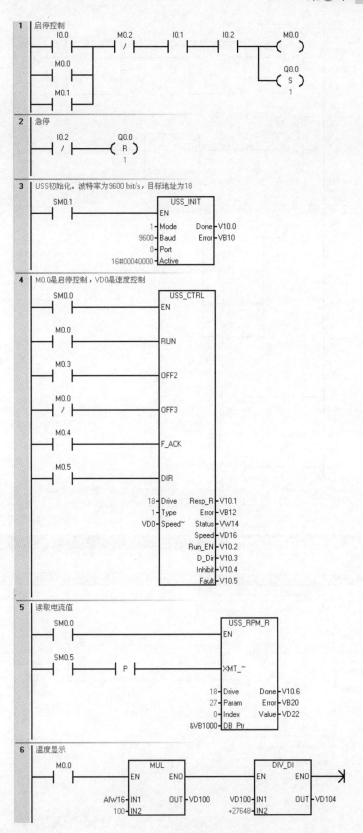

图 4-46

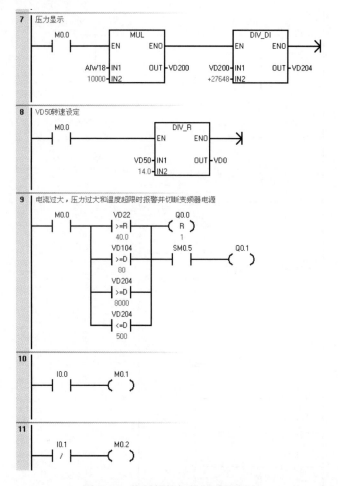

图 4-46　物料搅拌机控制系统程序

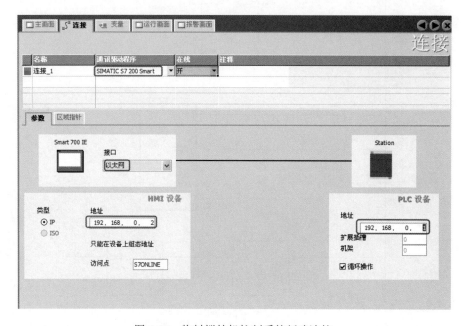

图 4-47　物料搅拌机控制系统新建连接

② 新建变量。变量是触摸屏与 PLC 交换数据的媒介。创建如图 4-48 所示的变量。

| 名称 | 连接 | 数据类型 | 地址 | 数组计数 | 采集周期 | 注释 |
|------|------|----------|------|----------|----------|------|
| VD50 | 连接_1 | Real | VD50 | 1 | 100 ms | 速度设定 |
| VD 22 | 连接_1 | Real | VD 22 | 1 | 100 ms | 电流读取 |
| VD104 | 连接_1 | Real | VD 104 | 1 | 100 ms | 温度显示 |
| VD204 | 连接_1 | Real | VD 204 | 1 | 100 ms | 压力显示 |
| M0 | 连接_1 | Bool | M 0.0 | 1 | 100 ms | 启停指示和控制 |
| M1 | 连接_1 | Bool | M 0.1 | 1 | 100 ms | 启动 |
| M2 | 连接_1 | Bool | M 0.2 | 1 | 100 ms | 停止 |

图 4-48　物料搅拌机控制系统新建变量

③ 组态报警。双击"项目树"中的"模拟量报警"，显示如图 4-49 所示的组态报警界面。

| 文本 | 编号 | 类别 | 触发变量 | 限制 | 触发模式 |
|------|------|------|----------|------|----------|
| 温度过高 | 1 | 警告 | VD104 | 50 | 上升沿时 |
| 压力过低 | 2 | 警告 | VD204 | 1000 | 下降沿时 |

图 4-49　物料搅拌机控制系统组态报警（一）

④ 制作画面。本例共有三个画面，如图 4-50～图 4-52 所示。
⑤ 动画连接。在各个画面中，将组态的变量和画面连接在一起。
⑥ 保存、下载和运行工程，运行效果如图 4-50～图 4-52 所示。

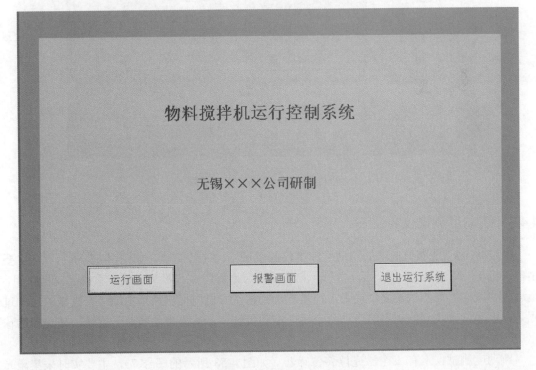

物料搅拌机运行控制系统

无锡×××公司研制

| 运行画面 | 报警画面 | 退出运行系统 |

图 4-50　物料搅拌机控制系统组态报警（二）

图 4-51　物料搅拌机控制系统组态报警（三）

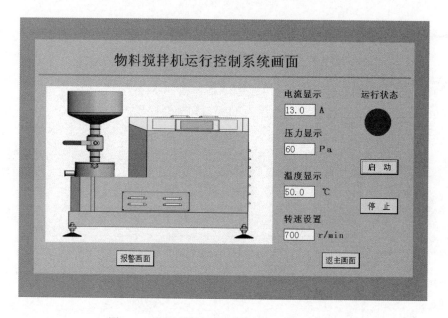

图 4-52　物料搅拌机控制系统组态报警（四）

### 4.4.3　跳动度测试仪

【例 4-10】　洗衣机内桶的跳动度测试仪的机械结构比较简单，如图 4-53 所示，它主要由电动机 1、减速器 2、机架 3、主轴 4 和锁紧螺母 6 等组成。机架对整个系统起支撑作用，电动机和减速器为测试仪提供动力，锁紧螺母则将洗衣机内桶压紧到主轴上。机械的运动过程是：电动机接收到控制器的启动命令后，电动机转动，从而带动减速器旋转，减速器的输出轴与主轴相连，转动的主轴带动洗衣机内桶旋转。

跳动度测试仪上有 1 个激光位移传感器（如图 4-53 所示的序号 7），主要实时采集激光传感器到内筒的距离。用筒体转动一周，最大距离减去最小距离即是筒体的最大的跳动度。

其控制要求如下。

① 控制系统能够启动、停止和急停控制。

② 能够实现无级调速，调速范围是转速为 96r/min、192r/min 和 240r/min 运行，电动机配的减速器的传动比为 1:3。

③ 当筒体转动一周时，测量一周的跳动度。

④ 实时测量电动机的转速。

⑤ 实时显示跳动度曲线和具体的数据。

**解:** ① 先进行 I/O 分配，见表 4-21，再将 PLC、变频器和电动机按照如图 4-54 所示接线。当下压 SB1 时，变频器低速运行（10Hz）；当下压 SB2 时，变频器中速运行（20Hz）；当下压 SB3 时，变频器高速运行（30Hz）。

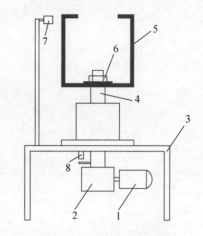

图 4-53 跳动度测试仪简图

1—电动机；2—减速器；3—机架；4—主轴；5—洗衣机内桶；

6—锁紧螺母；7—激光位移传感器；8—接近开关

表 4-21 跳动度测试仪 I/O 分配表

| 输 入 | | | 输 出 | |
| --- | --- | --- | --- | --- |
| 名 称 | 符 号 | 输 入 点 | 名 称 | 输 出 点 |
| 低速按钮 | SB1 | I0.0 | 低速输出 | Q0.0 |
| 中速按钮 | SB2 | I0.1 | 中速输出 | Q0.1 |
| 高速按钮 | SB3 | I0.2 | 高速输出 | Q0.2 |
| 停止按钮 | SB4 | I0.3 | | |
| 测量按钮 | SA1 | I0.4 | | |
| 光电开关 | SQ1 | I0.5 | | |

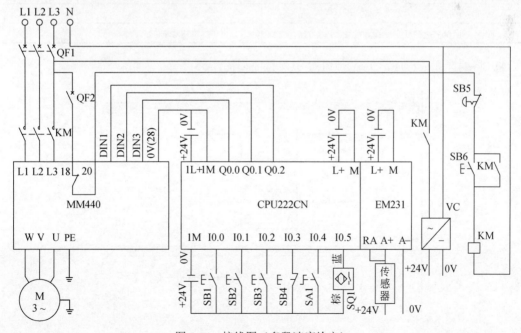

图 4-54 接线图（多段速度给定）

② 按照表 4-22 设定变频器的参数，查询变频器 MM440 的使用说明书，并设定这些参数。

因为跳动度测试仪的转速为 96r/min、192r/min 和 288r/min，减速器的传动比 $i=3$，先必须计算 96r/min 对应的频率 $f$。

$$f = \frac{50 \times 96 \times 3}{1440} = 10\text{Hz}$$

同理，可以得出转速 192r/min 和 288r/min 对应的频率为 20Hz 和 30Hz。

表 4-22　跳动度测试仪变频器参数

| 序号 | 变频器参数 | 出 厂 值 | 设 定 值 | 功 能 说 明 |
|---|---|---|---|---|
| 1 | P0304 | 380 | 380 | 电动机的额定电压（380V） |
| 2 | P0305 | 1.8 | 2.05 | 电动机的额定电流（2.05A） |
| 3 | P0307 | 0.75 | 0.75 | 电动机的额定功率（0.75W） |
| 4 | P0310 | 50.00 | 50.00 | 电动机的额定频率（50Hz） |
| 5 | P0311 | 0 | 1440 | 电动机的额定转速（1440 r/min） |
| 6 | P1000 | 2 | 3 | 固定频率设定 |
| 7 | P1080 | 0 | 0 | 电动机的最小频率（0Hz） |
| 8 | P1082 | 50 | 50.00 | 电动机的最大频率（50Hz） |
| 9 | P1120 | 10 | 10 | 斜坡上升时间（10s） |
| 10 | P1121 | 10 | 10 | 斜坡下降时间（10s） |
| 11 | P0700 | 2 | 2 | 选择命令源（由端子排输入） |
| 12 | P0701 | 1 | 16 | 固定频率设定值（直接选择+ON） |
| 13 | P0702 | 12 | 16 | 固定频率设定值（直接选择+ON） |
| 14 | P0703 | 9 | 16 | 固定频率设定值（直接选择+ON） |
| 15 | P1001 | 0.00 | 30 | 固定频率 1 |
| 16 | P1002 | 5.00 | 20 | 固定频率 2 |
| 17 | P1003 | 10.00 | 10 | 固定频率 3 |

③ 将编译完成程序，下载到 PLC 中，程序如图 4-55 所示。

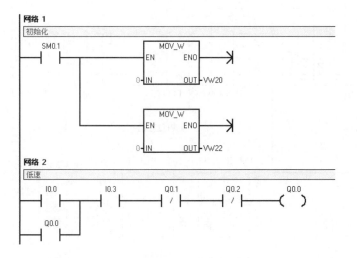

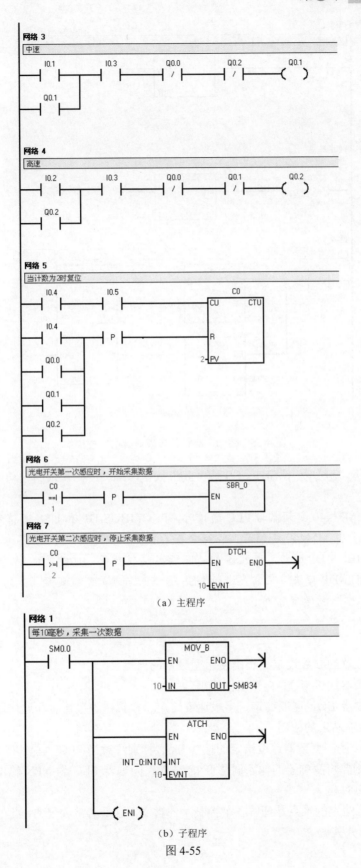

（a）主程序

（b）子程序

图 4-55

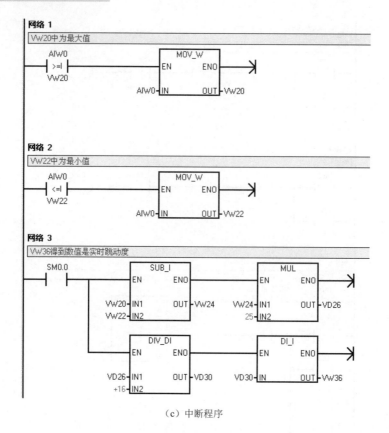

（c）中断程序

图 4-55　跳动度测试仪多段速度给定程序

④ 接通电源，分别按下 SB1、SB2 和 SB3 按钮，跳动度测试仪的电动机分别得到三种不同的转速。

【关键点】 MM440 变频器与 PLC 通信时，PROFIBUS-DP 和 USS 通信不能同时进行，只能两者选其一。当 MM440 变频器上已经安装了 PROFIBUS-DP 模块，不论 MM440 变频器是否进行 PROFIBUS-DP 通信，变频器自动将 USS 通信封死，也就是说 MM440 变频器已经安装了 PROFIBUS-DP 模块，又需要进行 USS 通信，必须要先把变频器上的 PROFIBUS-DP 模块拆卸下来。这点初学者容易忽略。

## 小结

1. 掌握变频器的参数设定是正确使用变频器的前提。

2. 理解变频器的"交-直-交"工作原理。

3. 掌握变频器 BOP 速度给定、多段速度给定、模拟量速度给定和通信速度给定的应用场合以及其在运输站上的应用。

4. 掌握 PLC 控制变频器速度给定的接线方法，特别注意当 PLC 为晶体管输出时，若 PLC 为 PNP 输出，则要将变频器的输入调整 PNP 输入，同理若 PLC 为 NPN 输出，则要将变频器的输入调整 NPN 输入。

5. 通信速度给定的难点是理解各个控制字的含义，这是非常关键的，此外对变频器参数的正确设定也十分关键。

# 习题

1. 变频器电源输入端接到电源输出端后，有什么后果？

2. 使用变频器时，制动原理是什么？

3. 使用变频器时，电动机的正反转怎样实现？

4. 不用西门子的指令库，也能建立两台 CPU226CN 和 MM440 变频器的 USS 通信，这句话对吗？

5. 一台 S7-200 和 4 台 MM440 变频器建立 USS 通信，请画出通信连线图。

6. 编写程序，要求 S7-200 实时读出 MM440 的频率数值，并显示在 HMI 上。

7. 编写程序，要求 S7-300 实时读出 MM440 的频率数值，并显示在 HMI 上。

8. 用 MM440 进行多段速度给定，要设置 20Hz、40 Hz、50 Hz 几个运行频率，问 P0700、P0701、P0702、P0703、P1000、P1001、P1002 和 P1003 参数如何设置？

9. 用 S7-200 对一台变频器进行模拟量速度给定，电动机的额定转速是 1400r/min，要求在触摸屏中设定一个转速，使变频器控制电动机以相同的转速运行，请设计原理图，设定变频器参数，并编写控制程序。

# 第5章

## 三菱变频器的技术应用

日系的三菱变频器进入我国市场的时间较早，加之其性价比较高，而且受到三菱 FX 系列 PLC 的口碑正面影响，因此在我国占有一定的市场份额。

## 5.1　三菱变频器的接线与参数设置

### 5.1.1　三菱 FR-A740 变频器的接线

（1）初识 FR-A740 变频器

三菱 700 系列的变频器已经完全替代了原先的 500 系列变频器。目前，三菱的变频器分为四个系列，分别是 FR-D700，是经济型高性能变频器，相对比较便宜；FR-E700，这个系列是紧凑型多功能变频器；FR-A700 是高性能矢量变频器，功能强大；FR-F700 是节能通用型变频器，用于风机和水泵。由于三菱的其他系列变频器的使用和 FR-A740 变频器使用类似，所以以下将详细介绍三菱 FR-A740 变频器。

- 功率范围：0.4～500kW。
- 闭环时可进行高精度的转矩/速度/位置控制。
- 无传感器矢量控制可实现转矩/速度控制。
- 内置 PLC 功能（特殊型号）。
- 使用长寿命元器件，内置 EMC 滤波器。
- 强大的网络通信功能，支持 DeviceNet、Profibus-DP、Modbus 等协议。

FR-A740 变频器的外形如图 5-1 所示。

图 5-1　FR-A740 变频器外形

（2）FR-A740变频器的接线

三菱FR-A740变频器的框图如图5-2所示，端子定义见表5-1。

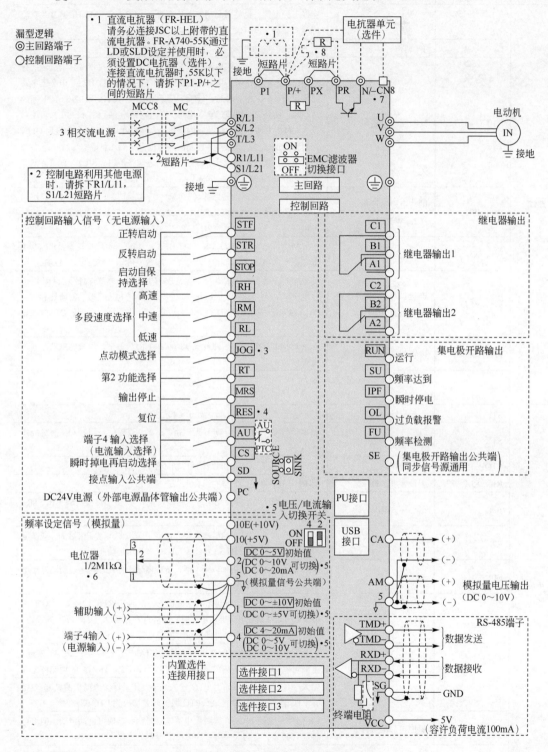

图5-2　三菱FR-A740变频器框图

表 5-1　FR-A740 端子定义

| 类型 | 端子记号 | 端子名称 | 功　能 |
|---|---|---|---|
| 主回路端子 | R/L1，S/L2，T/L3 | 交流电源输入 | 连接工频电源。当使用高功率因数变流器（FR-HC、MT-HC）及共直流母线变流器（FR-CV）时不要连接任何东西 |
| | U，V，W | 变频器输出 | 接三相笼型电动机 |
| | R1/L11，S1/L21 | 控制回路用电源 | 控制回路用电源与交流电源端子 R/L1、S/L2 相连。在保持异常显示或异常输出时，以及使用高功率因数变流器（FR-HC、MT-HC）、电源再生共通变流器（FR-CV）等时，请拆下端子 R/L1-R1/L11、S/L2-S1/L21 间的短路片，从外部对该端子输入电源。在主回路电源（R/L1、S/L2、T/L3）设为 ON 的状态下请勿将控制回路用电源（R1/L11、S1/L21）设为 OFF，否则可能造成变频器损坏。控制回路用电源（R1/L11、S1/L21）为 OFF 的情况下，请在回路设计上保证主回路电源（R/L1、S/L2、T/L3）同时也为 OFF。15kW 以下：60V·A；18.5kW 以上：80V·A |
| | P/+，PR | 制动电阻器连接（22kW 以下） | 拆下端子 PR-PX 间的短路片（7.5kW 以下），连接在端子 P/+-PR 间作为任选件的制动电阻器（FR-ABR）。22kW 以下的产品通过连接制动电阻，可以得到更大的再生制动力 |
| | P/+，N/– | 连接制动单元 | 连接制动单元（FR-BU，BU，MT-BU5），共直流母线变流器（FR-CV）电源再生转换器（MT-RC）及高功率因数变流器（FR-HC，MT-HC） |
| | P/+，P1 | 连接改善功率因数直流电抗器 | 对于 55kW 以下的产品请拆下端子 P/+-P1 间的短路片，连接上 DC 电抗器（75kW 以上的产品已标准配备有 DC 电抗器，必须连接）。FR-A740-55kW 通过 LD 或 SLD 设定并使用时，必须设置 DC 电抗器（选件） |
| | PR，PX | 内置制动器回路连接 | 端子 PX-PR 间连接有短路片（初始状态）的状态下，内置的制动器回路为有效 |
| | ⏚ | 接地变频器外壳接地用 | 必须接大地 |
| 接点输出 | STF | 正转启动 | STF 信号处于 ON 便正转，处于 OFF 便停止 |
| | STR | 反转启动 | STR 信号 ON 为反转，OFF 为停止。STF，STR 信号同时 ON 时变成停止指令 |
| | STOP | 启动自保持选择 | STOP 信号处于 ON，可以选择启动信号自保持 |
| | RH，RM，RL | 多段速度选择 | 用 RH，RM 和 RL 信号的组合可以选择多段速度 |
| | JOG | 点动模式选择 | JOG 信号 ON 时选择点动运行（初期设定），用启动信号（STF 和 STR）可以点动运行 |
| | RT | 第 2 功能选择 | RT 信号 ON 时，第 2 功能被选择。设定了[第 2 转矩提升][第 2U/f（基准频率）]时也可以用 RT 信号处于 ON 时选择这些功能 |
| | MRS | 输出停止 | MRS 信号为 ON（20ms 以上）时，变频器输出停止。用电磁制动停止电动机时用于断开变频器的输出 |
| | RES | 复位 | 复位用于解除保护回路动作的保持状态。使端子 RES 信号处于 ON 在 0.1s 以上，然后断开。工厂出厂时，通常设置为复位。根据 Pr75 的设定，仅在变频器报警发生时可能复位。复位解除后约 1s 恢复 |
| | AU | 端子 4 输入选择 | 只有把 AU 信号置为 ON 时端子 4 才能用（频率设定信号在 DC 4~20mA 之间可以操作）。AU 信号置为 ON 时端子 2（电压输入）的功能将无效 |
| | | PTC | 输入 AU 端子也可以作为 PTC 输入端子使用（保护电动机的温度）。用作 PTC 输入端子时要把 AU/PTC 切换开关切换到 PTC 侧 |
| | CS | 瞬停再启动选择 | CS 信号预先处于 ON，瞬时停电再恢复时变频器便可自动启动。但用这种运行必须设定有关参数，因为出厂设定为不能再启动 |
| | SD | 公共输入端子（漏型） | 接点输入端子（漏型）的公共端子。DC 24V，0.1A 电源（PC 端子）的公共输出端子。与端子 5 及端子 SE 绝缘 |

续表

| 类 型 | 端子记号 | 端 子 名 称 | 功 能 |
|---|---|---|---|
| 接点输出 | PC | 外部晶体管输出公共端，DC24V 电源接点输入公共端（源型） | 漏型时当连接晶体管输出（即电极开路输出），例如可编程控制器（PLC）时，将晶体管输出用的外部电源公共端接到该端子时，可以防止因漏电引起的误动作，该端子可以使用直流 24V，0.1A 电源。当选择源型时，该端子作为接点输入端子的公共端 |
| 频率设定 | 10E | 频率设定用电源 | 按出厂状态连接频率设定电位器时，与端子 10 连接。当连接到 10E 时，请改变端子 2 的输入规格 |
| | 10 | | |
| | 1 | 辅助频率设定 | 输入 DC 0～±5V 或 DC 0～±10V 时，端子 2 或 4 的频率设定信号与这个信号相加，用参数单元 Pr73 进行输入 DC 0～±5V 或 DC 0～±10V（出厂设定）的切换。通过 Pr868 进行端子功能的切换 |
| | 2 | 频率设定（电压） | 如果输入 DC 0～5V（或 0～10V，0～20mA），当输入 5V（10V，20mA）时成最大输出频率，输出频率与输入成正比。DC 0～5V（出厂值）与 DC 0～10V，0～20mA 的输入切换用 Pr73 进行控制。电流输入为 0～20mA 时，电流/电压输入切换开关为 ON |
| | 4 | 频率设定（电流） | 如果输入 DC 4～20mA（或 0～5V，0～10V），当 20mA 时成最大输出频率，输出频率与输入成正比。只有 AU 信号置为 ON 时此输入信号才会有效（端子 2 的输入将无效）。4～20mA（出厂值），DC 0～5V，DC 0～10V 的输入切换用 Pr267 进行控制。电压输入为（0～5V/0～10V）时，电流/电压输入切换开关设为 OFF。端子功能的切换通过 Pr858 进行设定 |
| | 5 | 频率设定公共端 | 频率设定信号（端子 2，1 或 4）和模拟输出端子 CA，AM 的公共端子，请不要接大地 |
| 输出信号 | A1，B1，C1 | 继电器输出 1（异常输出） | 指示变频器因保护功能动作时输出停止的转换接点。故障时：B-C 间不导通（A-C 间导通），正常时：B-C 间导通（A-C 间不导通） |
| | A2，B2，C2 | 继电器输出 2 | 1 个继电器输出（常开/常闭） |
| | RUN | 变频器正在运行 | 变频器输出频率为启动频率（初始值 0.5Hz）以上时为低电平，正在停止或正在直流制动时为高电平 |
| | SU | 频率达到 | 输出频率达到设定频率的±10%（出厂值）时为低电平，正在加/减速或停止时为高电平 |
| | OL | 过负载报警 | 当失速保护功能动作时为低电平，失速保护解除时为高电平 |
| | IPF | 瞬时停电 | 瞬时停电，电压不足保护动作时为低电平 |
| | FU | 频率检测 | 输出频率为任意设定的检测频率以上时为低电平，未达到时为高电平 |
| | SE | 集电极开路输出公共端 | 端子 RUN，SU，OL，IPF，FU 的公共端子 |
| | CA | 模拟电流输出 | 输出信号与监示项目的大小成比例 |
| | AM | 模拟信号输出 | |
| RS-485 | — | PU 接口 | 通过 PU 接口，进行 RS-485 通信 ① 遵守标准：EIA-485（RS-485） ② 通信方式：多站点通信 ③ 通信速率：4800～38400bit/s ④ 最长距离：500m |
| | TXD+ | 变频器输出信号端子 | |
| | TXD– | | |
| | RXD+ | 变频器接收信号端子 | |
| | RXD– | | |
| | SG | 接地 | |
| USB | — | USB 接口 | 与个人电脑通过 USB 连接后，可以实现 FR-Configurat or 的操作 ① 接口：支持 USB1.1 ② 传输速度：12Mbit/s ③ 连接器：USB，B 连接器（B 插口） |

　　无论使用什么品牌的变频器，一般先要看结构框图和端子表，这是非常关键的，刚着手时不一定要把每个端子的含义搞清楚，但必须把最基本几个先搞清楚。

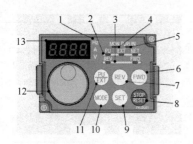

图 5-3 控制面板基本操作面板的外形

### 5.1.2 三菱 FR-A740 变频器的参数设定

（1）控制面板的功能

掌握控制面板也是十分关键的，否则不能设定参数。基本操作面板的外形如图 5-3 所示，利用基本操作面板可以改变变频器的参数。具有 7 段显示的 4 位数字，可以显示参数的序号和数值，报警和故障信息，以及设定值和实际值。基本操作面板上的按钮功能见表 5-2。

表 5-2 控制面板基本操作面板上的按钮功能

| 序　号 | 功　能 | 功　能　的　说　明 |
|---|---|---|
| 1 | 单位显示 | ① Hz：显示频率时灯亮<br>② V：显示电压时灯亮<br>③ A：显示电流时灯亮 |
| 2 | 运行模式显示 | ① PU：PU 运行模式时灯亮<br>② EXT：外部运行模式时灯亮<br>③ NET：网络运行模式时灯亮 |
| 3 | 显示转动方向 | ① FWD：正转时灯亮<br>② REV：反转时灯亮<br>③ 亮灯：正转或者反转<br>④ 闪烁：有正转或者反转信号，但无频率信号；有 MRS 信号输入时 |
| 4 | 监视显示 | 监视显示时灯亮 |
| 5 | 无功能 | |
| 6 | 启动指令正转 | 启动指令正转 |
| 7 | 启动指令反转 | 启动指令反转 |
| 8 | 停止运行 | 停止运行，也可复位报警 |
| 9 | 确定各类设置 | 设置各类参数后，要按此键，确定此设置有效 |
| 10 | 模式切换 | 切换各设定模式 |
| 11 | 运行模式切换 | ① PU 运行模式和外部运行模式的切换<br>② PU：PU 运行模式<br>③ EXT：外部运行模式 |
| 12 | M 旋钮 | 改变设定值的大小，如频率设定时，改变频率设置值 |
| 13 | 监视器 | 显示频率、电流等参数 |

【关键点】 表 5-2 中的序号与图 5-3 中的序号是对应的。

（2）FR-A740 变频器控制面板使用举例

以下用一个例子介绍 FR-A740 变频器控制面板使用的过程。

【例 5-1】 一台 FR-A740 变频器配一台三相异步电动机，已知电动机的技术参数，功率为 0.75kW，额定转速为 1380r/min，额定电压为 380V，额定电流为 2.05A，额定频率为 50Hz，试用控制面板将电动机的运行频率设定为 30Hz。

解：① 先介绍如何设定参数，以下通过将频率设置为 30Hz 的设置过程为例，讲解一个参数的设置方法。参数的设定方法见表 5-3。

表 5-3　参数的设定方法

| 序　号 | 操作步骤 | 控制面板显示 |
|---|---|---|
| 1 | 供电电源的画面监视器显示 | **0.00** Hz MON P.RUN A PU EXT NET V REV FWD |
| 2 | 按 PU/EXT 键，切换到 PU 运行模式 | PU显示亮灯 **0.00** PU EXT NET |
| 3 | 旋转 键，直到设定的 30Hz，闪烁 5s 左右 | **30.00** 闪烁 5s 左右 |
| 4 | 按 SET 键进行频率设定 | **30.00 F** 闪烁…参数设置完毕！！ |
| 5 | 闪烁 3s 左右，显示 "0.00" | 3s后 **0.00** → **30.00** Hz A MON P.RUN PU EXT NET V REV FWD |
| 6 | 按 STOP/RESET 键，停止设置 | **30.00** → **0.00** Hz MON P.RUN A PU EXT NET V REV FWD |

② 完整的设置过程。按照表 5-4 中的步骤进行设置。

表 5-4　设置过程

| 步　骤 | 参数及设定值 | 说　明 |
|---|---|---|
| 1 | 切换到 PU 运行模式 | 按 PU/EXT 键，切换到 PU 运行模式 |
| 2 | 设定额定电压 Pr83=380V | 旋转 键，到 Pr83；按 SET 键确定；旋转 键，直到 380V；再按 SET 键确定 |
| 3 | Pr84 | 旋转 键，到 Pr84；按 SET 键确定；旋转 键，直到 50Hz；再按 SET 键确定 |
| 4 | 设定热保护 Pr9=2.05A | 旋转 键，到 Pr9；按 SET 键确定；旋转 键，直到 2.05A；再按 SET 键确定 |
| 5 | 正转 | 按 FWD 按钮，实现正转 |
| 6 | 反转 | 按 REV 按钮，实现反转 |
| 7 | 停止 | 按 STOP/RESET 按钮，实现停机 |

【关键点】　初学者在设置参数时，有时不注意进行了错误的设置，但又不知道在什么参数的设置上出错，一般这种情况下可以对变频器进行复位，一般的变频器都有这个功能，复位后变频器的所有参数变成出厂的设定值，但工程中正在使用的变频器要谨慎使用此功能。FR-A740 的复位方法是，先按 PU/EXT 键，切换到 PU 运行模式，再按 MODE，旋转 键，找到 PrCr（ALLC），按 SET 按钮，将 "0" 用旋转 键改为 "1"，按 SET 按钮，之后变频器成功复位。

## 5.2　三菱变频器的速度给定

使用变频速度给定时，有如下几种速度给定方法：手动键盘速度给定（控制面板）、模拟量速度给定、多段速度给定和通信速度给定，以下将以运输站为例分别介绍以上四种速度给定方法。

　　某设备模块化生产线上有一个运输站，运输站比较简单，其结构简图如图 5-4 所示，由一台带减速机的三相异步交流电动机拖动滚筒旋转，减速器的减速比为 1:15，传送带在滚筒的摩擦力的作用下输送工件，运输站的两端各有一个光电开关，光电开关 3 能够检测到上一站是否将工件送到运输站，而当光电开关 4 检测到有工件时，站上的汽缸直接将工件推到下一站，其气动原理图如图 5-5 所示。为了节能，若光电开关 3 在 120s 内没有检测到工件，则电动机停止转动。滚筒旋转速为 15～20r/min。已知电动机的技术参数，功率为 0.75kW，额定转速为 1440r/min，额定电压为 380V，额定电流为 2.05A，额定频率为 50Hz。

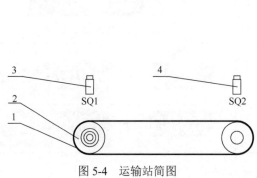

图 5-4　运输站简图

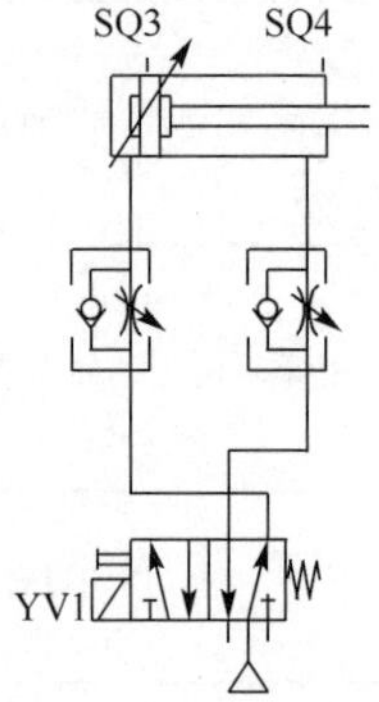

图 5-5　运输站气动原理图

1—传送带；2—三相异步电动机和滚筒；3，4—光电开关

### 5.2.1　运输站变频器的控制面板速度给定

　　控制面板速度给定方式最为简单，消耗的资源最少，应优先采用。当采用控制面板方式速度给定时，运输站的接线图如图 5-6 所示。

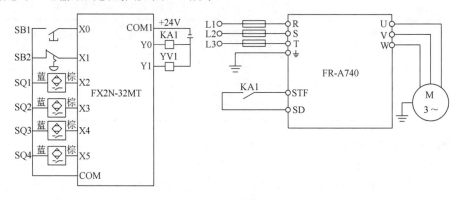

图 5-6　运输站接线图（控制面板速度给定）

　　先要计算出电动机的输出频率，也就是在变频器中要设定的频率。因为减速器的传动比为 1:15，而要求最后减速器的输出的转速为 15～20r/min。若减速器的输出的转速为 16r/min，在要求的范围（15～20r/min）中，则很容易算出电动机的输出转速为 $n=16i=16×15=240r/min$，又因为电动机的额定转速是 1440r/min，其额定频率是 50Hz，所以当电动机的转速为 240r/min 时，其频率为 $f=\dfrac{240}{1440}×50=8.6Hz$。变频器的参数设置见

表 5-5。

表 5-5 变频器参数（运输站控制面板速度给定）

| 序 号 | 变频器参数 | 设 定 值 | 功 能 说 明 |
|---|---|---|---|
| 1 | Pr83 | 380 | 电动机的额定电压（380V） |
| 2 | Pr9 | 2.05 | 电动机的额定电流（2.05A） |
| 3 | Pr84 | 50 | 设定额定频率（50Hz） |
| 4 | Pr79 | 3 | 外部/PU 组合运行模式 1 |

运输站控制程序如图 5-7 所示。

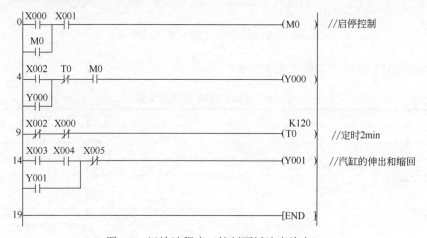

图 5-7 运输站程序（控制面板速度给定）

## 5.2.2 运输站变频器的模拟量速度给定

虽然控制面板模式的速度给定简单易行，但每次改变频率需要手动设置，不易实现自动控制，而模拟量速度给定可以比较方便地实现自动控制和无级调速，因而在工程中比较常用，但模拟量速度给定一般要用到模拟量模块，相对而言，控制成本稍高。

（1）软硬件配置

① 1 套 GX-Developer 8.86。

② 1 台 FR-A740 变频器。

③ 1 台 FX2N-32MT。

④ 1 台电动机。

⑤ 1 根编程电缆。

⑥ 1 台 FX2N-2DA。

⑦ 1 台 HMI。

模拟量速度给定原理图如图 5-8 所示。

（2）模拟量输出模块应用介绍

所谓模拟量输出模块就是将 PLC 可以识别的数字量转换成模拟量（如电流、电压等信号）的模块，在工业控制中应用非常广泛。FX2N 系列 PLC 的 D/A 转换模块主要有 FX2N-2DA 和 FX2N-4DA 两种。其中 FX2N-2DA 是两个通道的模块，FX2N-4DA 是四个通道的模块，但这两个模块的功能、接线和编程都有所不同，以下介绍 FX2N-2DA。

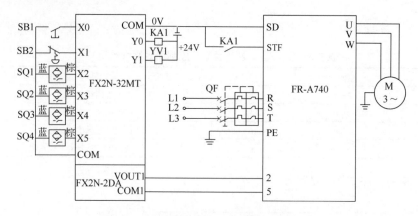

图 5-8  运输站接线图（模拟量速度给定）

① FX2N-2DA 模块的参数表见表 5-6。

表 5-6  FX2N-2DA 模块的参数

| 项　　目 | 参　　数 | | 备　　注 |
| --- | --- | --- | --- |
| | 电　压 | 电　流 | |
| 输出通道 | 2 通道 | | 2 通道输入方式一致 |
| 输出要求 | 0～10V 或者 0～5V | 4～20mA | |
| 输出极限 | −0.5～15V | −2～60mA | |
| 输出阻抗 | ≥2kΩ | ≤500Ω | |
| 数字量输入 | 12 位 | | 0～4095 |
| 分辨率 | 2.5mV（0～10V）<br>1.25mV（0～5V） | 4μA | |
| 处理时间 | 4ms/通道 | | |
| 消耗电流 | 24V/85mA，5V/20mA | | |
| 编程指令 | FROM/TO | | |

② FX2N-2DA 模块的连线。FX2N-2DA 模块可以转换电流信号和电压信号，但其接线有所不同，外部控制器与 FX2N-2DA 模块的连接（电压输出）如图 5-9 所示，控制器与模块的连接最好用双绞线，当模拟量的噪声或者波动较大时，在图中连接一个 0.1～4.7μF 的电容，VOUT1 和 VOUT2 与电压信号的正信号相连，COM1 和 COM2 与信号的低电平相连。IOUT1 和 COM1 短接，IOUT2 和 COM2 短接。FX2N-2DA 模块的供电直接由 PLC 通过扩展电缆提供，并不需要外接电源。

【关键点】 此模块不同的通道只能同时连接电压或者电流信号，如通道 1 输出电压，那么通道 2 的输出只能是电压信号。

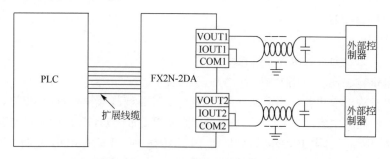

图 5-9  FX2N-2DA 模块与外部控制器的连接（电压输出）

③ FX2N-2DA 模块的编程。相对于其他的 PLC（如西门子 S7-200），FX2N-2DA 模块的使用不是很方便，要使用 FROM/TO 指令，使用 TO 指令启动 D/A 转换。FX2N-2DA 模块的 D/A 转换的输出特性见表 5-7。

表 5-7　D/A 转换的输出特性

| 项　　目 | 电 压 输 出 | 电 流 输 出 |
|---|---|---|
| 输出特性 | 输出电压 10.238 V / 10V，4095，4000 输入数字量 | 输出电流 20.38mA / 20mA，4095，4000 输入数字量 |
| | 每个通道的输出特性都相同 | |

转换结果数据在模块缓冲存储器（BFM）中的存储地址如下。

BFM＃16 的 bit0～bit7：转换数据的当前值（8 位）。

BFM＃17：通道的选择与启动信号。

BFM＃17 的 bit0：当数值从 1 变为 0（下降沿），通道 2 转换开始。

BFM＃17 的 bit1：当数值从 1 变为 0（下降沿），通道 1 转换开始。

BFM＃17 的 bit2：当数值从 1 变为 0（下降沿），D/A 转换的下端 8 位数据保持。

【关键点】　特殊模块 FX2N-2DA 转换当前值时只能保持 8 位数据，而此模块是 12 位模块，要实现 12 位转换就必须进行 2 次传送，这是三菱系列使用的不便之处。

（3）设定变频器的参数

先查询 FR-A740 变频器的说明书，再依次在变频器中设定表 5-8 中的参数。

表 5-8　变频器参数（运输站模拟量速度给定）

| 序　　号 | 变频器参数 | 设　定　值 | 功 能 说 明 |
|---|---|---|---|
| 1 | Pr83 | 380 | 电动机的额定电压（380V） |
| 2 | Pr9 | 2.05 | 电动机的额定电流（2.05A） |
| 3 | Pr84 | 50 | 设定额定频率（50Hz） |
| 4 | Pr79 | 2 | 外部运行模式 |

（4）编写程序并将程序下载到 PLC 中

如图 5-10 程序所示的梯形图，前一部分的功能是向变频器发送一个模拟量，其中 D100 中的数据由触摸屏提供，后一部分的功能是发送启停信号和将物体推到下一站。

## 5.2.3　运输站变频器的多段速度给定

基本操作面板进行手动速度给定方法简单，对资源消耗少，但这种速度给定方法对于操作者来说比较麻烦，而且不容易实现自动控制，而 PLC 控制的多段速度给定和通信速度给定，就容易实现自动控制，以下将介绍 PLC 控制的多段速度给定。

（1）主要软硬件配置

① 1 套 GX-Developer 8.86。

② 1 台 FR-A740 变频器。

③ 1 台 FX2N-32MT。

④ 1 台电动机。

⑤ 1 根编程电缆。

⑥ 1 台 HMI。

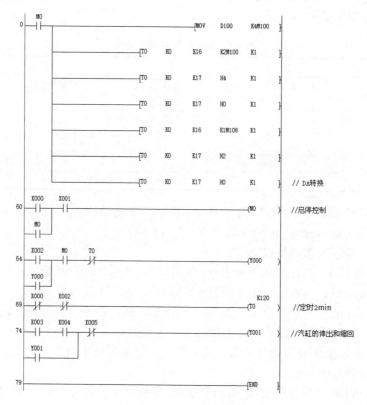

图 5-10 运输站程序（模拟量速度给定）

运输站的接线图如图 5-11 所示。

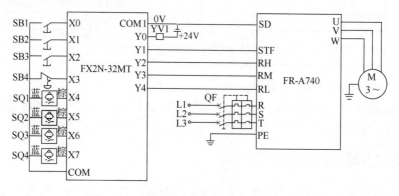

图 5-11 运输站的接线图（多段速度给定）

（2）参数的设置

多段速度给定时，当 RH 端子与变频器的 SD 连接（或者与之相连 PLC 的输出点为低电平，本例中 Y2 为低电平）时对应一个高转速的频率，RM 端子与变频器的 SD 连接时，再对应一个中等转速的频率（或者与之相连 PLC 的输出点为低电平，本例中 Y3 为低电平），RL 端子与变频器的 SD 连接时，再对应一个低转速的频率（或者与之相连 PLC 的输出点为低电平，本例中 Y4 为低电平）。变频器参数见表 5-9。

表 5-9 变频器参数（运输站多段速度给定）

| 序 号 | 变频器参数 | 设 定 值 | 功 能 说 明 |
|---|---|---|---|
| 1 | Pr83 | 380 | 电动机的额定电压（380V） |
| 2 | Pr9 | 2.05 | 电动机的额定电流（2.05A） |
| 3 | Pr84 | 50 | 设定额定频率（50Hz） |
| 4 | Pr79 | 2 | 外部运行模式 |
| 5 | Pr4 | 30 | 高速频率值 |
| 6 | Pr5 | 20 | 中速频率值 |
| 7 | Pr6 | 10 | 低速频率值 |

（3）编写程序

这个程序相对比较简单，如图 5-12 所示。

图 5-12 运输站程序（多段速度给定）

## 5.2.4 运输站变频器的通信速度给定

通信速度给定既可实现无级速度给定，也可实现自动控制，应用灵活方便。FX 系列 PLC 与 FR-A740 变频器可采用 USB、Profibus、Devicenet、Modbus 等通信。以下将简介 FX 系列

PLC 与 FR-A740 变频器的 RS-485 通信。

（1）FR-A740 变频器通信的基本知识

FX 系列 PLC 与 FR-A740 变频器以 RS-485 的通信模式进行通信时，最多可以对 8 台变频器进行运行监控和各种参数的读出/写入。最大的通信距离是 500m，随着距离的增加，通信速度会衰减，通常超过 100m 时，需要加中继器，放大通信信号。如果使用的是 485BD（如 FX2N-485-BD），则通信最大距离是 50m。

（2）软硬件配置

① 1 套 GX-Developer 8.86。

② 1 台 FR-A740 变频器。

③ 1 台 FX2N-32MT。

④ 1 台电动机。

⑤ 1 根编程电缆。

⑥ 1 根屏蔽双绞线（5 芯）。

⑦ 1 台 HMI。

⑧ 1 台 FX2N-485-BD。

硬件配置如图 5-13 所示，触摸屏与 FX2N-32MT 的编程口（RS-422）相连，这根通信线与不同品牌的触摸屏相关，如果选用的是三菱的触摸屏，使用 SC-09 即可（串口通信），如果使用其他品牌的触摸屏时，触摸屏供应商一般有专用通信电缆提供，有时也可以自制通信电缆。变频器与 PLC 的通信要通过 RS-485 接口进行，所以 PLC 上要配一台 FX2N-485-BD 通信模块提供的 RS-485 接口，而 FR-A740 内置有 RS-485 接口，因此要进行 RS-485 通信，要把 FX2N-485-BD 提供的 RS-485 接口和变频器的 RS-485 接口连接起来。

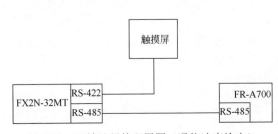

图 5-13　运输站硬件配置图（通信速度给定）

由于对生产线的运输站进行通信控制比较复杂，所以仅以一个"启-停-反转"、读取和写入频率控制电动机这个简单的例子，介绍 PLC 与变频器的 RS-485 通信，I/O 接线图如图 5-14 所示。

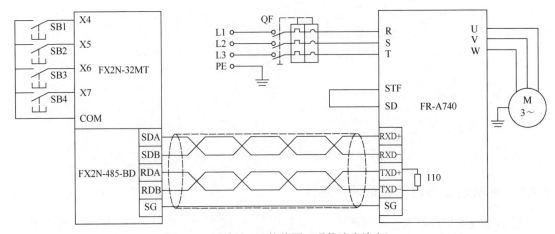

图 5-14　运输站 I/O 接线图（通信速度给定）

（3）FR-A740 变频器的设置

FR-A740 变频器的参数数值见表 5-10。

表 5-10　变频器参数（运输站通信速度给定）

| 序　号 | 变频器参数 | 设 定 值 | 功 能 说 明 |
|---|---|---|---|
| 1 | Pr83 | 380 | 电动机的额定电压（380V） |
| 2 | Pr9 | 2.05 | 电动机的额定电流（2.05A） |
| 3 | Pr84 | 50 | 设定额定频率（50Hz） |
| 4 | Pr331 | 00 | RS-485 的通信站号，范围 00～31 |
| 5 | Pr332 | 96 | 通信速度，代表 9600bit/s |
| 6 | Pr333 | 11 | 数据位 7 位，停止位 2 位 |
| 7 | Pr334 | 2 | 通信奇偶校验选择，2 表示偶校验 |
| 8 | Pr337 | 9999 | 通信等待时间 |
| 9 | Pr341 | 0 | 表示无 CR，无 LF |
| 10 | Pr79 | 0 | 运行模式，0 表示上电外部运行模式 |
| 11 | Pr340 | 1 | 通信启动模式选择，1 代表计算机链接 |
| 12 | Pr336 | 9999 | 通信检查的时间间隔 |
| 13 | Pr549 | 0 | 三菱变频器通信协议 |
| 14 | Pr335 | 5 | 通信重复次数，范围 0～10 |
| 15 | Pr342 | 1 | 1 表示通信写入 EEPROM，0 表示通信写入 RAM |
| 16 | Pr338 | 0 | 通信运行指令权，0 代表 PLC，1 代表外部 |
| 17 | Pr339 | 0 | 通信速度指令权，0 代表 PLC，1 代表外部 |

【关键点】　FX2N 系列 PLC 与变频器通信总体来说是比较麻烦的，首先要把接线连接正确，其次就是要把参数设置正确，因为三菱不同系列的变频器的参数设置是有差别的（例如 S500 与 A700 的参数设置就不完全一样），所以一定要注意。

（4）编写程序

FX2N 与 FR-A740 变频器的通信采用无协议通信，当不使用 FX2N-ROM-E1 扩展存储器时，无协议通信，使用 RS 指令。

① RS 指令格式。RS 指令格式如图 5-15 所示。

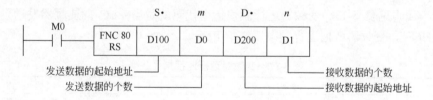

图 5-15　RS 指令格式

② 无协议通信中用到的软元件。无协议通信中用到的软元件见表 5-11。

表 5-11　无协议通信中用到的软元件

| 元 件 编 号 | 名 　 称 | 内 　 容 | 属 　 性 |
|---|---|---|---|
| M8122 | 发送请求 | 置位后，开始发送 | 读/写 |
| M8123 | 接收结束标志 | 接收结束后置位，此时不能再接收数据，需人工复位 | 读/写 |
| M8161 | 8 位处理模式 | 在 16 位和 8 位数据之间切换接收和发送数据，为 ON 时为 8 位模式，为 OFF 时为 16 位模式 | 写 |

③ D8120 字的通信格式。D8120 的通信格式见表 5-12。

表 5-12　D8120 的通信格式

| 位 编 号 | 名 称 | 内 容 | |
|---|---|---|---|
| | | 0（位 OFF） | 1（位 ON） |
| b0 | 数据长度 | 7 位 | 8 位 |
| b1，b2 | 奇偶校验 | b2,b1<br>(0,0)：无<br>(0,1)：奇校验(ODD)<br>(1,1)：偶校验(EVEN) | |
| b3 | 停止位 | 1 位 | 2 位 |
| b4，b5，b6，b7 | 波特率（bps） | b7,b6,b5,b4<br>(0,0,1,1)：300<br>(0,1,0,0)：600<br>(0,1,0,1)：1200<br>(0,1,1,0)：2400 | b7,b6,b5,b4<br>(0,1,1,1)：4800<br>(1,0,0,0)：9600<br>(1,0,0,1)：19200 |
| b8 | 报头 | 无 | 有 |
| b9 | 报尾 | 无 | 有 |
| b10，b11 | 控制线 | 无协议　b11,b10<br>(0,0)：无<RS-232C 接口><br>(0,1)：普通模式<RS-232C 接口><br>(0,1,0)：相互链接模式<RS-232C 接口> | |
| | | 计算机链接　(1,0)：调制解调器模式<RS-232C 接口><br>(0,0)：RS-485 通信<RS-485/RS-422 接口> | |
| b13 | 和校验 | 不附加 | 附加 |
| b14 | 协议 | 无协议 | 专用协议 |
| b15 | 控制顺序（CR、LF）<br>不使用 CR，LF（格式 1） | | 使用 CR，LF（格式 4） |

例如 D8120 等于 H0C8E 时，表示数据长度为 7 位，偶校验，2 位停止位，波特率为 9600bit/s，无标题符和终结符，没有添加和校验码，采用无协议通信（RS-485）。

④ 变频器的指令代码。PLC 与变频器通信时必须先向变频器发送指令代码，再发送指令数据，指令代码是以 ACSII 码的形式发送的，因此在写程序的时候要特别注意。变频器运行监视指令代码见表 5-13。变频器运行监视指令代码就是当 PLC 向变频器发送了对应的代码，如"H6F"，变频器就把运行频率发送给 PLC。

表 5-13　变频器运行监视指令代码

| 序 号 | 指令代码 | 读出内容 | 序 号 | 指令代码 | 读出内容 |
|---|---|---|---|---|---|
| 1 | H7B | 运行模式 | 5 | H7A | 变频器状态监控 |
| 2 | H6F | 输出频率 | 6 | H6E | 读出设定频率 EEPROM |
| 3 | H70 | 输出电流 | 7 | H6D | 读出设定频率 RAM |
| 4 | H71 | 输出电压 | 8 | H74 | 异常内容 |

变频器运行控制指令代码见表 5-14。所谓变频器运行控制指令代码就是当 PLC 向变频器发送了对应的代码，如"HFA"，PLC 可以控制变频器的正转、反转和停止等。

【关键点】　看懂以上的两个表格是很重要的。在编写程序时，程序中代码是以 ACSII 码的形式表示的，例如"HFA"的含义是"运行指令"，前面的"H"含义是表示十六进制，"F"的 ACSII 码是"H46"，"A"的 ACSII 码是"H41"，因此要向变频器发送"运行指令"，必须发送两个 ACSII 码，也就是"H46"和"H41"。读者在阅读下面的程序时要特别注意这一点。

表 5-14　变频器运行控制指令代码

| 序　号 | 指令代码 | 读 出 内 容 | 序　号 | 指令代码 | 读 出 内 容 |
|---|---|---|---|---|---|
| 1 | HFB | 运行模式 | 5 | HEE | 写入设定频率 EEPROM |
| 2 | HFC | 清除全部参数 | 6 | HED | 写入设定频率 RAM |
| 3 | HF9 | 运行指令（扩展） | 7 | HFD | 复位 |
| 4 | HFA | 运行指令 | 8 | HF3 | 特殊监控选择 |

变频器指令代码后续数据含义见表 5-15。

表 5-15　变频器指令代码后续数据含义

| 项　　目 | 命 令 代 码 | 位　长 | 内　　容 | 举 例 说 明 |
|---|---|---|---|---|
| 运行指令 | HFA | 8 | b0：AU（电流输入选择）<br>b1：正转指令<br>b2：反转指令<br>b3：RL（低速指令）<br>b4：RM（中速指令）<br>b5：RH（高速指令）<br>b6：RT（第 2 功能选择）<br>b7：MRS（输出停止） | [例1]　H02…正转<br>b7　　　　　　　　b0<br>0 0 0 0 0 0 1 0<br><br>[例2]　H00…停止<br>b7　　　　　　　　b0<br>0 0 0 0 0 0 0 0 |
| 变频器状态监视器 | H7A | 8 位 | b0：RUN（变频器运行中）<br>b1：正转中<br>b2：反转中<br>b3：SU（频率到达）<br>b4：OL（过负载）<br>b5：IPF（瞬时停电）<br>b6：FU（频率检测）<br>b7：ABC1（异常） | [例1]　H02…正转运行中<br>b7　　　　　　　　b0<br>0 0 0 0 0 0 1 0<br><br>[例2]　H80…因为发生异常而停止<br>b7　　　　　　　　b0<br>0 0 0 0 0 0 1 0 |
| 读取设定频率（RAM） | H6D | 16 位 | 在 RAM 或 EEPROM 中读取设定频率/旋转速度<br>H0000～HFFFF：设定频率(单位 0.01Hz) | |
| 读取设定频率（EEPROM） | H6E | | | |
| 写入设定频率（RAM） | HED | 16 位 | 在 RAM 或 EEPROM 中写入设定频率/旋转速度<br>H0000～H9C40（0～400.00Hz）：频率（单位 0.01Hz，16 进制）<br>H0000～H270E（0～9998）：旋转速度（单位 r/min） | |
| 写入设定频率（EEPROM） | HEE | | | |

【关键点】　例如 "FA 02" 的含义是向变频器发送正向运行（正转）信号。

⑤ PLC 到变频器通信的数据格式。如图 5-16 所示为 PLC 向变频器写入数据时的格式，共 12 个字节，分别是控制代码占 1 个字节，站号占 2 个字节，命令代码占 2 个字节，数据位占 4 个字节，总校验和占 2 个字节。其他通信格式在此不作介绍。

| PLC→变频器 | ENQ | 站号 | 命令代码 | 等待时间 | 数 据 | 总和校验代码 |
|---|---|---|---|---|---|---|
| 16 进制 | | 0　　0 | F　　A | 1 | 0　　0　　0　　2 | D　　A |
| ASCII 码 | H05 | H30　H30 | H46　H41 | H31 | H30　H30　H30　H32 | H44　H41 |

图 5-16　变频器通信的数据格式（PLC 到变频器）

a. 控制代码。控制代码是通信数据的表头，其含义见表 5-16。

表 5-16　控制代码

| 信　号　名 | ASCII 码 | 内　　　容 |
|---|---|---|
| STX | H02 | Start Of Text（数据开始） |
| ETX | H03 | End Of Text（数据结束） |
| ENQ | H05 | Enquiry（通信要求） |
| ACK | H06 | Acknowledge（无数据错误） |
| LF | H0A | Line Feed（换行） |
| CR | H0D | Carriage Return（回车） |
| NAK | H15 | Negative Acknowledge（有数据错误） |

b. 变频器站号。指定与计算机进行通信的变频器站号。

c. 命令代码。从计算机指定变频器的运行监视等的处理要求内容。因此，通过任意设定命令代码能够进行各种运行监视。

d. 数据。显示对变频器的频率、参数等进行写入及读取的数据。对应命令代码，设定数据的意思，设定范围。

e. 等待时间。规定变频器从计算机接收数据后，到发送返回数据的等待时间。等待时间对应计算机的可能应答时间，在 0～150ms 的范围内以 10ms 为单位进行设定（例：1—10ms，2—20ms）。

f. 总和校验码。对象数据的 ASCII 代码变换后的代码，以二进制码叠加后，其结果（求和）的后 1 字节（8 位）变换为 ASCII 2 位（16 进制），称为总和校验码。

例如图 5-16 所示的校验和为 H30+H30+H46+H41+H31+H30+H30+H30+H32=H1DA，最后的校验码保留 2 位即 HDA。

最后对图 5-16 所示的通信示例进行说明，第一个字节 H05 表示通讯要求；第二、三个字节"H30 和 H30"（H00）表示站地址为"00"号站；第四、五个字节"H46 和 H41"表示命令代码"HFA"；第六～九的四个字节"H30、H30、H30 和 H32"表示数据"H02"，实际就是代表变频器正转；第十一、十二个字节"H44 和 H41"（HDA）表示总和校验码。

⑥ 变频器到 PLC 通信的数据格式。如图 5-17 所示，为 PLC 向变频器读出数据时的格式，共 10 个字节，分别是控制代码占 1 个字节，站号占 2 个字节，数据位占 4 个字节，数据结束位占 1 个字节，总校验和占 2 个字节。

⑦ 程序编写。程序如图 5-18 所示。

X4—正转启动；X5—停止；X6—反转启动；X7—改变频率。

| PLC←变频器 | STX | 站号 | 数据 | | | | EXT | 总和校验代码 |
|---|---|---|---|---|---|---|---|---|
| 16 进制 | | 0 0 | 0 0 | 0 2 | | | | 2 2 |
| ASCII 码 | H02 | H30 H30 | H30 H30 | H30 H32 | | | H03 | H32 H32 |

图 5-17 变频器通信的数据格式（变频器到 PLC）

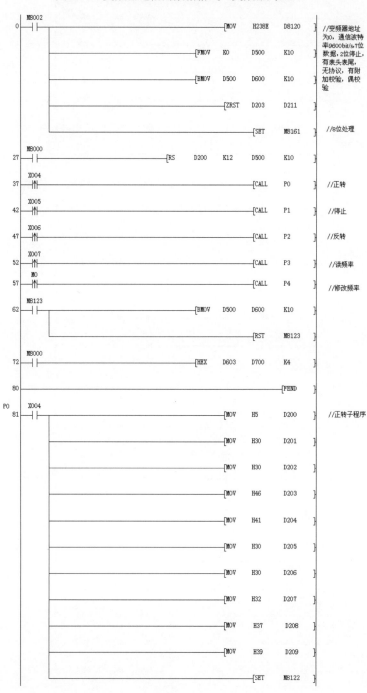

图 5-18

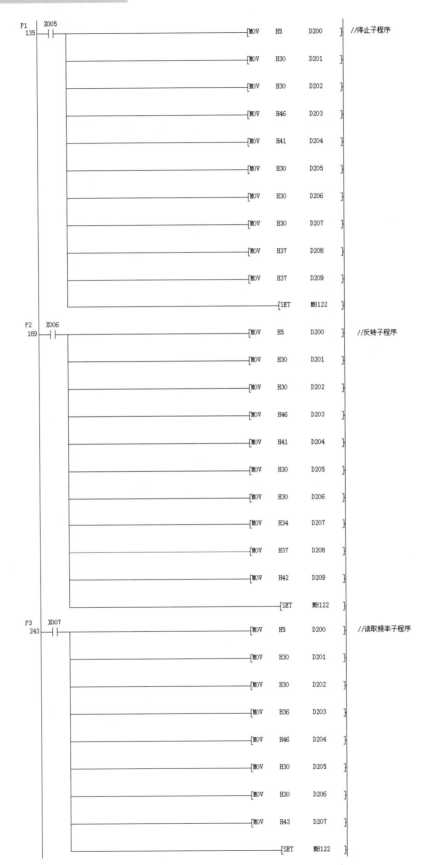

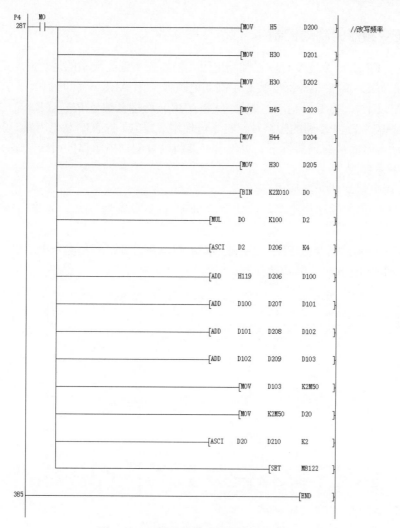

图 5-18  运输站程序（通信速度给定）

# 5.3　三菱变频器的正反转和制动控制

## 5.3.1　三菱变频器的正反转控制

用继电器接触器电路控制三相异步电动机的正反转时，要用到 2 个接触器，而当使用变频器控制三相异步电动机的正反转时，控制就要简单得多。现以 FR-A740 变频器为例说明，如图 5-19 所示，当 STF 与 SD 端子连通时，电动机正转（此时 STF 是低电平），当 STR 与 SD 端子连通时，电动机反转。

【关键点】正转和反转信号不要同时和 SD 端子短接。

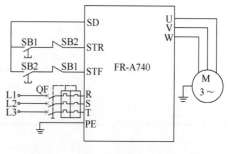

图 5-19　三菱变频器的正反转控制

**107**

### 5.3.2    三菱变频器的制动控制

端子 P/+、PR 上虽然连接有内置制动电阻，但如果实施高频率的运行时，内置的制动电阻的热能力将不足，需要在外部安装专用制动电阻器（FR-ABR）。此时拆下端子 PR-PX 的短路片（7.5kW 以下），将专用制动电阻器（FR-ABR）连接至端子 P/+、PR。

通过拆下端子 PR-PX 间的短路片，将不再使用（通电）内置制动电阻器。但是，没有必要将内置制动电阻器从变频器拆下。也没有必要将内置制动电阻器的引线从端子排上拆下。

请设定下述参数。

- Pr30 再生制动功能选择"1"。
- Pr70 特殊再生制动使用率，当功率 7.5kW 以下设置为 10%，功率 11kW 以上设置为 6%。

如图 5-20 所示，当合上 SB1 按钮时，KM 带电并自锁，三相异步电动机正转，当按下 SB2 按钮时，KM 断电，再生制动开始。

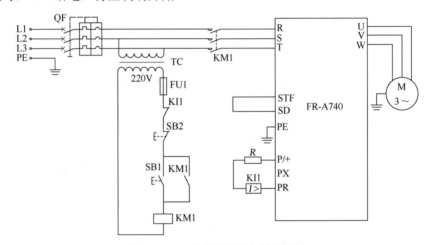

图 5-20    三菱变频器再生制动控制

# 5.4    三菱变频器的其他应用

### 5.4.1    三菱变频器的过流保护

三菱的变频器有电子热保护功能，当一台变频器控制一台电动机时，可以不用热继电器，而直接使用变频器的电子热保护功能。三菱变频器的电子热保护设置见表 5-17。

表 5-17    三菱变频器的电子热保护设置

| 参 数 号 | 参 数 名 称 | 初 始 值 | 设 定 范 围 | 内 容 |
|---|---|---|---|---|
| Pr9 | 电子过电流保护 | 变频器 IN | 0～500A | 设定电动机 IN |
| Pr51 | 第 2 电子过电流保护 | 9999 | 0～500A | RT=ON 有效，设定电动机 IN |

使用变频器的电子热保护功能还要注意以下几点。

① 变频器的功率为 0.4～0.75kW 时，电流应设定为变频器额定电流的 85%。

② 当设定 Pr9 为"0"时，电子过电流保护功能无效。

③ 当变频器连接多台电动机时，变频器和单台电动机容量相差过大，电子过电流保护功能不起作用，要在每台电动机上安装外部热继电器，这点要特别注意。

## 5.4.2 三菱变频器的失速防止

失速就是电动机运行的速度和频率不对应。举例来说，假如 10Hz 时，理论上对应的转速是 140r/min，而实际速度是 40r/min，甚至更加小，就是失速。

失速主要存在两种情况：一是在低频运行时，电动机所带负载过大，电动机转速变慢；二是在高速运行时，电动机的转速由于负载的原因不能升上去，转速偏慢。

在低频率时失速，变频器的输出电流会增大，由于电子过电流保护，变频器会跳闸，所以要设置失速防止，避免跳闸。在高频时失速，是由于变频器输出电流不能增大，速度就升不上去。

当输出电流超出失速防止动作水平时，变频器的输出频率自动发生变化（自动变小）。失速防止参数见表 5-18。

表 5-18　三菱变频器的失速防止参数

| 参 数 号 | 参 数 名 称 | 初 始 值 | 设 定 范 围 | 内 容 |
|---|---|---|---|---|
| Pr22 | 失速防止动作水平 | 150% | 0.1～400% | |
| Pr23 | 倍速时失速防止动作水平补偿系数 | 9999 | 0～200% | |
| | | | 9999 | 一律 Pr22 |
| Pr66 | 失速防止动作水平降低开始频率 | 50Hz | 0～400Hz | |

## 5.4.3 使用变频器时的常见疑问

① 使用变频器速度给定后，是否还需要减速机？

一般不需要，但长期工作频率在低频时，加减速机后效果更好，因为增加减速机后能显著提高输出转矩。所以在一些流水线上使用了变频器，同时也配有减速机。

② 变频器驱动电动机，电动机为何易发热？

高频和高次谐波使电动机定子绕组发热、涡流现象比较严重，又由于冷却风扇与定子同轴，低速时，风量急剧减小，两者综合作用导致电动机发热。可以采用降低载波频率，外加单独的冷却风机和输出电抗器等方法减小发热程度。

③ 变频速度给定系统中，漏电断路器为什么易跳闸？

高频和高次谐波干扰所致。可以适当调高设定值或更换具有防干扰功能的断路器。

④ 变频器驱动防爆电动机时应注意什么？

应选用防爆变频器，通用变频器无防爆功能，必须置于安全的环境，电缆较长时应考虑线径是否满足要求。防爆电动机上印刷有醒目的红色防爆标志"EX"。

⑤ 变频器选择矢量控制方式，不带电动机为何不能启动？

变频器获取不到电动机的相关信息，无法运算作出判断，无法发出输出信息。如矢量控制变频器需要检测电动机的电流参与运算。A700 是矢量控制变频器，需要带电动机才能正常运行。

⑥ 变频器输入端与输出端相互接错有什么后果？

烧毁功率模块。

⑦ 变频器停机时，直接断开电源会有什么后果？

可能会烧毁功率模块。

⑧ 变频器长期不用好不好？应如何处理？

不好，变频器滤波电容长期未充放电容易老化。变频器不使用时，应定期通电，否则使用时应逐步增高通电电压。

# 小结

**重点难点：**

1．掌握变频器的参数设定是正确使用变频器的前提。

2．掌握变频器控制面板速度给定、多段速给定、模拟量速度给定和通信速度给定的应用场合以及其在运输站上的应用。

3．掌握 FX 系列 PLC 控制变频器速度给定的接线方法，特别注意当 PLC 为晶体管输出时，若 PLC 为 PNP 输出，则要将变频器的输入调整 PNP 输入，同理若 PLC 为 NPN 输出，则要将变频器的输入调整 NPN 输入。

4．通信速度给定的难点是理解各个控制字的含义，这是非常关键的，此外对变频器参数的正确设定也十分关键。

# 习题

1．三菱的 A700、D700、E700 和 F700 四个系列变频器的应用范围是什么？

2．D700 变频器是否有矢量速度给定功能？

3．多段速度给定、通信速度给定和外部模拟量速度给定的优缺点和应用场合是什么？

4．三菱变频器电源输入端接到电源输出端后，有什么后果？

5．使用三菱变频器时，制动原理是什么？

6．使用三菱变频器时，电动机的正反转怎样实现？

7．图 5-21 为 PLC 向变频器写入数据时的格式，共 12 个字节，请分别解释每个字节的含义。

| ASCII 码 | H05 | H30 H30 | H46 H41 | H31 | H30 H30 H30 H32 | H44 H41 |
|---|---|---|---|---|---|---|

图 5-21　变频器通信的数据格式（PLC 向变频器写入）

8．图 5-22 为 PLC 向变频器读出数据时的格式，共 10 个字节，请分别解释每个字节的含义。

| ASCII 码 | H02 | H30 H30 | H30 H30 H30 H32 | H03 | H32 H32 |
|---|---|---|---|---|---|

图 5-22　变频器通信的数据格式（PLC 向变频器读出）

9．一台变频器拖动 3 台电动机时，不使用热继电器是否可以？为什么？

10．A700 变频器，不要带电动机能否正常运行？为什么？

11．MM440 和 MM420 变频器，不要带电动机能否正常运行？为什么？

---

## 第6章

# 变频器的常用电路

本章将介绍变频器的常用电路，如变频器控制电动机的正反转、同步控制和保护电路等，本章设计的变频器电路十分常用，是学习变频器应重点掌握的内容。

## 6.1 变频器启动与正反转控制

变频器的应用电路中，电动机的启动和正反转是最为常见的电路。

### 6.1.1 变频器的启动控制

变频器的启停控制如图 6-1 所示，变频器以西门子 MM440 为例讲解，DIN1 实际是控制端子 5，+24V 是端子 9。当 DIN1 和+24V 短接时，电动机启动。

（1）电路中各元器件的作用

① QF 断路器，主电源通断开关。

② KM 接触器，变频器通断开关。

③ SB1 按钮，变频器通电。

④ SB2 按钮，变频器断电。

⑤ SB3 按钮，变频器控制电动机正转启动。

⑥ SB4 按钮，变频器停止。

⑦ KA 中间继电器，正转控制。

（2）控制过程

① 变频器通断电的控制 当 SB1 按下，KM 线圈通电，其触头吸合，变频器通电；按下 SB2，KM 线圈失电，触头断开，变频器断电。

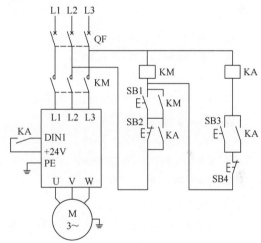

图 6-1 变频器启停控制

② 变频器启停的控制 按下 SB3，中间继电器 KA 线圈得电吸合，其触头将变频器的 DIN1 与+24V 短路，电动机正向转动。此时 KA 的另一常开触头封锁 SB2，使其不起作用，这就保证了变频器在正向转动期间不能使用电源开关进行停止操作。

当需要停止时，必须先按下 SB4，使 KA 线圈失电，其常开触头断开（电动机减速停止），这时才可按下 SB2，使变频器断电。

以上电路没有将变频器的保护作用设计在电路中。

### 6.1.2 变频器的正反转控制

很多生产机械都要利用变频器控制电动机的正反转，其电路如图 6-2 所示，变频器以西

**111**

门子 MM440 为例讲解，DIN1 实际是控制端子 5，DIN2 实际是控制端子 6，+24V 是端子 9。当 DIN1 和+24V 短接时，变频器控制电动机正转；当 DIN2 与+24V 短接时，变频器控制电动机反转。

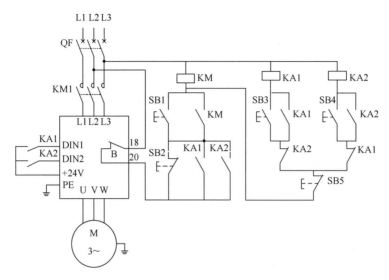

图 6-2  变频器的正反转控制

（1）电路中各元器件的作用

① SB1 按钮，变频器通电。

② SB2 按钮，变频器断电。

③ SB3 按钮，控制电动机正转启动。

④ SB4 按钮，反转启动。

⑤ SB5 按钮，电动机停止。

⑥ KA1 继电器，正转控制。

⑦ KA2 继电器，反转控制。

（2）电路设计要点

① KM 接触器仍只作为变频器的通、断电控制，而不作为变频器的运行与停止控制。因此，断电按钮 SB2 仍由运行继电器 KA1 或 KA2 封锁，使运行时 SB2 不起作用。

接触器 KM 的作用：变频器的保护功能动作时，可以通过接触器迅速切断电源；可以方便地实现自锁、互锁控制。

② 控制电路串接报警输出接点 18、20，当变频器故障报警时切断控制电路，KM 断开而停机。

③ 变频器的通、断电，电动机的正、反转运行控制均采用主令按钮。

④ 正反转继电器 KA1 和 KA2 互锁，正反转切换不能直接进行，必须先停机再改变转向。

（3）变频器的正反转控制

① 正转。当按下 SB1，KM 线圈得电吸合，其主触头接通，变频器通电处于待机状态。与此同时，KM 的辅助常开触头使 KM 线圈自锁。这时如按下 SB3，KA1 线圈得电吸合，其常开触头 KA1 接通变频器的 DIN1 端子，电动机正转。与此同时，其另一常开触头闭合使 KA1 线圈自锁，常闭触头断开，使 KA2 线圈不能通电。

② 反转。如果要使电动机反转，先按下 SB5 使电动机停止。然后按下 SB4，KA2 线圈得电吸合，其常开触头 KA2 闭合，接通变频器 DIN2 端子，电动机反转。与此同时，其另一常开触头 KA2 闭合使 KA2 线圈自锁，常闭触头 KA2 断开，使 KA1 线圈不能通电。

③ 停止。当需要断电时，必须先按下 SB5，使 KA1 和 KA2 线圈失电，其常开触头断开（电动机减速停止），并解除对 SB2 的旁路供电，这时才能可按下 SB2，使变频器断电。变频器故障报警时，控制电路被切断，变频器主电路断电。

④ 控制电路的特点。

a. 自锁保持电路状态的持续，KM 自锁，持续通电；KA1 自锁，持续正转；KA2 自锁，持续反转。

b. 互锁保持变频器状态的平稳过渡，避免变频器受冲击。KA1、KA2 互锁，正、反转运行不能直接切换；KA1、KA2 对 SB2 的锁定，保证运行过程中不能直接断电停机。

c. 主电路的通断由控制电路控制，操作更安全可靠。

（4）参数设置

变频器的参数设置见表 6-1。以下所有表格中电动机的参数，如额定电压、额定电流都应根据实际情况而定。

表 6-1　变频器参数（正反转控制）

| 序　号 | 变频器参数 | 出 厂 值 | 设 定 值 | 功 能 说 明 |
|---|---|---|---|---|
| 1 | P0304 | 230 | 380 | 额定电压 380V |
| 2 | P0305 | 3.25 | 0.35 | 额定电流 0.35A |
| 3 | P0307 | 0.75 | 0.06 | 额定功率 0.06kW |
| 4 | P0310 | 50.00 | 50.00 | 额定频率 50.00Hz |
| 5 | P0311 | 0 | 1440 | 额定转速 1440r/min |
| 6 | P0700 | 2 | 2 | 选择命令源 |
| 7 | P1000 | 2 | 1 | 频率源 |
| 8 | P0701 | 1 | 1 | 正转 |
| 9 | P0702 | 12 | 2 | 反转 |

【例 6-1】 变频器的通断电是在停止输出状态下进行的，为什么在运行状态下一般不允许切断电源？

解：① 变频器内部电路的原因。突然断电对主电路安全工作不利。

② 负载的原因。电源突然断电，变频器立即停止输出，运转中的电动机处于自由停止状态，这对于某些运行场合也会造成影响。

# 6.2　变频器并联控制电路

变频器的并联运行、比例运行多用于传送带、流水线的控制场合。以下主要介绍由模拟电压输入端子控制的并联运行和由升降速端子控制的同速运行。

## 6.2.1　由模拟电压输入端子控制的并联运行

（1）运行要求

① 变频器的电源通过接触器由控制电路控制。

② 通电按钮能保证变频器持续通电。

③ 运行按钮能保证变频器连续运行，且运行过程中变频器不能断电。

④ 停止按钮只用于停止变频器的运行，而不能切断变频器的电源。

⑤ 任何一个变频器故障报警时都要切断控制电路，从而切断变频器的电源。

（2）主电路的设计过程

控制系统的电路图如图 6-3 所示。

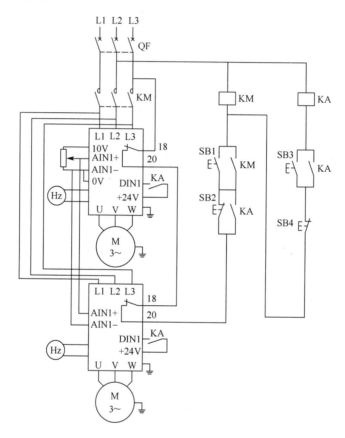

图 6-3　模拟电压输入端子控制的并联运行

① 低压断路器 QF 控制电路总电源，KM 控制两台变频器的通、断电。

② 两台变频器的电源输入端并联。

③ 两台变频器的 AIN1+、AIN1–端并联，这能保证两台变频器的模拟量的输入数值相等，从而保证电动机运行速度相同，而达到同步。

④ 两台变频器的运行端子由同一个继电器的两个常开触头控制，保证了电动机的启停同步。

（3）控制电路的运行过程说明

① SB1 是上电按钮，当压下 SB1 按钮时，接触器 KM 线圈得电自锁，2 台变频器同时上电，但此时电动机并不转动。

② 只有当 KM 线圈得电自锁后，压下 SB3 按钮，继电器 KA 线圈才能得电自锁，使得

变频器的 DIN1 和+24V 短接，从而控制 2 台电动机同时启动。当压下 SB4 按钮时，继电器 KA 线圈断电，从而控制 2 台电动机同时停止。电动机启动的前提是，变频器的输入端要先通电。

③ 当继电器 KA 线圈得电自锁时，即使压下 SB2 按钮，也不能断开 KM 线圈，必须先使 KA 线圈断电，才能使 KM 线圈断电。

④ 运行按钮与运行继电器 KA 的常开触头并联，使 KA 能够自锁，保持变频器连续运行。

⑤ 停止按钮与 KA 线圈串联，但不影响 KM 的状态。

（4）变频器功能参数码设定

两变频器的速度给定用同一电位器。若同速运行，可将两变频器的频率增益等参数设置为相同。若比例运行，根据不同比例分别设置各自的频率增益。每台变频器的输出频率由各自的多功能输出端子接频率表指示。变频器参数表设置参数见表 6-2。

表 6-2　变频器参数（模拟电压输入端子控制的并联运行）

| 序　号 | 变频器参数 | 出　厂　值 | 设　定　值 | 功　能　说　明 |
|---|---|---|---|---|
| 1 | P0304 | 380 | 380 | 电动机的额定电压（380V） |
| 2 | P0305 | 3.25 | 0.35 | 电动机的额定电流（0.35A） |
| 3 | P0307 | 0.75 | 0.06 | 电动机的额定功率（60W） |
| 4 | P0310 | 50.00 | 50.00 | 电动机的额定频率（50Hz） |
| 5 | P0311 | 0 | 1440 | 电动机的额定转速（1440 r/min） |
| 6 | P0700 | 2 | 2 | 选择命令源（由端子排输入） |
| 7 | P0756 | 0 | 0 | 选择 ADC 的类型（电压信号） |
| 8 | P1000 | 2 | 2 | 频率源（模拟量） |
| 9 | P701 | 1 | 1 | 数字量输入 1 |

## 6.2.2　由升降速端子控制的同速运行

（1）控制要求

① 两台变频器要同时运行，运行速度一致。

② 调速通过各自的 UP、DOWN 端子实现，变频器的升、降速频率是由点动开关的闭合时间控制的。

③ 两台变频器的 UP、DOWN 端子要由同一个器件控制，且能通过各自的 UP、DOWN 端子微调输出频率。

④ 两台变频器要用同一型号产品，以便有相同的调速功能。

⑤ 两台变频器的加、减速时间的设置必须相同，参考频率也必须相同，以保证各变频器在相同的加、减速时间内有相同的速度升和速度降。

⑥ 任何一个变频器故障报警时均能切断控制电路，使变频器主电路由 KM 断电。

⑦ 各台变频器的输出频率要由面板上的显示屏进行指示。

⑧ 此控制电路多应用于控制精度不很高的场合，如纺织、印染、造纸等多个控制单元的联动传动中。

（2）主电路的设计过程

① 低压断路器 QF 控制电路总电源，KM 控制两台变频器的通、断电。

② 两台变频器的电源输入端并联。

③ 两台变频器的 FWD 端子、UP 端子、DOWN 端子由同一继电器的动合触点控制。

④ 两台变频器的 UP 端子、DOWN 端子接入按钮可进行频率微调。

（3）控制电路的设计过程

① 两台变频器的故障输出接点串联在控制电路中，可在发生故障报警时切断变频器电源。

② 通电按钮与 KM 的动合触点并联，使 KM 能够自锁。

③ 断电按钮与 KM 线圈串联，同时与控制运行的继电器动合触点并联，受运行继电器的封锁。

④ 运行按钮与运行继电器 KA 的动合触点并联，使 KA 能够自锁。

⑤ 停止按钮与 KA 线圈串联，但不影响 KM 的状态。

⑥ 主电路断电时变频器运行控制无效，可将 KM 辅助动合触点串连在运行控制电路中。

（4）变频器功能参数码设定

① 分别设定两台变频器的多功能输入端子为 UP 端子和 DOWN 端子。

② 变频器由外端子控制运行。

③ 设定输出频率显示在面板上的显示屏上。

图 6-4 为由升降速端子控制的同速运行。

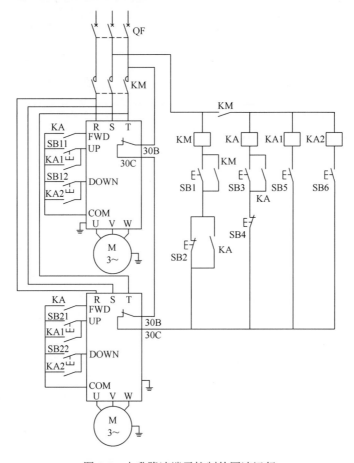

图 6-4　由升降速端子控制的同速运行

## 6.3 变频器制动及保护控制电路

### 6.3.1 制动控制电路

（1）制动的含义

提供反向转矩，使电动机停止或减速。制动主要有直流制动、电阻制动、回馈制动和电磁抱闸制动。

（2）直流制动

① 直流制动原理。在电动机绕组中通入直流电。制动时，能量主要消耗在电动机中。

② 直流制动优点。不需制动电阻，制动快速，且静止时有保持转矩。

③ 直流制动缺点。电动机会发热。

（3）电阻制动

在某些应用场合，电动机会工作于发电状态，例如：起重机、牵引电动机、将货物向下运送的传送带。 在发电状态下，电能将通过逆变器回馈到直流环节，导致直流环节 PN 之间的电压上升。当电压上升到一定程度时功率管 VT 导通，回馈的能量消耗在电阻上，原理图如图 6-5 所示。

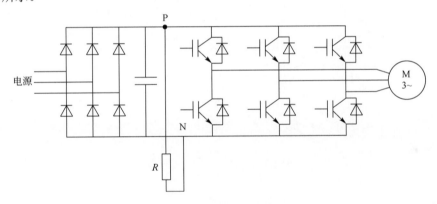

图 6-5 电阻制动原理图

除了选择时要满足制动需要外，还要有一定的保护措施，以防止制动单元、制动电阻过热而造成火灾事故。常用的制动电阻保护电路如图 6-6 所示。

其保护原理是，当制动电阻由于频繁使用过热时，安装在电路中的 FR 热动断继电器触头断开使变频器的外部报警 THR 端子与 COM 断开，变频器立即停止输出，并发出报警。

（4）电动机械制动-电磁抱闸制动

某些工作场合，当电动机停止运行后不允许其再滑动，例如起重设备，当重物悬在空中时如果电动机停止运转，必须立即将电动机转子抱住，不然重物会下滑，这是不允许的，因此需要电动机带有抱闸功能。

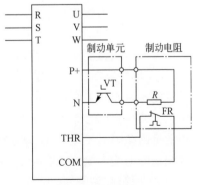

图 6-6 制动电阻保护电路

① 抱闸原理。

a. 当电磁线圈未通电时，由机械弹簧将闸片压紧，使转子不能转动处于静止状态。

b. 当给电磁线圈通入电流，电磁力将闸片吸开，转子可以自由转动，处于抱闸松开状态。

② 抱闸控制电路的要求。

a. 当电动机停止转动时，变频器输出抱闸控制信号。

b. 当电动机开始启动时，变频器输出松闸控制信号。

c. 抱闸和松闸控制信号的输出时刻必须准确，否则会造成变频器过载。

③ 电磁抱闸制动实例。电磁抱闸制动的原理图如图 6-7 所示，VD1 是整流二极管，起获得直流电的作用；VD2 是续流二极管，起保护线圈的作用；$L$ 是抱闸线圈；KA2 是抱闸继电器。

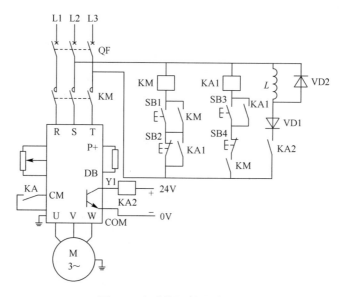

图 6-7 电磁抱闸制动原理图

工作过程分析如下。

a. 抱闸控制。制动过程中，当 $f<0.5Hz$ 时，输出端子 Y1 与 COM 断开→抱闸继电器线圈失电→机械弹簧将闸片压紧转轴→ 转子不转动，电动机静止。

b. 松闸控制。启动过程中，当 $f>0.5Hz$ 时，输出端子 Y1 与 COM 闭合→抱闸继电器线圈得电→电磁力将闸片吸开→转轴自由转动→电动机启动运行。

（5）回馈制动

变频器回馈制动，又称再生制动。

① 回馈制动概况。当电动机功率较大（≥100kW 以上），设备转动惯性 GD2 较大，且是反复短时连续工作制，从高速到低速的降速幅度较大，且制动时间较短，在这样使用过程中，为减少制动过程的能量损耗，将动能变为电能回馈到电网去，以达到节能功效，只要使用能量回馈制动装置即可。典型的应用场合有龙门刨床、电梯、起重机械和各类放卷机。回馈制动能节约大量的电能。

② 回馈制动条件。

a. 电动机从高速 $f_H$ 到低速 $f_L$ 减速过程中，频率可突减，但因电动机的机械惯性会影响

转差 $s$，电动机处于发电状态，这时的反电势 $E>U$（端电压）。

　　b. 从电动机在某一个 $f_N$ 运行，需要停车至 $f_N=0$，在这个过程电动机同样出现发电运行状态，这时反动势 $E>U$（端电压）。

　　c. 位能（或势能）负载，如起重机吊了重物下降时，出现实际转速 $n>n_0$（同步转速），这时也出现电动机发电运行状态，当然 $E>U$ 是必然的。

　　③ 回馈制动原理。能量回馈系统是将变频器直流侧大电容中储存的直流电能转换为交流电，并回送到电网，系统的主回路结构如图 6-8 所示，主要由滤波电容、三相 IGBT 全桥、串联电感及一些外围电路组成。系统的能量回馈系统的输入端与变频器的直流母线侧相连，输出端与电网侧相连。

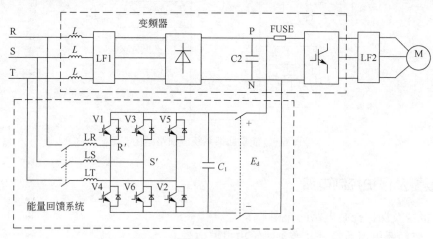

图 6-8　能量回馈系统主回路结构

　　能量回馈系统的工作过程是：当电动机工作在电动状态时，开关器件 V1～V6 全部被封锁，处于关断状态。当电动机机工作在发电状态，能量累积在变频器直流母线侧，产生泵升电压，当直流母线电压超过启动有源逆变电路的工作电压并满足其他逆变条件后，能量回馈系统开始工作，将直流母线上的能量回馈到电网。随着这部分能量的释放，直流母线电压逐渐下降，当回落到设定值后，回馈系统停止工作。另外，连接在逆变电路与三相交流电网之间的高频磁芯扼流电抗器将吸收直流母线电压和电网线电压的差值，以减小对电网电压的影响。

　　能量回馈的本质是将直流电能转换为交流电能的有源逆变，其目的是将电动机在发电状态下产生的直流电能通过逆变回馈交流电网，实现节能并尽量避免逆变输出电能对电网的污染。因此在能量回馈过程中，系统要求在相位、电压、电流等方面满足如下控制条件。

　　a. 逆变过程必须与电网相位保持同步关系，且尽量在电网电压的高电压段向电网回馈能量。

　　b. 当直流母线电压超过设定值时，才启动逆变装置进行能量回馈。

　　c. 逆变电流必须满足回馈功率的要求，但不大于逆变电路所允许的最大电流。

　　d. 应尽量减少逆变过程对电网的污染。

　　④ 回馈单元在刨床主回路中的应用。刨床工作台的惯性很大，在减速过程中产生很大的泵升电压，如果使用制动电阻和制动单元，则制动电阻消耗的电能很大，浪费严重。采用回馈单元 RG，如图 6-9 所示，不但加大了制动转矩，提高了运行的可靠性。并且可以把减速

过程中产生的再生电能反馈到电源，有利于节能。为了防止回馈单元产生的三相交流电压和电网之间因波形的差异而产生不必要的冲击电流，在两者之间接入了交流电抗器 AL。

图 6-9 中，RP1 的模拟量给定是刨削运行频率，RP2 的模拟量给定是返回运行频率，通常刨削运行频率小于返回运行频率。

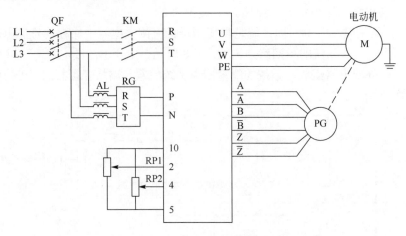

图 6-9　能量回馈系统主回路结构

### 6.3.2　报警及保护控制电路

（1）报警及保护控制电路的作用

① 当变频器出现故障时，变频器输出报警信号。

② 出现过载等问题时，变频器应停止输出。

（2）工作原理

报警及保护控制电路如图 6-10 所示。

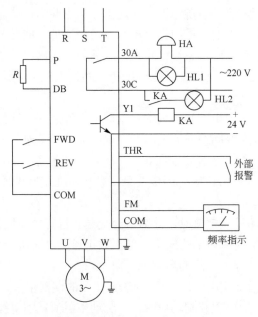

图 6-10　报警及保护控制电路

工作过程分析如下。

① 变频器的 30A、30C 端子是总报警输出，当出现报警时，其常开触头闭合，外电路接有电铃 HA、指示灯 HL1，发出声光报警。

② Y1 是变频器的多功能输出端子，设定为"运行中，常闭接点控制"，当变频器运行时，该端子呈低阻状态，KA 得电，常开触头闭合，HL2 发光指示，说明变频器处于运行状态；当变频器停止输出时，Y1 端子高阻状态，KA 失电，常开触头断开，HL2 熄灭，说明变频器处于停止工作状态。

③ THR 为紧急停止端子，该端子与 COM 闭合时，变频器停止输出。此端子可接入外界需要保护的各种开关，如压力开关、温度开关、水位开关、限位开关等。

# 6.4 工频-变频切换控制电路

工频-变频切换是指将工频下运行的电动机（电动机接 50Hz 电源），通过旋转开关切换到变频器控制运行，或相反的切换。本节的内容包含继电器控制的变频/工频自动切换和 PLC 控制的变频/工频自动切换。

工频-变频切换的应用场合如下。

① 投入运行后就不允许停机的设备。变频器一旦出现跳闸停机，应马上将电动机切换到工频电源。

② 应用变频器拖动是为了节能的负载。如果变频器达到满载输出时，也应将变频器切换到工频运行。

## 6.4.1 继电器控制的变频/工频切换电路

继电器控制切换电路的如图 6-11 所示。

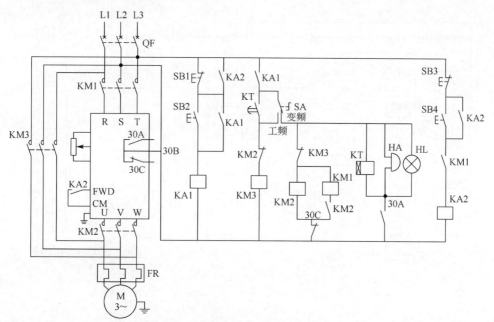

图 6-11 继电器控制切换电路

切换控制电路的工作过程分析如下。

（1）工频运行

SB1 为断电按钮，SB2 为通电按钮，KA1 为上电控制继电器，当压下 SB2 按钮时，KA1 线圈得电自锁，KA1 常开触头闭合。SA 为变频、工频切换旋转开关，KM3 为工频运行接触器。当 KA1 常开触头闭合时，SA 切到工频位置，KM3 线圈得电，KM3 吸合，电动机由工频供电。

（2）变频运行

SB3 为变频器停止按钮，SB4 为变频器启动按钮， KM1、KM2 为变频运行接触器。当 KA1 常开触头闭合时，SA 切到变频位置，KM3 线圈断电，KM3 的主触头断开，KM1、KM2 得电吸合，电动机由变频器控制。按下 SB4，KA2 得电吸合，变频器控制电动机启动。

（3）故障保护及切换

① 当变频器正常工作时，变频器的 30B、30C 常闭触头闭合，30B、30A 常开触头断开，报警电路不工作。

② 变频器出现故障时，30B、30C 常闭触头断开，KM1、KM2 失电断开，变频器与电源及电动机断开。同时，30A、30B 常开触头闭合，电铃 HA、电灯 HL 通电，产生声光报警。时间继电器 KT 线圈通电，经过延时后使 KM3 得电吸合，电动机切换为由工频供电。操作人员发现报警后将 SA 开关旋转到工频运行位置，声光报警停止，时间继电器断电。

## 6.4.2　PLC 控制的变频/工频自动切换电路

继电器控制切换的变频/工频电路比较麻烦，而改用 PLC 控制则相对简洁。PLC 控制的变频/工频自动切换电路如图 6-12 所示。

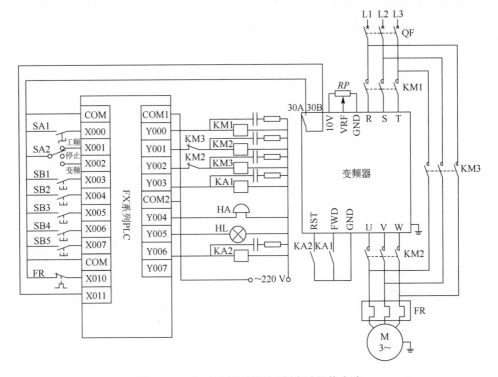

图 6-12　PLC 控制的变频/工频自动切换电路

该电路的控制要求如下。

① 主电路。KM1—变频器前端接电网；KM2—变频器后端接电动机；KM3—电动机直接与电网连接。

② 联锁保护。KM2、KM3 在切换过程中不能同时接通，需要通过程序和电路进行联锁保护。

③ 变频-工频切换延时。变频电路断开，延时一段时间后，工频电路接入。

④ 变频器的控制。RP—频率设定；KA1—控制运行；KA2—控制复位；30A、30B—输出报警信号。

⑤ PLC 的控制。SA1—控制 PLC 运行；SA2—工频、变频切换；SB1、SB2—主电路接通、断开按钮；SB3、SB4—变频器运行、停止按钮；SB5—变频器复位按钮。

⑥ 报警和保护。HA—报警电铃（由 PLC 输出控制）；HL—报警信号灯（由 PLC 输出控制）；FR—热继电器（作为 PLC 输入）。

## 小结

**重点难点：**
1. 变频器控制电动机的正反转回路。
2. 变频器的并联控制回路。
3. 变频器的制动回路。
4. 变频器的工频-变频转换回路。

## 习题

1. 简述图 6-2 所示变频器控制电动机正反转的工作过程，并指出接触器 KM 的作用。
2. 简述图 6-3 所示模拟电压输入端子控制的并联运行的工作过程。
3. 变频器有哪几种常见的制动方式？
4. 简述变频器电阻制动的原理。
5. 工频-变频切换的应用场合有哪些？
6. 如图 6-12 所示，编写工频-变频切换的 PLC 控制程序。
7. 变频器的通断电是在停止输出状态下进行的，为什么在运行状态下一般不允许切断电源？

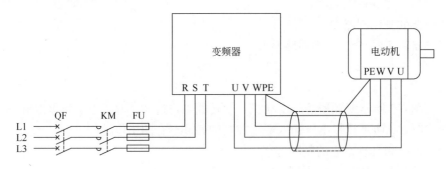

第7章

# 变频器外围器件与变频器的选型

变频器的外围器件主要有低压断路器、接触器、快速熔断器、热继电器、电抗器、制动电阻和制动单元等，变频器的外围器件在电路中起到了十分重要的作用，有时甚至是必不可少的。

## 7.1 变频器的配线和外围开关器件

### 7.1.1 主电路的配线

变频器的主电路配线是十分重要的，配线过细会产生事故，配线过粗又不经济。一个典型的变频器主电路图如图 7-1 所示。

图 7-1　典型变频器主电路

（1）输入侧配线

一般变频器的输入侧采用三线电缆（单相输入的除外），输入电缆通常连接在变频器的 R、S、T（有的变频器是 L1、L2、L3）端子上。安装环境比较干燥，周围没有容易受干扰的设备，特别是要处理模拟信号的设备，如各类带传感器的仪表（电子称重仪）等，可以不采用屏蔽电缆，否则应选用屏蔽电缆。

【例 7-1】 一台 MM440 变频器配一台三相异步电动机，已知电动机的技术参数，功率为 4kW，额定转速为 1445r/min，额定电压为 380V，额定电流为 8.9A，请选择输入电缆的规格。

解：查表 7-1 得 1mm² 导线的最大载容量是 11.5A，而 4kW 电动机的额定电流 8.9A，所以可以选择 1mm² 三线电缆作为其输入导线。

表 7-1　PVC 绝缘铜导线或电缆的载流容量 $I_z$

| 截面积/mm² | 用线管和电缆管道装置放置和保护导线（单芯电缆） | 用线管和电缆管道装置放置和保护导线（多芯电缆） | 没有导线管和电缆管道，电缆悬挂壁侧 | 电缆水平或垂直装在开式电缆托架上 |
|---|---|---|---|---|
| | 载流容量 $I_z$/A | | | |
| 0.75 | 7.6 | | | |

续表

| 截面积/mm² | 用导线管和电缆管道装置放置和保护导线（单芯电缆） | 用导线管和电缆管道装置放置和保护导线（多芯电缆） | 没有导线管和电缆管道，电缆悬挂壁侧 | 电缆水平或垂直装在开式电缆托架上 |
|---|---|---|---|---|
| | 载流容量 $I_z$/A | | | |
| 1.0 | 10.4 | 9.6 | 12.6 | 11.5 |
| 1.5 | 13.5 | 12.2 | 15.2 | 16.1 |
| 2.5 | 18.5 | 16.5 | 21 | 22 |
| 4 | 25 | 23 | 28 | 30 |
| 6 | 35 | 29 | 36 | 37 |
| 10 | 44 | 40 | 50 | 52 |
| 16 | 60 | 53 | 66 | 70 |

（2）输出配线

变频器和电动机之间的电缆是输出电缆。输出电缆通常采用有屏蔽层的四芯电缆，其 U、W、V 端子向电动机提供三相交流电，接地端子是 PE 或者 E，两端的屏蔽层与接地端子连接在一起即可。输出电缆也是按照电流来选择导线的横截面积的。

当输出导线的距离较长时，配线时，要考虑导线的电压降。

## 7.1.2 接触器的选用

一般而言，在变频器的输入主电路中要接入接触器，有的主电路比较简单，也可以不接入接触器。

（1）接触器的作用

① 接触器可以很方便地控制变频器的通断电，如图 7-2 所示按下 SB1 按钮可以切断电源，按下 SB2 按钮可以接通电源。

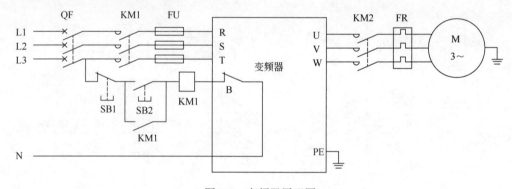

图 7-2 变频器原理图

② 发生故障时，可以自动切断电源，变频器内部发生故障时，内部的常闭触点 B 断开，致使接触器 KM1 线圈断电，从而使得主回路电源被切断。

（2）接触器的选用

① 对于输入侧的接触器，只要其主触点的额定电流大于变频器的主回路输入电流即可，即：

$$I_{KM1} \geq I_N$$

② 对于输出侧的接触器，只要其主触点的额定电流大于额定电流的 1.1 倍即可，这是因为输出侧的电流并不是标准的正弦电，有高次谐波，即：

$$I_{KM2} \geq 1.1 I_N$$

**【例 7-2】** 一台 MM440 变频器配一台三相异步电动机，已知电动机的技术参数，功率为 4kW，额定转速为 1445r/min，额定电压为 380V，额定电流为 8.9A，请选择接触器的型号。

**解：** ① 输入侧的接触器：$I_{KM1} \geq I_N$，可以选择 CJX1-9，接触器的额定电流为 9A。

② 输出侧的接触器：$I_{KM2} \geq 1.1I_N = 9.8A$，可以选择 CJX1-16，接触器的额定电流为 16A。

（3）必须接输出接触器的场合

一般的应用场合，变频器的输出端不要接入接触器，但在以下两种场合下，变频器的输出端要接入接触器。

一是变频器和工频切换的场合，如图 7-3（a）所示。当变频器一旦发生故障，立即将电动机从变频器切换到工频电源上。此图如果不与工频切换，则不需要使用热继电器，因为变频器具有电子热保护功能。

二是一台变频器控制多台电动机的场合，如图 7-3（b）所示。由于每台电动机上都有接触器控制，所以三台电动机可以分别控制。一台变频器控制多台电动机的场合，每台电动机必须单独使用热继电器。

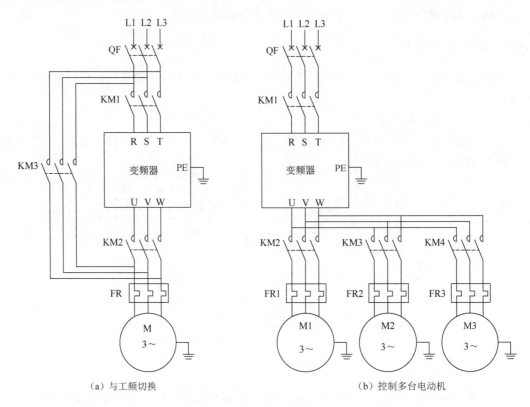

（a）与工频切换　　　　　　　　　　（b）控制多台电动机

图 7-3　必须接输出接触器的场合

### 7.1.3　断路器的选用

（1）断路器的作用

① 在变频器的维修和保养期间，起隔离电源的作用。主电路没有设计接触器时，也可以对主电路接通和切断电源。

② 一般变频器都有比较好的输出回路断路保护功能，但变频器内部和输入侧的断路保护一般要借助于断路器。

（2）断路器的选用

选择断路器，最为主要的是选择其额定电流，可以按照如下公示计算：

$$I_{QN} \geq \frac{P_N}{\sqrt{3}U_S \lambda \eta}$$

式中　$I_{QN}$ ——断路器的额定电流，A；

　　　$P_N$ ——变频器的输出功率，W；

　　　$U_S$ ——电源线电压，V；

　　　$\lambda$ ——变频器全功率因数；

　　　$\eta$ ——变频器效率。

很显然上面的公示比较烦琐，一般用下面的公式估算：

$$I_{QN} = (1.3 \sim 1.4)I_N$$

【例 7-3】 一台 MM440 变频器配一台三相异步电动机，已知电动机的技术参数，功率为 4kW，额定转速为 1445r/min，额定电压为 380V，额定电流为 8.9A，请选择断路器的型号。

**解**：因为 $I_{QN} = (1.3 \sim 1.4)I_N$，取系数为 1.4，则有：

$$I_{QN} = 1.4I_N = 1.4 \times 8.9 = 12.5A$$

所以选择断路器的额定电流为 16A，型号为：DZ47-63/3，D16。

### 7.1.4 快速熔断器的选用

（1）快速熔断器的作用

快速熔断器在主电路中的作用是当电路中有短路（8～10 倍及以上的额定电流）发生时，熔断器起断路保护作用。快速熔断器的优点是熔断速度比低压断路器的脱扣速度快。但熔断器的缺点是可能造成主电路缺相。

（2）快速熔断器的选用

快速熔断器的选用一般用如下公式估算：

$$I_{FN} = (1.5 \sim 1.6)I_N$$

## 7.2 电抗器

如图 7-4 所示的主电路，ACL1 是输入侧的交流电抗器，ACL2 是输出侧的交流电抗器，DCL 是直流电抗器，BD 是制动单元，$Rt$ 是制动电阻。

### 7.2.1 交流电抗器的选用

交流电抗器分为电源输入侧交流电抗器（ACL1）和变频器输出侧交流电抗器（ACL2）。

（1）电源输入侧交流电抗器的作用

"交-直-交，电压型"变频器的电源输入侧是整流和滤波电路，只有当线电压 $U_S$ 的瞬时值大于电容两端的直流电压 $U_D$ 时，进线中才有充电电流，如图 7-5 所示。因此，充电电流是不连续的脉冲形状，也就是有很强的高次谐波成分。

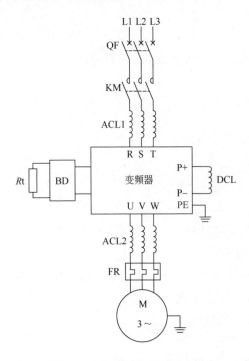

图 7-4　变频器主电路（含电抗器）

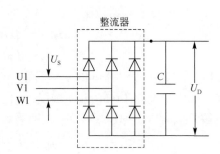

图 7-5　输入电路图

电源输入侧交流电抗器可减少变频器、整流回路和回馈单元的谐波。电抗器的作用取决于电网短路容量与传动装置容量之比。一般推荐电网短路容量与传动装置容量之比大于 33：1，进线电抗器能够限制电网的电压跳跃或者电网操作时产生的脉冲。

（2）电源输入侧交流电抗器的选用

有以下 4 种情况，需要考虑在输入侧接入交流电抗器：

① 多台变频器接同一电源，如图 7-6（a）所示；

② 同一电源上接有大容量的晶闸管设备，如图 7-6（b）所示；

③ 变压器容量超过变频器容量 10 倍以上，如图 7-6（c）所示；

④ 电源电压不平衡度大于或等于 3%。

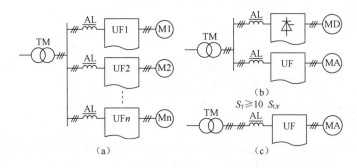

图 7-6　输入侧要接入电抗器的情况

一般而言，电压源逆变器、电源侧交流电抗器的电感量，采用 3%的阻抗即可防止突变电压造成接触器跳闸，使总谐波电流畸变下降到原来的 44%左右。实际使用时，为了节省费用，常采用 2%的阻抗的电感量，但这对环保而言是不利的。比较好的做法是使用 4%的阻抗的电感量（或者采用更大的电抗器）。因此，一般而言选用 2%～4%的压降阻抗，这个百分数是相对于电压而言，对于用户，需要考虑电感值和电流值两个方面，电流值一定要大于额定值，电感值略有大小是可行的，若偏大，则有利于降低高次谐波，但输入侧的电压降会超过3%。因此，选型时，要考虑电源的内阻阻抗，当电源变压器的功率大于 10 倍变频器的功率，而且线路较短时，电源的内阻很小，不仅需要使用电源输入侧交流电抗器，而且要选用较大的电感值，例如选用 4%～5%阻抗的电感量。

电源输入侧交流电抗器的选用还可以用如下公式计算：

$$L = \frac{(2\sim5)\% U_{\mathrm{N}}}{2\pi f I_{\mathrm{N}}}$$

式中    $L$ ——交流电抗器的电感量，H；

      $U_{\mathrm{N}}$ ——变频器的额定电压，V；

      $I_{\mathrm{N}}$ ——变频器的额定电流，A；

      $f$ ——电源的频率，Hz。

（3）变频器输出侧交流电抗器的作用

由于变频器输出的是脉冲宽度调制的电压波（PWM 波），它是前后沿很陡的一连串脉冲方波，存在很多谐波，这些谐波有害于电动机的寿命，当电动机的绕组匝间瞬间电压变化过快（即 d$u$/d$t$）时，容易造成电动机匝间击穿，谐波还会对周围的电器产生干扰。当负载端电容量分量大时，造成变频器的开关器件流过过大的冲击电流，会造成开关器件的损坏。使用输出侧交流电抗器有如下作用：

① 平滑滤波，减小电动机的绕组匝间瞬间电压的变化（即 d$u$/d$t$），延长电动机的绝缘寿命；

② 降低电动机的噪声；

③ 降低输出高次谐波造成的漏电流；

④ 减少对其他设备的电磁干扰；

⑤ 保护变频器内部的功率开关器件。

（4）变频器输出侧交流电抗器的选用

通常，两种情况要使用输出侧交流电抗器。

① 当变频器和电动机的距离较远（通常大于 30m）时，线路的分布电容和分布电感随着导线的延长而增大，而线路的振荡频率会减少。当线路的振荡频率接近于变频器的输出电压载波频率时，电动机的电压将可能因进入谐振带而升高，过高的电压可能击穿电动机的绕组。因此，要接入输出交流电抗器。输出侧使用交流电抗器示意图如图 7-7 所示。

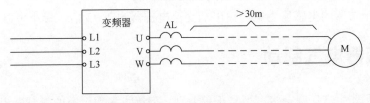

图 7-7 输出侧使用交流电抗器示意图（距离较远时）

② 当电动机的功率大于变频器的功率时要接入输出交流电抗器。假设系统使用的是90kW的电动机（系统只使用到电动机容量45kW），可以选用的变频器是55kW。在这种情况下，由于变频器输出的电压是电压脉冲串系列，输出电流成锯齿状。容量90kW电动机与容量55kW电动机相比，其绕组的阻抗要小，所以每个电压脉冲中，电流冲击幅值要大。而容量55kW变频器是针对容量55kW电动机设计的，当驱动容量90kW电动机时，过大的冲击电流，可能会缩短变频器的寿命。输出侧使用交流电抗器示意图如图7-8所示。

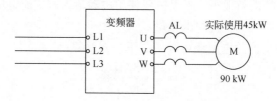

图7-8　输出侧使用交流电抗器示意图（电动机功率大于变频器功率时）

选用公式可以使用电源输入交流电抗器的公式。其系数也可以更加低，可为1%。

### 7.2.2　直流电抗器的选用

直流电抗器接在整流桥和滤波电容之间，如图7-9所示。

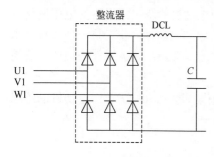

图7-9　输入接直流电抗器电路图

（1）直流电抗器的作用

直流电抗器（DCL）用于改善电容滤波造成的输入电流畸变、改善功率因数、减少及防止因冲击电流造成的整流桥损坏和电容过热，当电源变压器和输电线综合内阻较小时（变压器容量大于电动机10倍以上时），电网瞬变频繁时都需要使用直流电抗器。

（2）直流电抗器的选用

在如下的情况下，要使用直流电抗器。

① 电源变压器的容量大于500kV·A或者变压器容量大于电动机10倍以上时，应使用直流电抗器。

② 在同一电源变压器上连接有晶闸管变流装置时，应使用直流电抗器。

③ 供电电源的三相电压不平衡率大于2%时，应使用直流电抗器。

④ 为了降低高次谐波时，应使用直流电抗器。

⑤ 供电网络上连接ON-OFF控制的功率因数补偿电容器，为防止变频器发生过电压跳闸故障，应使用直流电抗器。

⑥ 建议功率大于22kW的变频器使用直流电抗器。

一般直流电抗的电感值为电源输出端交流电抗器的2～3倍，最小可以为1.7倍。

## 7.3　变频器电气制动

目前的变频器生产厂商众多，型号千差万别，但绝大多数厂家的变频器提供三种电气制动方式，即直流制动、能耗制动和回馈制动。以下分别介绍。

### 7.3.1　直流制动

直流制动是向异步电动机的定子绕组通直流电实现能耗制动。向电动机的定子绕组通入直流电后，电动机定子中形成恒定的磁场，电动机转子切割静止磁场而产生制动转矩，机械能变成电能，消耗在转子回路中，通过转子的发热耗散掉。

这种制动方式用于传动机械要求准停的场合，此制动方式不能频繁使用。

### 7.3.2　回馈制动

回馈制动是把回馈到中间直流回路的制动能量通过回馈单元送到电网，也称为再生制动。西门子和 ABB 等公司还给用户提供一种公用直流母线多逆变传动方式，即把制动能量送到中间直流母线回路，以供其他挂在公用直流母线上的处于电动状态的变频器使用。

回馈制动的最大优点是节能效果好，能连续长时间制动，在高性能的变频器中已经得到广泛应用，但其控制复杂，成本高，只有电网稳定（电网的电压降不大于 10%），不易发生故障的场合，才能采用这种制动方式。

### 7.3.3　能耗制动

（1）能耗制动的原理

有的变频器厂商也称之为动力制动，把制动能量消耗在与中间直流回路并联的制动电阻上。能耗电路由制动电阻和制动单元组成，能耗电路如图 7-10 所示，再生电能向电容 $C$ 充电，产生泵升电压，使得直流电压 $U_D$ 上升，当电压升高到一定程度时，Vb 打开，直流电消耗在制动电阻 $R_t$ 上。

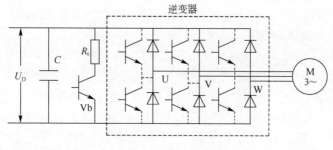

图 7-10　能耗制动电路

制动电阻是能耗制动以热能形式消耗的载体，目前有两种形式的电阻，一是波纹电阻，另一种是铝合金电阻。

（2）制动电阻的选用

制动电阻是不能随意选用的，它有一定的范围。制动电阻太大，功率就小，制动不迅速，制动电阻太小，又容易烧毁开关元件。有的小型变频器的制动电阻内置在变频器中，但在高频率制动或重力负载制动时，内置制动电阻的散热不理想，容易烧毁，因此要改用大功率的外接制动电阻。选用制动电阻时，要选择低电感结构的电阻器，连线要短，并使用双绞线。

制动电阻的具体阻值计算可以采用以下公式：

$$R_t = \frac{U_{DH}^2}{0.1048(T_B - 0.2T_N)n_N}$$

式中　　$R_t$——制动电阻的计算值，$\Omega$；

$U_{DH}$ ——直流电压的最大值，V；

$T_B$ ——拖动系统要求的制动转矩，N·m；

$T_N$ ——电动机的额定转矩，N·m；

$n_N$ ——电动机的额定转速，r/min。

通常上式中：

$$T_B = kT_N$$

一般 $k = 1 \sim 2$，但多数情况下，取 $k = 1$ 就可以了。对于惯性较大的负载，根据实际情况，增加系数 $k$ 即可。

$U_{DH}$ 是直流电压的最大值，$U_{DH}$ 一般可以取 650V，这是因为我国的线电压是 380V，经过全桥整流后电压为 $\sqrt{2} \times 380 = 537V$，又因为我国电网电压的波动较大，可以达到 ±10%，因此，$U_{DH} = 1.1 \times 537 = 591V$，所以取 650V 较为合理（有的资料取 700V，也是合理的）。有的资料上的公式和参数与以上略有不同，但结果出入不大。

【例 7-4】 一台 MM440 变频器配一台三相异步电动机，已知电动机的技术参数，功率为 4kW，额定转速为 1445r/min，额定电压为 380V，额定转矩为 26.4 N·m，请计算制动电阻的阻值。

**解：**

$$R_t = \frac{U_{DH}^2}{0.1048(T_B - 0.2T_N)n_N} = \frac{650^2}{0.1048 \times (26.4 - 0.2 \times 26.4) \times 1445} = 132\Omega$$

（3）制动单元

① 认识制动单元。制动单元是变频器能耗制动的核心部件之一，是启动和控制能耗制动的部件。有的小功率变频器的制动单元和制动电阻都内置在变频器中；有的小功率变频器的制动单元内置在变频器中，但没有内置制动电阻；较大功率的变频器的制动单元和制动电阻都是外置的，作为附件需要用户购买。

② 制动单元的工作原理。当直流电路的电压 $U_D$ 高于其规定的最大值 $U_{DH}$ 时，接通耗能电路，使得直流回路通过制动电阻 $R_t$ 消耗能量。制动单元的框图简图如图 7-11（a）所示。

制动单元的框图（详图）如图 7-11（b）所示，VB 是功率管，用于接通与关断能耗电路，是制动单元的主体。由于 VB 的驱动电路是低压电路，故只能通过电阻 RS1 和 RS2 进行分压，按照比例取出 $U_D$ 的一部分，即 $U_S$ 作为采样电压和稳定不变的 $U_A$ 进行比较，得到 VB 导通或者截止的指令信号。基准电压信号 $U_A$ 的大小也与 $U_{DH}$ 成比例。驱动电路用于接收比较电路发出的指令信号，驱动 VB 的导通或者截止。

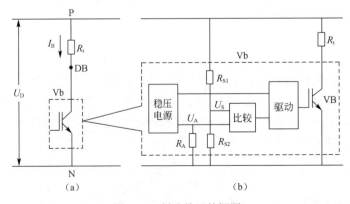

图 7-11　制动单元的框图

变频器的说明书中提供的制动单元和制动电阻，是按照一般负载选定的，不一定适合所有的工程应用。当实际工程中，负载的惯性很大时，需要通过减小制动电阻的阻值，从而增加制动电流，这种情况下，需要 2 个或多个制动单元并联。

# 7.4 变频器的选型

变频器的正确选型对于机械设备和电气控制系统的正常运行是至关重要的。选择变频器，要按照机械设备的类型、负载转矩特性、调速范围、静态速度精度、启动转矩和使用环境的要求，决定选用何种控制方式和防护结构的变频器最为合适。所谓合适，就是在满足机械设备的实际工艺要求和使用场合的前提下，实现变频器应用的最佳性价比。

## 7.4.1 根据负载的机械特性选择变频器

（1）恒转矩负载

所谓恒转矩负载就是负载的转矩与转速无关，在转速的调整过程中，负载的转矩保持不变。带式输送机是恒转矩负载的典型例子。

在恒转矩负载情况下，选型依据如下。

① 当负载的调速范围不大时，应选用较为简易的 $U/f$ 控制方式的变频器。当调速范围很大时，应考虑用反馈的矢量控制方式。

② 如果负载对机械特性要求不高，可考虑简易的 $U/f$ 控制方式的变频器。当要求较高时，应考虑用反馈的矢量控制方式。

（2）平方降负载

风机类、泵类负载是工业现场常见的设备，变频器在这类设备上有广泛的应用，这类负载是平方降负载。在一般情况下，恒压频比 $U/f$ 控制方式的变频器都能满足这类负载的要求。很多品牌都有风机、水泵专用变频器。

在平方降负载情况下，选型依据如下。

① 由于风机和水泵不易过载，所以选择变频器的容量时，保证其稍大于电动机的容量即可；同时选择变频器的过载能力要求也较低，一般为 120%。

② 启停时的加速时间和减速时间的匹配问题。由于水泵和风机的负载转动惯量较大，其启动时间和停止时间是十分重要，选择不当十分容易发生过载。

（3）恒功率负载

根据变频器在基本运行频率以上的弱磁恒功率特性，可以将此用于高速磨床等主轴电动机的传动系统中。

## 7.4.2 根据负载的工艺特性选择变频器

正确选择变频器的类型，要根据生产机械的类型、调速范围、静态速度精度、启动转矩要求，决定选用哪种控制方式的变频器。选择的变频器是否合适，主要考虑的因素有好用、经济并且满足工艺和生产的基本条件和要求。

不同类型变频器的主要性能和应用场合见表 7-2。

表 7-2　不同类型变频器的主要性能和应用场合

| 控　制　方　式 | U/f开环 | U/f闭环 | 电　压　矢　量 | 电　流　矢　量 | 直　接　转　矩 |
|---|---|---|---|---|---|
| 转速控制范围 | <1:40 | 1:60 | 1:100 | 1:1000 | 1:100 |
| 启动转矩 | 150%（在3Hz） | 150%（在3Hz） | 150%（在3Hz） | 2000%（在3Hz） | 200%（在3Hz） |
| 静态速度精度 | ±（2~3）% | ±（0.2~0.3）% | ±0.2% | ±0.02% | ±0.2% |
| 反馈装置 | 不要 | PID调节器 | 不要 | 编码器 | 不要 |
| 主要应用场合 | 风机、泵类 | 保持压力、温度、流量、PH值 | 一般工业设备 | 高精工业设备 | 起重机、电梯、轧机等设备 |

常见设备的负载特性和负载转矩特性见表 7-3。

表 7-3　常见设备的负载特性和负载转矩特性

| 应　　用 | | 负　载　特　性 | | | | 负载转矩特性 | | | |
|---|---|---|---|---|---|---|---|---|---|
| | | 摩擦负载 | 重力负载 | 流体负载 | 惯性负载 | 恒转矩 | 恒功率 | 降转矩 | 降功率 |
| 流体 | 离心风机、泵类 | | | ✓ | | | | ✓ | |
| | 潜水泵 | | | ✓ | | | | ✓ | |
| | 压缩机 | | | ✓ | | | | ✓ | |
| | 齿轮泵 | | | ✓ | | | | | |
| | 压榨机 | | | | | ✓ | | | |
| 金属加工机床 | 卷板机、拔丝机 | ✓ | | | ✓ | ✓ | | | |
| | 离心铸造机 | | | | | ✓ | | | |
| | 自动车床 | ✓ | | | | ✓ | | | |
| | 转塔车床 | ✓ | | | | | | | |
| | 加工中心 | | | | | ✓ | | | |
| | 磨床、钻床 | | | | | | ✓ | | |
| | 刨床 | ✓ | | | | ✓ | | | ✓ |
| 电梯 | 电梯高低速、自动停车装置 | | ✓ | | | | ✓ | | |
| | 电梯门 | ✓ | | | | ✓ | | | |
| 输送 | 传送带 | ✓ | | | | ✓ | | | |
| | 门式提升机 | ✓ | | | | ✓ | | | |
| | 起重机升降 | | ✓ | | | | ✓ | | |
| | 卷扬机 | | ✓ | | | | ✓ | | |
| | 运载机 | | | | ✓ | ✓ | | | |
| | 自动仓库上下 | | ✓ | | | ✓ | | | |
| | 自动仓库输送 | ✓ | | | | ✓ | | | |
| 普通 | 搅拌机 | | | | ✓ | ✓ | | | |
| | 农用机械、挤压机 | | | | | ✓ | | | |
| | 分离机 | | | | ✓ | ✓ | | | |
| | 印刷机、食品机械 | | | | | ✓ | | | |
| | 清洗机 | | | | ✓ | | | | |
| | 吹风机 | | | | ✓ | | | ✓ | |
| | 木材加工机械 | ✓ | | | | ✓ | | | |

### 7.4.3　变频器的容量选择

变频器的容量直接关系到变频调速系统的运行可靠性，因此，合理的容量是选择变频器最重要的依据。

（1）依据电流原则

选择变频器时，应依据变频器的额定电流选型，而不是变频器的输出电流，因为输出电流随负载电流而变化，只有变频器的额定电流是反映变频器半导体变频装置负载能力的关键量。负载电流不超过变频器的额定电流是选择变频器的基本原则。但需要指出很多情况下，短时间负载电流大于变频器的额定电流是允许的，如辊道电动机的短时堵转情形。应保证在无故障运行的情况下，负载总电流不能超过变频器的额定电流。

（2）依据效率原则

系统的效率等于变频器效率与电动机效率的乘积，因此，只有两者处于高效率工作时，系统的效率才会高。在选用变频器时要注意以下几点。

① 变频器的功率值和电动机的功率值相等时，对变频器在高效率下运行最有利。例如变频器和电动机的功率都选择 2.2kW。

② 当变频器的功率分级和电动机的功率分级不同时，则变频器的功率值尽量接近电动机的功率值，一般为变频器大电动机一个等级。例如变频器功率选择 2.2kW，电动机功率选择 1.5kW。

③ 当电动机处于频繁启动、制动工作或者处于重载启动时，可选大一个级别的变频器。

④ 如果电动机的选择有较大裕量时，可以考虑变频器的功率等级小于电动机的等级。

（3）依据计算功率原则

对于连续运行的变频器，必须同时满足以下三个计算公式。

① 负载输出：

$$P_{CN} \geq P_M / \eta$$

② 电流容量：

$$P_{CN} \geq \sqrt{3} k U_e I_e \times 10^{-3}$$

③ 电动机的电流：

$$I_{CN} \geq k I_e$$

式中　　$P_{CN}$ ——变频器容量，kV·A；

$P_M$ ——负载要求电动机的输出功率，kW；

$U_e$ ——电动机的额定电压，V；

$I_e$ ——电动机的额定电流，A；

$\eta$ ——电动机效率；

$k$ ——电流波形补偿系数，因变频器的波形不是完全的正弦波，而有谐波成分，所以电流值有所增加，通常 $k$ 为 1.05～1.1。

## 7.4.4　变频器的箱体结构选择

变频器的箱体结构要考虑到与环境的适应性，即考虑到温度、湿度、粉尘、酸碱度、腐蚀气体等因素，这与能否长期、安全可靠运行有很大的关系。常见的几种箱体结构如下。

① 敞开型 IP00。本身无机箱，适合安装在控制柜中。

② 封闭型 IP20。一般用途，允许少量粉尘和湿度的场合。

③ 密封型 IP45。适用于条件较差的场合。

④ 密封型 IP65。适用于条件较差，有水、尘及一定腐蚀气体的场合。

### 7.4.5  选用变频器的其他事项

考虑变频器运行的经济性和安全性，变频器选型保留适当的裕量是必要的。要准确选型，必须要把握以下几个原则。

① 充分了解控制对象的性能要求。一般来讲如对启动转矩、调速精度、调速范围要求较高的场合，则需考虑选用矢量变频器，否则选用通用变频器即可。具体使用场合见表 7-4。

表 7-4  使用通用变频器和矢量变频器的场合

| 使用通用变频器的行业和设备 | 使用矢量变频器的行业和设备 |
| --- | --- |
| 纺织绝大多数设备 | 纺织有张力控制场合需使用 |
| 冶金辅助风机水泵、辊道、高炉卷扬 | 冶金各种主轧线、飞剪 |
| 石化用风机、泵、空压机 | |
| 电梯门机、起重行走 | 电梯、起重提升 |
| 供水 | |
| 油田用风机、水泵、抽油机、空压机 | |
| 电厂风机水泵、传送带 | |
| 市政锅炉、污水处理 | |
| 部分拉丝机牵引 | 拉丝机的收放卷 |
| | 凹版印刷 |
| 水泥、陶瓷、玻璃生产线全线 | |
| 传送带矿山风机泵 | 矿山提升机 |
| 卷烟制丝 | 卷烟成型包装 |
| 低速造纸及配套风机水泵、制浆 | 高速造纸、切纸机、复卷机 |

② 以下情况要考虑将变频器的容量放大一档。

a. 长期高温大负荷。

b. 异常或故障停机会出现灾难性后果的现场。

c. 目标负载波动大。

d. 现场电网电压长期偏低而负载接近额定。

e. 绕线电动机、同步电动机或多极电动机（6 极以上）。

③ 充分了解各变频器支持的选配件是正确选配的基础。对于变频器的选配件选配，必须要把握以下几个原则。

a. 以下情况要选用交流输入电抗器、直流电抗器。

● 民用场合，如：宾馆中央空调、电动机功率大于 55kW 以上。

● 电网品质恶劣或容量偏小的场合。

● 如不选用可能会造成干扰、三相电流偏差大，变频器频繁炸机的场合。

b. 以下情况要选用交流输出电抗器。

变频器到电动机线路超过 100m（一般原则）。

c. 以下情况一般要选用制动单元和制动电阻。

● 提升负载。

● 频繁快速加减速。

● 大惯量（自由停车需要 1min 以上，恒速运行电流小于加速电流的设备）。

# 小结

**重点难点：**

1. 变频器的外围器件，如接触器、断路器、快速熔断器、交流电抗器、直流电抗器、制动电阻和制动单元的选型原则。

2. 变频器的选型依据。

# 习题

1. 变频器的输入侧和输出侧有哪些外围开关器件？

2. 在变频器的外围电路中，怎样选择接触器、低压断路器和快速熔断器？

3. 在变频器的外围电路中，直流电抗器应用在什么场合？其作用是什么？

4. 在变频器的外围电路中，交流电抗器应用在什么场合？其作用是什么？

5. 一台变频器拖动一台电动机是否需要使用热继电器？一台变频器拖动三台电动机是否需要使用热继电器？为什么？

6. 在选用变频器时，要遵循哪些原则？

7. 一台变频器的额定功率是 $11kV \cdot A$，额定电压是 380V，需要用能耗电阻制动，请计算制动电阻阻值的大小。

8. 变频器的常用电气制动有哪些种类？

9. 什么是共直流母线？

10. 一台电动机的调速范围是 1:70，问是采用矢量变频器还是 $U/f$ 通用变频器？为什么？

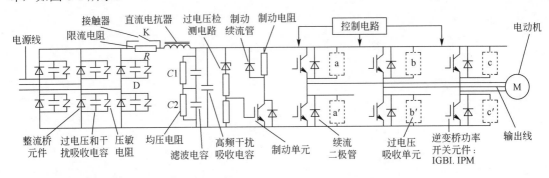

第8章

# 变频器常见故障分析与维护

## 8.1　变频器故障判断及处理

### 8.1.1　逆变功率模块的损坏

（1）逆变功率模块好坏的判断

逆变功率模块主要由 IGBT（绝缘栅双极型晶体管）、IPM（智能功率模块）等功率器件构成，拆机后检查外观是否已炸开，端子与相连印制板是否有烧蚀痕迹。用万用表查 C-E、G-C、G-E 是否已通，或用万用表测 P 对 U、V、W 和 N 对 U、V、W 电阻是否有不一致，以及各驱动功率器件控制极对 U、V、W、P、N 的电阻是否有不一致，如果通过万用表正反向测量发现有短路或电阻不一致现象，可以判断是哪一功率器件损坏。

（2）逆变功率模块损坏原因分析

① 器件本身质量不好。

② 外部负载有严重过电流、不平衡，电动机某相绕阻对地短路，有一相绕阻内部短路，负载机械卡住，相间击穿，输出电线有短路或对地短路。

③ 负载上接了电容，或因布线不当对地电容太大，使功率管有冲击电流。

④ 用户电网电压太高，或有较强的瞬间过电压（如在雷雨季节），造成电气元器件损坏。

⑤ 机内功率开关管的过电压吸收电路有损坏，造成不能有效吸收过电压而使 IGBT 损坏，如图 8-1 所示。

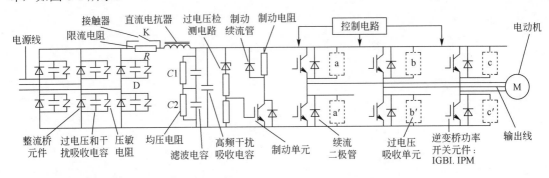

图 8-1　变频器主回路各易损件元器件的位置

⑥ 滤波电容因日久老化，容量减少或内部电感变大，对母线的过压吸收能力下降，造成母线上过电压太高而损坏 IGBT。正常运行时母线上的过电压是逆变开关器件脉冲关断时，母线回路的电感储能转变而来的。

⑦ IGBT 或 IPM 功率器件的前级光电隔离器件因击穿导致功率器件也击穿，或因在印制板隔离器件部位有尘埃、潮湿造成打火击穿，导致 IGBT、IPM 损坏。

⑧ 不适当的操作，或产品设计软件中有缺陷，在有干扰或在开机、关机等不稳定情况

下引起上下两功率开关器件瞬间同时导通。

⑨ 雷击、房屋漏水入侵、异物进入、检查人员误碰等意外。

⑩ 经维修更换了滤波电容器，因该电容质量不好，或接到电容的线比原来长了，使电感量增加，造成母线过电压幅度明显升高。

⑪ 前级整流桥损坏，由于主电源前级进入了交流电，造成 IGBT、IPM 损坏。

⑫ 修理更换功率模块，因没有静电防护措施，在焊接操作时损坏了 IGBT。或因修理中散热、紧固、绝缘等处理不好，导致短时使用而损坏。

⑬ 并联使用 IGBT，在更换时没有考虑型号、批号的一致性，导致各并联元件电流不均而损坏。

⑭ 变频器内部保护电路（过电压、过电流保护）的某元件损坏，失去保护功能。

⑮ 变频器内部某组电源，特别是 IGBT 驱动级+、−电源损坏，改变了输出值或两组电源间绝缘被击穿。

（3）逆变功率模块的更换

只有查到损坏的根本原因，并首先消除再次损坏的可能，才能更换逆变模块，否则换上去的新模块会再损坏，可以采取的具体措施如下。

① IGBT 同绝缘栅场效应管一样要避免静电损坏。在装配焊接中防止损坏的措施是，把要修理的机器、IGBT 模块、电烙铁、人、操作工作台垫板等全部用导线连接起来，使得在同一电场电位下进行操作，全部连接的公共点如能接地就更好。特别是电烙铁头上不能带有市电高电位，示波器电源要用隔离良好的变压器隔离。IGBT 模块在未使用前要保持控制极 G 与发射极 E 接通，不得随意去掉该器件出厂前的防静电保护 G-E 连通措施。

② 功率模块与散热器之间涂导热硅脂，保证涂层厚度 0.1～0.25 mm，接触面 80%以上，紧固力矩按紧固螺钉大小施加（M4 为 13N·m，M5 为 17N·m，M6 为 22N·m），以确保模块散热良好。

③ 机器拆开时，要对被拆件、线头、零件作好标记，或拆前拍照。再装配时处理好原装配上的各类技术措施，不得简化、省略。例如，输入的双绞线、各电极连接的电阻阻值、绝缘件、吸收板或吸收电容都要维持原样。要对作了修焊的驱动印制板进行清洁和防止漏电的涂漆处理，以及保证绝缘可靠，更不要少装和错装零部件。

④ 并联模块要求型号、编号一致，在编号无法一致时，要确保被并联的全部模块性能相同。

⑤ 因炸机造成铜件的烧蚀缺损，要把毛刺修圆砂光，避免因过电压发生尖端放电而再次损坏。

（4）更换逆变功率模块后的通电注意事项

因为种种其他意外原因，更换模块后，会出现一些一通电模块又烧毁了的现象。为防止此类事故，一般在变频器的直流主回路里串入一组灯泡，由于灯泡的限流作用，即使故障开机也不会损坏模块。空载时流过电阻的电流小，压降也小，可作空载检查。一般只要空载运行正常，去掉灯泡后大都会正常。

## 8.1.2 整流桥的损坏

（1）整流桥好坏的判断

用万用表电阻挡即可判断，对并联的整流桥要松开连接件，找到坏的那一个。

（2）整流桥损坏原因分析

① 器件本身质量不好。

② 后级电路、逆变功率开关器件损坏，导致整流桥流过短路电流而损坏。

③ 电网电压太高，电网遇雷击和过电压浪涌。电网内阻小，过电压保护的压敏电阻已经烧毁不起作用，导致全部过压加到整流桥上。

④ 变频器与电网的电源变压器太近，中间的线路阻抗很小，变频器没有安装直流电抗器和输入侧交流电抗器，使整流桥处于电容滤波的高幅度尖脉冲电流的冲击状态下，致使整流桥过早损坏。

⑤ 输入缺相，使整流桥负担加重而损坏。

（3）损坏整流桥的更换

① 找到引起整流桥损坏的根本原因，并消除，防止换上新整流桥又发生损坏。

② 更换新整流桥，对焊接的整流桥需确保焊接可靠。确保与周边元件的电气安全间距，用螺钉连接的要拧紧，防止接触电阻大而发热。与散热器有传导导热的，要求涂好硅脂，以确保整流桥散热良好。

③ 对并联整流桥要用同一型号、同一厂家的产品，以避免电流不均匀而损坏。

### 8.1.3　滤波电解电容器损坏

（1）滤波电解电容器好坏的判断

① 外观检查：如电解电容器出现外观炸开、铝壳鼓包、塑料外套管裂开，流出了电解液、保险阀开启或被压出，小型电容器顶部分瓣开裂，接线柱严重锈蚀，盖板变形、脱落，说明电解电容器已损坏。

② 用万用表测量：用万用表电阻挡测量，如出现开路或短路，容量明显减小，漏电严重（用万用表测最终稳定后的阻值较小），说明电解电容器已老化损坏。

（2）滤波电解电容器损坏原因分析

① 器件本身质量不好（漏电流大、损耗大、耐压不足、含有氯离子等杂质、结构不好、寿命短）。

② 滤波前的整流桥损坏，有交流电直接进入了电容。

③ 分压电阻损坏，分压不均造成某电容首先击穿，随后相关其他电容也击穿。

④ 电容安装不良，如外包绝缘损坏，外壳连到了不应有的电位上，电气连接处和焊接处不良，造成接触不良发热而损坏。

⑤ 散热环境不好，使电容温升太高，日久而损坏。

（3）滤波电解电容器的更换

① 更换滤波电解电容器最好选择与原来相同的型号，在一时不能获得相同的型号时，必须注意以下几点主要参数：耐压、漏电流、容量、外形尺寸、极性、安装方式应相同，并选用能承受较大纹波电流，长寿命的品种。

② 更换拆装过程中注意电气连接（螺钉连接和焊接）牢固可靠，正、负极不得接错，固定用卡箍要能牢固固定，不得损坏电容器外绝缘包皮，分压电阻照原样接好，并测量一下电阻值，应使分压均匀。

③ 已放置一年以上的电解电容器，应测量漏电流值，不得太大，装上前先行加直流电老化，直流电先加低一些，当漏电流减小时，再升高电压，最后在额定电压时，漏电流值不

得超过标准值。

④ 因电容器的尺寸不合适，而修理替换的电容器只能装在其他位置时，必须注意从逆变模块到电容的母线不能比原来的母线长，两根+、−母线包围的面积必须尽量小，最好用双绞线方式。这是因为电容连接母线延长或+、−母线包围面积大会造成母线电感增加，引起功率模块上的脉冲过电压上升，造成损坏功率模块或过电压吸收器件损坏。在不得已的情况下，另将高频高压的浪涌吸收电容器用短线加装到逆变模块上，帮助吸收母线的过电压，弥补因电容器连接母线延长带来的危害。

### 8.1.4　散热风扇的损坏

（1）散热风扇的损坏判断

① 测量风扇电源电压是否正常，如风扇电源不正常，首先要修好风扇电源。

② 确认风扇电源正常后风扇如不转或慢转，则风扇已损坏，需更换。

（2）散热风扇损坏原因查找

① 风扇本身质量不好，线包烧毁、局部短路，直至风扇的电子线路损坏，或风扇引线断路、机械卡死、含油轴承干涸、塑料老化变形卡死。

② 环境不良，有水汽、结露、腐蚀性气体、脏物堵塞、温度太高使塑料变形。

（3）散热风扇的更换

① 更换新风扇最好选择原型号或比原型号性能优越的风扇，同样尺寸的风扇包含很多种风量和风压品种。

② 风扇的拆卸有很多情况要牵动变频器内部机芯，在拆卸时要作好记录和标识，防止装回原样时发生错误。有的设计已充分考虑到更换方便性，此时要看清楚，不要盲目大拆大动。

③ 风扇在安装螺钉时，力矩要合适，不要因过紧而使塑料件变形和断裂，也不能太松而因振动松脱。风扇的风叶不得碰风罩，更不得装反风扇。

④ 选用风扇时注意风扇轴承选用滚珠轴承的为好，含油轴承的机械寿命短。就单纯轴承寿命而言，使用滚珠轴承时风扇寿命会高5～10倍。

⑤ 风扇装在出风口承受高温气流，其风叶应用金属或耐温塑料制成，不得使用劣质塑料，以免变形。

⑥ 电源连接要正确良好，转子风叶不得与导线相摩擦，装好后要通电试一下。

⑦ 清理风道和散热片的堵塞物很重要，不少变频器因风道堵塞而发生过热保护或损坏。

### 8.1.5　开关电源的损坏

（1）开关电源损坏的判断

① 有输入电压，而开关电源无输出电压，或输出电压明显不对。

② 开关电源的开关管、变压器印制板周边元件，特别是过电压吸收元件有外观上可见的烧黄、烧焦，用万用表测开关管等元件已损坏。

③ 开关变压器漆包线长期在高温下使用，出现发黄、焦臭、变压器绕阻间有击穿、变压器绕阻特别是高压线包有断线、骨架有变形和跳弧痕迹。

（2）查找开关电源损坏原因

① 开关电源变压器本身漏感太大。运行时一次绕阻的漏感造成大能量的过电压，该能

量被吸收的元件（阻容元件、稳压管、瞬时电压抑制二极管）吸收时发生严重过载，时间一长吸收的元件就损坏了。以上原因又会使开关电源效率下降、开关管和开关变压器发热严重，而且开关管上出现高的反峰电压，促使开关管损坏及变压器损坏，特别在密闭机箱里的变压器、开关管、吸收用电阻、稳压管或瞬时电压抑制二极管的温度会很高。

② 变压器导线因氧化、助焊剂腐蚀而断裂。

③ 元器件本身寿命问题，特别是开关管和开关集成电路因电流电压负担大，更易损坏。

④ 环境恶劣，由灰尘、水汽等造成绝缘损坏。

（3）开关电源的修理

① 开关电源因局部高温已使印制板深度发黄炭化或印制线损坏，印制板的绝缘和覆铜箔、导线已不能使用时，只能整体更换该印制板。

② 查出损坏的元件后更换新元件，元件型号应与原型号一致，在不能一致时，要确认元件的功率、开关频率、耐压以及尺寸上能否安装，并要与周边元件保持绝缘间距。

③ 认为已修好后，应通电检查。通电时不应使整个变频器通电而只对有开关变压器的那一部分，即在开关变压器的电源侧通电，检查工作是否正常、二次电压是否正确，改变电源侧的电压在–20%～+15%变动范围内，输出电压应基本不变。

### 8.1.6 接触器的损坏

（1）接触器损坏判断

① 对于发生逆变桥模块炸毁、滤波电解电容器发生爆炸等变频器后级发生严重过电流短路的情况，都要检查是否影响了接触器。常见的损坏有触头烧蚀、烧结以及接触器塑料件烧变形。

② 少数接触器会发生控制线圈断线和完全不动作。

（2）接触器损坏原因分析

① 后级有短路，过电流故障造成触头烧蚀。

② 线包质量不好，发生线包烧毁、烧断线而不能吸合。

③ 对有电子线路的接触器，会因电子线路损坏而不能动作，因此最好不用此类接触器。

（3）接触器更换

① 选同型号、同尺寸、线包电压相同的产品更换，如型号不同，则性能、尺寸、电压应相同。

② 如果有旧的接触器，可以更换内部零件而修好，但必须严格按原有内部装配正确装配好。

③ 对烧蚀不严重的触头，可以用细砂布仔细砂光继续使用。

④ 因触头要流过大电流，对螺钉连接的铜条和导线必须切实拧紧以减少发热。

### 8.1.7 印制电路板的损坏

（1）印制电路板的损坏判断

① 排除了主回路器件的故障后，如还不能使变频器正常工作，最为简单有效的判断是拆下印制板看一下正、反面有无明显的元件变色、印制线变色、局部烧毁。

② 一般变频器上的印制板主要有驱动板、主控板、显示板，根据变频器故障表现特征，使用换板方式判断哪块板有毛病。而对于其他印制板，如吸收板、GE 板、风扇电源板等，

因电路简单可用万用表迅速查出故障。

③ 印制板在有电路图时按图检查各电源电压，用示波器检查各点波形，从后级逐渐往前级检查。在没有电路图时，采用比较法，对几路相同的部分进行比较，将故障板与好板对照查出不同点，再作分析即可找到损坏的器件。

（2）印制板损坏原因分析

① 元器件本身质量和寿命造成损坏，特别是功率较大的器件，损坏的概率更大。

② 元器件因过热或过电压损坏，变压器断线，电解电容器干枯、漏电，电阻长期高温而变值。

③ 因环境温度、湿度、水露、灰尘引起印制板腐蚀击穿绝缘漏电等损坏。

④ 因模块损坏导致驱动印制板上的元件和印制线损坏。

⑤ 因接插件接触不良导致印制板上的元件和印制线损坏。

（3）印制板的维修

① 印制板维修需有电路图、电源、万用表、示波器、全套焊接拆装工具以及日积月累的经验，才会比较迅速地找到损坏之处。

② 印制板表面有防护漆等涂层，检测时要仔细用针状测笔接触到被测金属，防止误判。由于元件过热和过电压容易造成元件损坏，所以对于下列部位要求高度注意，首先检查：开关电源的开关管、开关变压器、过电压吸收元件、功率器件、脉冲变压器、高压隔离用的光耦合器、过电压吸收或缓冲吸收板及所属元件、充电电阻、场效应管或 IGBT 管、稳压管或稳压集成电路。

③ 印制板的更换会因版本不同而带来麻烦，因此若确定要换板，就要看板号标识是否一致，如不一致而发生了障碍，就要向制造商了解清楚。

④ 单片机编号不一样内部的程序就不一样，在使用中某些项目可能会表现不一样，因此，使用中如确认程序有问题，就应向制造商询问。

⑤ 由于干扰会导致变频器工作不正常或发生保护。此时，应采取抗干扰措施，除了变频器整体上考虑抗干扰外（如加装输入/输出交流电抗器、无线电干扰抑制电抗器，输出线加磁环等），还可以在印制板的电源端加装由磁环和同相串绕的几匝导线构成共模抑制电抗器，对印制板上下位置作静电隔离屏蔽，以及对外部控制线用屏蔽线或用双绞线等措施。

⑥ 印制板维修后要通电检查，此时不要直接给变频器的主回路通电，而要使用辅助电源对印制板加电，并用万用表检查各电压，用示波器观察波形，确认完全无误后才可接到主回路一起调试。

## 8.1.8 变频器内部打火或燃烧

（1）过电压吸收不良造成打火

① 变频器的逆变器在快速切换电流时，发生某主器件被损坏，一般是由于切换电路上有电感存在，电感上储存的磁场能量迅速转变为电场能量，即：

$$\frac{1}{2}Li^2 \rightarrow \frac{1}{2}Cu^2$$

② 当被切换电流 $i$ 增大，而电路分布电容 $C$ 小的时刻，在电流切换器的端子上将出现极高的过电压 $u$，这个电压有时高达几百伏、几千伏、甚至几万伏。因此，在变频器的功率开关器件（如 IGBT）的 C、E 端及开关电源管的 D 端、电源进线端等部位都设置了过电压吸

收电路或器件来作保护。但这些保护器件失效或具有相同作用的其他器件性能变坏（如承担部分过电压吸收的滤波电容干枯）时，都有可能出现过电压，发生打火、击穿或被保护的开关器件自身损坏。常见过电压吸收电路如图 8-2 所示。

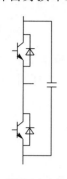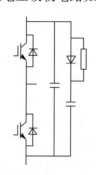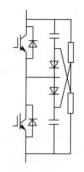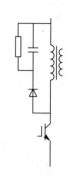

（a）适用于小功率或
六合一、七合一
IGBT 使用

（b）适用于大功率 IGBT，
包括并联运行中的每一路
上下两个 IGBT 使用

（c）适用于大功率上下管
分开结构使用，但要特别
注意近距离接线

（d）适用于开关电源的开
关变压器或变感性负载漏
抗能量吸收

图 8-2　常见过电压吸收电路

③ 电源进线端的过电压吸收电路如图 8-3 所示，当这些吸收元件损坏及安装它的印制板损坏时，就会产生过电压、跳火、烧蚀及主器件立即损坏。

④ 更换这些元件时要求注意型号的重要性，如二极管一定要用快恢复或超快恢复二极管，连接的接线要简短，以减少分布电感量的危害。

（2）主器件损坏造成打火

① 有些变频器损坏的现象使人感到纳闷，母线间的某个间距并不小，但有尖端放电可能的区域，出现打火电蚀的痕迹。仔细检查发现有某主器件被损坏，这是因为主回路有一定的电感，当主器件因故障的短路大电流突然烧毁时，就会造成母线间过电压（图 8-4）。

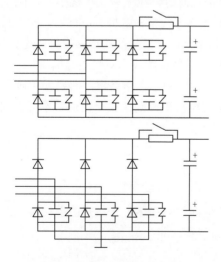

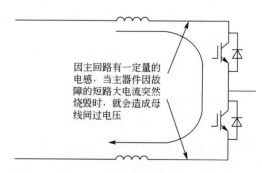

因主回路有一定量的
电感，当主器件因故
障的短路大电流突然
烧毁时，就会造成母
线间过电压

图 8-3　电源进线端的过电压吸收电路

图 8-4　主器件损耗坏造成打火

② 逆变桥开关器件 IGBT 短路会造成正负母线间打火；整流桥短路或逆变 IGBT 短路有可能造成进线处打火或进线保护用压敏电阻损坏，因进线也有电感，也会造成过电压。逆变

桥开关器件 IGBT 或整流桥烧毁造成自身炸裂，严重时殃及周围器件，如烧毁驱动电路板。

（3）压敏电阻问题

压敏电阻本来是用于进线侧吸收进线过电压的保护器件，但当进线侧电压持续较高，压敏电阻性能有变化时，有可能使压敏电阻爆炸烧毁，同样有可能殃及周围器件和导线绝缘。

（4）电解电容器漏液、爆炸、燃烧

电解电容质量不好的表现有：漏液、漏电流大、损耗大、发热、鼓包、炸裂、由炸裂引起燃烧、容量下降，内阻及电感增加。对于滤波用电解电容器因电压高、容量大，所储存的能量大，容易造成漏液、爆炸、燃烧。电解液是可燃物，可造成燃烧事故。因此要用质量好的电解电容器，并在到达寿命前更换新的电解电容器。

## 8.1.9 常见运行中的故障

（1）过电流跳闸

① 启动时，一升速就跳闸，说明过电流十分严重，应查看是否有负载短路、接地、设备机械传动卡堵、传动损坏、电动机启动转矩过小、不启动、变频器逆变桥已损坏。

② 运行中跳闸引起的原因有升速设定时间过短、降速时间设定过短、转矩补偿（$U/f$ 比）设定太大，造成低速过电流，动作电流设定太小也可引起过电流动作。

（2）过电压和欠电压跳闸

① 过电压 电源电压过高、降速时间设定过短、降速过程中制动单元没有工作或制动单元放电太慢，即制动电阻太大。变频器内部过电压保护电路有故障时会引发过电压。

② 欠电压 电源电压过低、电源缺相、整流桥有一相故障，变频器内部欠电压保护电路故障也会引起欠电压。

（3）电动机不转

电动机、导线、变频器有损坏，线未接好，功能设置有错误，如上限频率、下限频率、最高频率设定时没有注意，相互矛盾。使用外控给定时，没有选项预置，以及其他不合理设置。

（4）发生失速

① 变频器在减速或停止过程中，由于设置的减速时间过短或制动能力不够，导致变频器内部母线电压升高发生保护（也称过电压失速），造成变频器失去对电动机的速度控制。此时，应设置较长的减速时间，保持变压器内母线电压不至于升得太高，实现正常减速控制。

② 变频器在增速过程中，设置的加速时间过短或负载太重，电网电压太低，导致变频器过电流而发生保护（也称过电流失速），变频器失去对电动机的速度控制。此时，应设置较长的增速时间，维持不会过电流，实现正常增速控制。

（5）变频器主器件自保护（FL 保护）

该保护是变频器主器件工作不正常而发生的自我保护，很多原因都会导致 FL 保护。FL保护发生时，很多是变频器逆变器部分已经流过了不适当的大电流。这一电流在很短的时间内被检测出来，并在没有使功率器件损坏前发出保护控制信号，停止功率器件继续被驱动板激励而继续发生大电流，从而保护了功率器件。也有功率器件已坏，不适当地通过了大电流，被检测后就停止了驱动板对功率器件的激励。也有因过热使热敏元件动作，发生 FL 保护。

FL 发生的现象如下。

① 一通电就 FL 保护。

② 运行一段时间发生 FL 保护。

③ 不定期出现 EL 保护。

FL 发生时要检查以下器件是否已损坏并作出处理。

① 模块（开关功率器件）已损坏。

② 驱动集成电路（驱动片）、驱动光耦合器已损坏。

③ 由功率开关器件 IGBT 集电极到驱动光耦合器传递电压信号的高速二极管损坏。

④ 因逆变模块过热造成热断电器动作。这类故障一般冷却后可复位，即 FL 保护在冷却时不发生，可再运行。对此要改善冷却通风，找到加热根源。

⑤ 外部干扰和内部干扰造成变频器控制部位、芯片发生误动作。对此要采取内部抗干扰措施，如加磁环、屏蔽线，更改外部布线、对干扰源隔离、加电抗器等。

# 8.2 变频器故障维修实例

## 8.2.1 西门子变频器常见故障及处理方法

案例 1 电动机过温报警。

故障分析与处理：当变频器出现 F0011（电动机过温报警）故障代码时，一般可分为变频器本身原因和其他原因，同时变频器还应检查电动机铭牌参数和变频器参数是否一致，避免超负荷运行，标称的电动机温度超限值必须正确。例如：有台变频器出现电动机过温故障代码，检查变频器参数发现电动机额定功率设定偏小，调整参数后故障排除。外部原因首先检查电动机的参数设置是否合理，必要时加以修改。如果使用的电动机不是西门子的标准电动机，应修改 P0626、P0627、P0628，过温保护的数据。其次检修电动机是否有故障，例如：碰到变频器西门子 MM430，4kW 电动机变频器面板显示电动机过温故障，检查变频器参数无误后，用手触摸电动机表面散热槽发现温度偏高，用手盘动连接传动部位，发现负荷较大，检修电动机发现前端盖轴承损坏，轴承更换后故障排除。一般电动机过热的原因可以总结为电动机内部原因和外部原因两种情况。

电动机内部原因：电动机定子转子扫膛，轴承损坏，或装配不当；电动机绕组绝缘不好，匝间、相间、对地短路，或接线错误；电动机定子铁芯硅钢片绝缘损坏，定子铁芯短路，引起定子涡流增大，导致电动机过热；电动机转子断条导致电流增大，温度上升。

案例 2 干扰问题。

故障分析与处理：变频器输出的 0～20mA 电流信号由带屏蔽的双绞线引至 DCS 室，波形经常无规律波动，使操作产生误判断。判断为变频器干扰引起，变频器采用独立短粗线重新接地，将 0～20mA 电流信号屏蔽双绞线的屏蔽层可靠接地，并将变频器主回路动力线与信号线分开一定距离，故障现象消除。

案例 3 电动机过电流故障。

故障分析与处理：一台变频器，在运行时，面板显示 OC1，恢复上电后重启仍然显示加速时过电流，按 PRG 键进入菜单，并选择 F07 和 F08 变频器加/减速时间。时间分别设定为 60s 和 100s。参数设定正确。将变频器和电动机间的动力电缆拆下，分别试验电动机和变频器，给电动机临时供电，启动正常并未发现异常声音。变频器带另一台隔膜泵也运行正常。拆除隔膜泵进浆口，启动隔膜泵发现出浆料较少，查供浆管路发现浆料管路被堵，清理管路后变频器运行正常。过流故障是通用变频器最常见也是最复杂的故障之一，因此排除这类故障时，首先应区别跳闸是由负载原因还是由变频器的原因引起的。是在加减速过程中还是在恒转速过程中出现的过流跳闸。区别后就能缩小故障查找范围，以便于快速准确地排除故障。在外观看不出明显的故障痕迹的前提下，可以先将变频器连接到电动机的电缆拆下，分别试验变频器和电动机。

案例 4　操作控制面板 PMU 液晶显示屏显示 "E" 报警。

故障现象：西门子 6SE7016-1TA61-Z 变频器的操作控制面板 PMU 液晶显示屏上显示字母 "E" 报警，变频器液晶显示屏上出现 "E" 报警时，变频器不能工作，按 P 键及重新停、送电均无效，查操作手册又无相关的介绍，在检查外接 DC24V 电源时，发现电压较低，解决后，变频器工作正常。但是出现 "E" 报警一般来讲是 CUVC 板损坏，更换一块新 CUVC 板就能正常。

故障分析与处理：参见图 8-5、图 8-6，更换一块新 CUVC 板送电开机，液晶显示屏仍显示 "E" 报警，说明故障原因不在 CUVC 板而在底板。检查底板，用数字万用表测外接 DC 24V 电压正常，检测集成块 N3 基准电压不正常，集成块 N2 20 脚输出电压为 0.1V，明显偏低，正常值应为 15V，查集成块 N2 的 1 脚为 11.3V，8 脚为 0.20V，11 脚电源输入为 27.5V，正

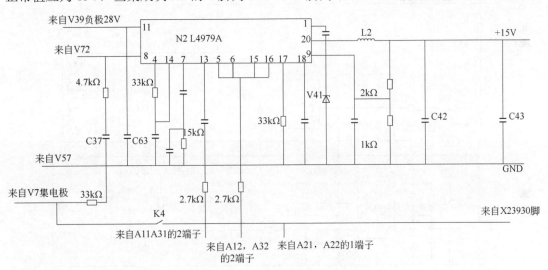

图 8-5　集成块 N2 的相关电路

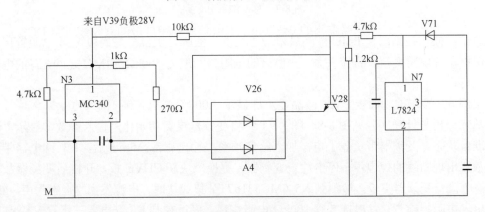

图 8-6　集成块 N3 的相关电路

常。经分析判断 1 脚、8 脚、20 脚电压值都不正常。测集成块 N3 的 1 脚电压为 0.31V，2 脚电压为 1.8V，电压值也都偏低。用热风枪拆下 N3 集成块 MC340，测 2 脚与 3 脚之间的电阻为 84Ω。更换一块新 N3 集成块 MC340 后，测各引脚电压，1 脚为 2.1V，2 脚为 5.1V，正常。测 N2 集成块各脚电压也都恢复正常。集成块 N3 输出电压不正常，引起 N2 集成块各脚电压也出现偏移。恢复变频器接线，输入参数，启动变频器运行正常。

案例 5  操作控制面板 PMU 液晶显示屏"黑屏"。

故障现象：西门子 6SE7016-1TA61-Z 变频器操作控制面板 PMU 液晶显示屏"黑屏"。

故障分析与处理（参见图 8-5～图 8-7）：

① 检查底板 V34 场效应管 K2225，发现栅极保护贴片电阻 24Ω 变值为 500kΩ，已损坏。

② 检测 N2 集成块的 20 脚无电压，1 脚为 11.3V，N3 集成块 MC340 脚为 4V，2 脚为 3.3V。用热风枪将 N3 集成块 MC340 拆下测量 1 脚与 3 脚之间的阻值变为 9kΩ，正常应为 500kΩ。

③ 更换新的 N3 集成块 MC340 和 24Ω 贴片电阻。上电测试 N2、N3 集成块各引脚电压，正常。恢复接线，运行正常。

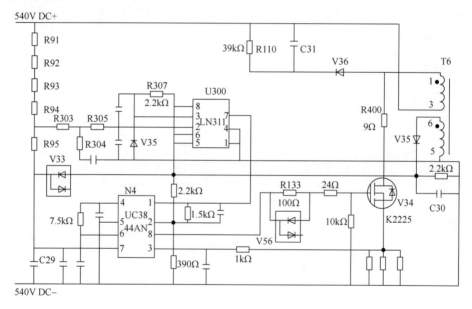

图 8-7  总电源部分电路

总结：操作控制面板 PMU 液晶显示屏"黑屏"故障，大部分与底板 V34 电源管控制极 24Ω 保护贴片电阻变值有直接关系，变值后的电阻值一般为 500kΩ～1MΩ 之间，有的电阻值变为无穷大。

案例 6  操作控制面板 PMU 液晶显示屏显示"008"开机封锁不能复位。

故障分析与处理（参见图 8-8、图 8-9）：将变频器重新初始化，输入参数，显示"009"开机准备状态。变频器带负载上电，加入给定频率，输出正常。5min 后，K3 继电器带外接主接触器出现断续的掉电声，停电检查变频器，更换一块新 CUVC 板，开机后变频器故障依旧，停电检查变频器主板，检测到 N5（MC33167T）集成块时，电源发出"咝咝"声，断电，用万用表电阻挡检查，发现接 5 脚 100kΩ 电阻烧坏。底板控制 K3 继电器三极管 V12 基极电阻变值为 4kΩ，正常值应为 2.2kΩ。更换损坏的贴片电阻后，运行正常。

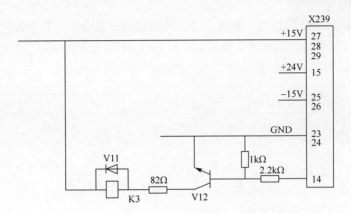

图 8-8 X239 端子和继电器 K3 的相关电路

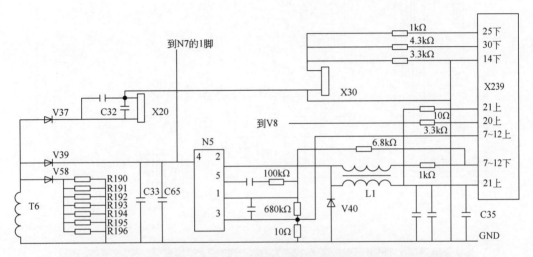

图 8-9 X239 端子与集成块 N5 的相关电路

案例 7 6SE7016-1TA61-Z "F0002" 报警。

故障现象：控制面板 PMU 液晶显示屏显示 "F0002" 电压过低报警。

故障分析与处理（见图 8-10）：查母线直流 540V 正常，说明底板电压检测系统出现故障，经检测直流母线 540V 电压经电阻串联通过 TL084 传信号给 CUVC 板，如果检测电压低于参数 P071 所设置的数值将会停止电动机并发出报警，用万用表电压挡测 TL084 端没有电压（正常值因为 2.38V），再用电阻挡测串联的 30 个电阻发现有两个因腐蚀已经断路致使信号无法传递，更换电阻后，送电试车一切正常。

案例 8 6SE7023-8TA61-Z "F0011" 报警。

故障现象：控制面板 PMU 液晶显示屏显示 "F0011" 报警。

故障分析与处理：更换 CUVC 板（图 8-11）后，完全正常，说明故障在 CUVC 板，查 CUVC 板将万用表黑表笔接触 2，红表笔接触 1，测其阻值偏大，正常值应为 2.91kΩ，再查 R521、R523、R526 阻值已经变大，换新后试车，一切正常。

案例 9 6SE7023-4TA61-Z "F0011" 报警。

故障现象：控制面板 PMU 液晶显示屏显示 "F0011" 过电流报警。

故障分析与处理：更换 CUVC 板后故障依旧，说明原因在底板，分析电路互感器经 AL

再通过 TL084 给 CUVC 的信号，如果大于所设置的电流将会发生报警并停车，用电阻挡测 TL084（见图 8-11）周边电阻发现 7 脚输出电阻 R44（47Ω）变值为无穷大致使信号阻断，更换新电阻后送电试车，一切正常。西门子变频器故障代码见表 8-1。

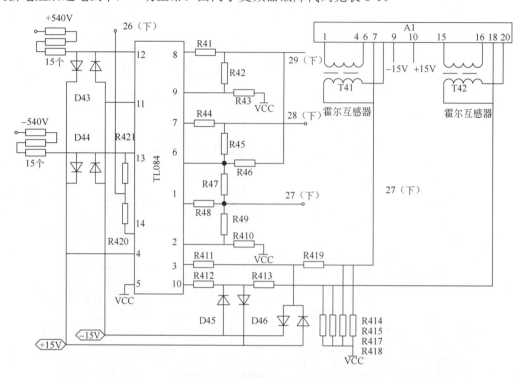

图 8-10　电压检测系统原理图

图 8-11　CUVC 板

表 8-1 西门子变频器故障代码

| 故障代码 | 故障现象/类型 | 故 障 原 因 | 解 决 对 策 |
|---|---|---|---|
| F0001 | 过流 | 电动机的功率（P0307）与变频器的功率（P0206）不对应<br>电动机电缆太长<br>电动机的导线短路<br>有接地故障 | 检查以下各项：<br>① 电动机的功率（P0307）必须与变频器的功率（P0206）相对应<br>② 电缆的长度不得超过允许的最大值<br>③ 电动机的电缆和电动机内部不得有短路或接地故障<br>④ 输入变频器的电动机参数必须与实际使用的电动机参数相对应<br>⑤ 输入变频器的定子电阻值（P0350）必须正确无误<br>⑥ 电动机的冷却风道必须通畅，电动机不得过载<br>⑦ 增加斜坡时间<br>⑧ 减少"提升"的数值 |
| F0002 | 过电压 | 禁止直流回路电压控制器（P1240=0）<br>直流回路的电压（r0026）超过了跳闸电平（P2172）<br>由于供电电源电压过高，或者电动机处于再生制动方式下引起过电压<br>斜坡下降过快，或者电动机由大惯量负载带动旋转而处于再生制动状态下引起过电压 | 检查以下各项：<br>① 电源电压（P0210）必须在变频器铭牌规定的范围以内<br>② 直流回路电压控制器必须有效（P1240），而且正确地进行了参数化<br>③ 斜坡下降时间（P1121）必须与负载的惯量相匹配<br>④ 要求的制动功率必须在规定的限定值以内<br>注意：负载的惯量越大需要的斜坡时间越长 |
| F0003 | 欠电压 | 供电电源故障<br>冲击负载超过了规定的限定值 | 检查以下各项：<br>① 电源电压（P0210）必须在变频器铭牌规定的范围以内<br>② 检查电源是否短时掉电或有瞬时的电压降低<br>③ 使能动态缓冲（P1240=2） |
| F0004 | 变频器过温 | 冷却风量不足<br>环境温度过高 | 检查以下各项：<br>① 负载的情况必须与工作/停止周期相适应<br>② 变频器运行时冷却风机必须正常运转<br>③ 调制脉冲的频率必须设定为缺省值<br>④ 环境温度可能高于变频器的允许值 |
| F0005 | 变频器 $I^2t$ 过热保护 | 变频器过载<br>工作/停止间隙周期时间不符合要求<br>电动机功率（P0307）超过变频器的负载能力（P0206） | 检查以下各项：<br>① 负载的工作/停止间隙周期时间不得超过指定的允许值<br>② 电动机的功率（P0307）必须与变频器的功率（P0206）相匹配 |
| F0011 | 电动机过温 | 电动机过载 | 检查以下各项：<br>① 负载的工作/间隙周期必须正确<br>② 标称的电动机温度超限值（P0626～P0628）必须正确<br>③ 电动机温度报警电平（P0604）必须匹配<br>如果 P0601=0 或 1，请检查以下各项：<br>① 检查铭牌数据是否正确（如果不正确进行快速调试）<br>② 采用电动机参数自动检测（P1910=1）的方法，可以得到准确的等效电路数据<br>③ 检查电动机的参数（P0344）是否合理，必要时加以修改 |

| 故障代码 | 故障现象/类型 | 故 障 原 因 | 解 决 对 策 |
|---|---|---|---|
| F0011 | 电动机过温 | 电动机过载 | ④ 如果您使用的电动机不是西门子的标准电动机，请通过参数 P0626、P0627、P0628 修改过温保护的数据<br>如果 P0601=2，请检查以下各项：<br>① 检查参数 r0035 中显示的温度是否合理<br>② 检查温度传感器是否是 KTY84(不支持其他的传感器) |
| F0012 | 变频器温度信号丢失 | 变频器（散热器）的温度传感器断线 | |
| F0015 | 电动机温度信号丢失 | 电动机的温度传感器开路或短路<br>如果检测到信号已经丢失，温度监控开关便切换为监控电动机的温度模型 | |
| F0020 | 电源断相 | 如果三相输入电源电压中的一相丢失，便出现故障，但变频器的脉冲仍然允许输出，变频器仍然可以带负载 | 检查输入电源各相的线路 |
| F0021 | 接地故障 | 如果相电流的总和超过变频器额定电流的 5%时将引起这一故障 | |
| F0022 | 功率组件故障 | 在下列情况将引起硬件故障（P0947=22 和 P0949=1）：<br>① 直流回路过电流等于 IGBT 短路电流<br>② 制动斩波器短路<br>③ 有接地故障 | 检查 I/O 板<br>它必须完全插入 |
| F0023 | 输出故障 | 输出的一相断线时出现这一故障 | |
| F0024 | 整流器过温 | 通风风量不足<br>冷却风机没有运行<br>环境温度过高 | 检查以下各项：<br>① 变频器运行时冷却风机必须处于运转状态<br>② 脉冲频率必须设定为缺省值<br>③ 环境温度可能高于变频器允许的运行温度 |
| F0030 | 冷却风机故障 | 风机不再工作 | ① 在装有操作面板选件（AOP 或 BOP）时，故障不能被屏蔽<br>② 需要安装新风机 |
| F0035 | 在重试再启动后自动再启动故障 | 试图自动再启动的次数超过 P1211 确定的数值 | |
| F0040 | 自动校准故障 | 仅指 MM440 变频器 | |
| F0041 | 电动机参数自动检测故障 | 电动机参数自动检测故障<br>报警值=0: 负载消失<br>报警值=1:进行自动检测时已达到电流限制的电平<br>报警值=2:自动检测得出的定子电阻小于 0.1%或大于 100%<br>报警值=3:自动检测得出的转子电阻小于 0.1%或大于 100%<br>报警值=4:自动检测得出的定子电抗小于 50%或大于 500%<br>报警值=5:自动检测得出的电源电抗小于 50%或大于 500%<br>报警值=6:自动检测得出的转子时间常数小于 10ms 或大于 5s<br>报警值=7:自动检测得出的总漏抗小于 5%或大于 50% | 0: 检查电动机是否与变频器正确连接<br>1~40:检查电动机参数 P304~311 是否正确<br>检查电动机的接线应该是哪种形式（星形、三角形） |

| 故障代码 | 故障现象/类型 | 故 障 原 因 | 解 决 对 策 |
|---|---|---|---|
| F0041 | 电动机参数自动检测故障 | 报警值=8：自动检测得出的定子漏抗小于25%或大于250%<br>报警值=9：自动检测得出的转子漏感小于25%或大于250%<br>报警值=20：自动检测得出的 IGBT 通态电压小于 0.5V 或大于 10V<br>报警值=30：电流控制器达到了电压限制值<br>报警值=40：自动检测得出的数据组自相矛盾，至少有一个自动检测数据错误 基于电抗 $Z_b$ 的百分值 =Vmot，nom/sqrt（3）/Imot，nom | 0：检查电动机是否与变频器正确连接<br>1～40：检查电动机参数 P304～P311 是否正确 检查电动机的接线应该是哪种形式（星形、三角形） |
| F0042 | 速度控制优化功能故障 | 速度控制优化功能（P1960）故障<br>故障值=0：在规定时间内不能达到稳态速度<br>故障值=1：读数不合乎逻辑 | |
| F0051 | 参数 EEPROM 故障 | 存储不挥发的参数时出现读/写错误 | ① 工厂复位并重新参数化<br>② 与客户支持部门或维修部门联系 |
| F0052 | 功率组件故障 | 读取功率组件的参数时出错，或数据非法 | 检查硬件，与客户支持部门或维修部门联系 |

案例 10 预充电故障。

故障现象：6SE48 系列西门子变频器显示"pre-charging"故障信息。

故障分析与处理：显示该故障信息的原因是变频器上电启动后，DC 直流电压充电有一个时间上的监控，在此期间若发生不允许的情况，则预充电停止。出现这种故障时，应检修预充电元件 U1,测量预充电电阻阻值，并检查控制预充电的继电器是否能正常吸合。检修分为四种情况。

① 检查直流线路部分是否短路。将电源隔离，测量 A 和 D 之间的电阻值，因有续流二极管的并入，所以需要注意万用表的极性。如果发现短路，将电容断开后，再测量 A 和 D 之间的电阻值，看是直流线路部分短路，还是变频器的某相故障。

② 检查整流桥 U1。将元件断开电源，手动接通交流接触器 K1,再在电源端测量 U1、V1、W1 对 A 和 D 的电阻值，即测量整流桥的二极管是否正常。

③ 检查能耗电阻。断开负载电阻，检查能耗电阻是否正常。

④ 检查开关电源的变压器。检查变压器是否短路。

案例 11 能耗电阻过载。

故障现象：6SE48 系列西门子变频器显示"pulsed resistor"故障信息。

故障分析与处理：显示该故障信息表示能耗电阻器过载，其产生的原因有再生制动电压过高，制动功率过高或制动时间过短。能耗电阻器是一个附加元件。通常当负载是大惯性或位能负载时，设置有能耗制动单元，它的作用主要是在电源的开启、关断状态或加载状态时，动态地限制 D、A 线上的过电压。该变频器的能耗电阻器选用了 7.5Ω / 30kW 的电阻。若变频器在使用多年后，由于启停次数较多，造成电阻器发热，则其阻值可能有所下降。针对此故障，检查发现变频器的能耗电阻器的阻值约为 7.1Ω,判断为能耗电阻减小而导致上述故障，进而使变频器不能正常开机。改用同功率的阻值约为 8Ω 的电阻，变频器上电运行正常。当逆变器的 IGBT 部分有故障时，会造成再生反馈电流过大，进而也会导致能耗电阻器过载故障。

案例 12　变频器温度过高。

故障现象：6SE48 系列西门子变频器显示"over temperature"故障信息。

故障分析与处理：显示该故障信息的原因是变频器的温度高。变频器的发热主要是由逆变器件引起的。由于逆变器件是变频器中最重要且最脆弱的部件，所以用来测温的温度传感器(NTC)也装在逆变器件上。当温度超过 60℃时，变频器通过一个信号继电器来预报警；当温度达到 70℃时，变频器自动停机来进行自我保护。过热一般由以下五种情况引起。

① 环境温度高。若变频器安装地点的环境温度高，可通过给变频器的入风口加冷风管道来帮助变频器散热。

② 风扇故障。变频器的排风风机是一个 24V 的直流电动机，若出现风机轴承损坏或线圈烧坏，风机不转，即会造成变频器过热。

③ 散热片太脏。在变频器的逆变器的背后装有铝片散热装置，运行时间长以后，由于静电的作用，其表面会覆盖灰尘，严重影响散热器的效果。因此，应定时对其进行吹扫和清理。

④ 负载过载。变频器所带负载长时间过载，也会导致发热。这时要检查电动机、传动机构和所带负载。

⑤ 温度传感器故障。NTC 为一个负的温度控制器，它的阻值随着温度升高而降低。可用替换法检测温度传感器是否正常。

案例 13　接地故障。

故障现象：6SE48 系列西门子变频器显示"ground fault"故障信息。

故障分析与处理：显示该故障信息的原因一般为变频器的输出端接地，或者因为电缆太长，对地产生一个太大的电容。接地故障有以下几种情况。

① 所带电动机接地。电动机在运转过程中，由于轴承或线圈发热的原因，使电动机线圈的某相接地或绝缘性能变差，从而造成接地故障。这时需要对电动机进行检修。

② 所接电缆接地。当连接电动机和变频器的电缆破损或过热造成绝缘性能变差时，也容易造成接地故障。

③ 变频器内部故障。变频器长时间运行后，其内部线路板的绝缘性能变差，也会造成对地绝缘电阻偏小，从而演变成接地故障。这时需对变频器线路板进行绝缘处理。将变频器断电后喷绝缘漆，可消除此故障。

案例 14　变频器无显示。

① 6SE7023-4TA61-Z 变频器的显示屏无显示。

故障分析与处理：检测发现 IGBT 内部短路，造成内部的熔断器烧断，失去电源。更换 IGBT 后，检测发现驱动电路正常，再启动变频器，其运行正常。

② 6SE7016-1TA61-Z 变频器的显示屏无显示。

故障分析与处理：用外接 24V 电源试机，发现屏幕显示正常；再用万用表测低压交流输出，无电压，由此说明故障出在电源处。再测 UC3844(6)脚的脉冲输出，正常，而 Q36 栅极没有电压，R321 由 28Ω 变为无穷大。更换 R321 后启动变频器，其运行正常。

③ 西门子 430 型 7.5kW 变频器的操作面板无显示。

故障分析与处理：该变频器的安装结构特殊，其三块线路板与散热板环绕成四方形，外嵌壳体，因此维修时，必须拆开线路板的连接，将整个电路平铺在工作台上，以方便检修。其线路板为四层板，因此检修电路的难度较大。对于变频器的操作面板无显示，可初步判断故障出在变频器的辅助电源电路部分，此时应首先检查开关电源电路。先用排除法将负载电路逐一切除，若还是不能良好起振，则说明故障不是由负载过重引起的。再查振荡与稳压回路，也无异常。最后查出为开关管截止分流回路的两个 200V 稳压管击穿损坏，用同型号的稳压管更换后，变频器上电运行正常。

一般的分流（也称反峰电压吸收）回路是采用一个二极管和阻容并联电路串联后，再与开关变压器的初级绕组并联的，其二极管接法类似于一般线圈回路的续流二极管接法，其作用也是在开关管趋于截止期间，将初级绕组回路的电能快速释放，以使开关管更快地截止。但该电路是从 P+端串联两个正向连接的 200V 稳压管，再串联两个阻值为 60kΩ 的热敏电阻到开关管的漏极的，其回路也并联在初级绕组上。因此，当开关管趋于截止时，初级绕组中电流的急剧减小引起绕组反电势的急剧上升，与电源电压相叠加，当电压值高于 P+电压 400V 以上时，此保护回路击穿导通，将此能量泄放回电源。当反电势能量较小时，流过两个热敏电阻的电流较小，其温升也较小，阻值较大，对能量的泄放也较慢。当反电势能量较大时，随着泄放电流的增加，电阻的温升增大，阻值减小，又加快了能量的泄放。

案例 15　快速熔断器故障。

故障现象：西门子 6SC3716-6FG03-Z 变频器显示 "126FUSEBLOWN" 或 "337BLOWN FUSEINV2" 故障信息。

故障分析与处理：西门子 6SC3716-6FG03-Z 变频器的主电路原理简图如图 8-12 所示，图 8-12 中的 A1 与 A2，A3 与 A4，A6 与 A7 的电路结构均完全相同。检查故障或维修前，必须先切断电源，将变频器的输入变压器进线侧的高压柜断路器分断后摇出，并将变频器 A1、A2 进线柜的主开关断开。等断电 8min 电容放电完毕后，方可打开柜门进行维修，切忌停机后立即进行检查。当变频器额定运行时，其直流母排电压可达到 1 000V 左右，且滤波电容为电解电容（其数量达 120 个，单个容量为 6800μF），储存了大量的电能，因此停机后必须等待电容模块前的电压平衡电阻将其放电，电压降低后（其放电时间为 8min），方可开柜进行检查。

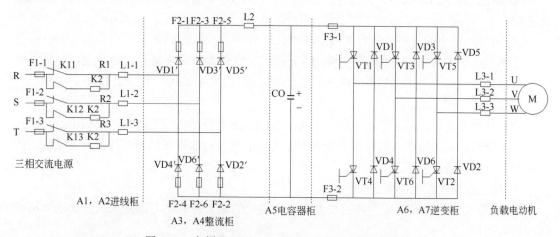

图 8-12　变频器 6SC3716-6FG03-Z 的主电路原理简图

显示 "126FUSEBLOWN" 或 "337BLOWNFUSEINV2" 故障信息的原因一般为逆变直流输入快速熔断器两端的电压值超过 20V、快速熔断器烧毁或安装不牢，导致接触电阻过大，处理方法为仔细检查 A6、A7 柜中的 F3-1 和 F3-2 是否存在上述问题，若有则及时更换或处理后重新安装。

案例 16　6SC3716-6FG03-Z "332BLOWNFUSERECT2" 故障。

故障现象：西门子 6SC3716-6FG03-Z 变频器显示 "332BLOWNFUSERECT2" 故障信息。

故障分析与处理：显示 "332BLOWNFUSERECT2" 故障信息的原因一般为 A3、A4 柜整流模块中至少有一个快速熔断器已经烧毁，致使其相应的快速熔断器监视器输出动作，停机并显示相应故障信息。此时应首先仔细检查 A3、A4 柜中整流模块中 F2-1、F2-2、F2-3、F2-4、F2-5、F2-6 快速熔断器是否烧毁，同时还需检查以下几项。

① 对整流模块中的整流二极管 VD1′、VD2′、VD3′、VD4′、VD5′、VD6′进行检查，用万用表的二极管挡仔细测量上述二极管的正向、反向电阻值，看二极管有无反向击穿，若发现反向电阻值变小或接近零，则应对其进行更换。

② 仔细检查整流后的直流电路有无短路或异常，直流回路中的正、负极母排间绝缘板有无绝缘击穿、老化、烧焦等痕迹，正、负极母排尖角及转变处有无拉弧短路，是否因长期发热变形或短路电流的热效应致使母排碰壳或对地短路。

③ 仔细检 A5 柜中的各电容有无发热、变形、鼓泡，其顶部橡胶安全阀有无破裂。

④ 仔细检查快速熔断器两端的连接是否牢固，快速熔断器监视器的输入、输出线接头插入得是否牢固。

⑤ 仔细检查控制柜中的线路板各插头的连接是否可靠，有无松动，线路板中的熔断器有无烧毁，必要时应更换。

案例 17　变频器 "1252INVOVERCURRENT"、"329OVERCURRENTINV2" 故障。

故障现象：变频器故障显示 "1252INVOVERCURRENT"、"329OVERCURRENTINV2" 故障信息。

故障分析与处理：当一相或多相输出电流在 15ms 内连续或两次超过设定过流值的允许次数时，会显示此故障信息。此时应认真对以下项目进行检查。

① A6 柜、A7 柜的电流检测部分，即输出电抗器 L3-1、L3-2、L3-3 的极性是否接反。

② 输出电抗器 L3-1、L3-2、L3-3 至控制柜中的线路板之间的连接线是否牢固，插头有无松动。

③ 对控制柜中的元器件进行系统的检查。

案例 18　6SC3716-6FG03-Z "129Ud>max"、"335Ud2>max.VALUE" 故障。

故障现象：西门子 6SC3716-6FG03-Z 变频器显示 "129Ud>max"、"335Ud2>max.VALUE" 故障信息。

故障分析与处理：显示第 1 个故障信息表示主电路电容滤波部分的直流母线电压已超过其最大电压值。显示第 2 个故障信息表示逆变部分的直流母线电压已超过其最大电压值。此时应对以下项目进行检查。

① 检查取样反馈回路有无故障。

② 检查变频器内部相应参数的设置，如电动机的最大转矩是否设置太高。如果太高则进行相应调整。

③ 用万用表检查输入电源电压，看输入电压是否在允许范围内，是否存在输入电压过高的问题。若输入电压长期过高，可通过调整变压器高压侧分接开关抽头的位置来改变输出电压。

④ 检查电网电压是否稳定，是否存在瞬时高压的可能。相当一部分故障报警是由瞬时高电压所造成的。

案例19 6SC3716-6FG03-Z"137INV.OVERTEMP"、"340OVERTEMP.INV.2"故障。

故障现象：西门子 6SC3716-6FG03-Z 变频器显示"137INV.OVERTEMP"、"340OVERTEMP.INV.2"故障信息。

故障分析与处理：显示第1个故障信息表示整流柜内的温度开关或逆变柜风扇温度检测电路板的输出继电器动作时间超过4min，显示第2个故障信息表示逆变柜内的温度开关或整流柜、逆变柜风扇温度检测电路板的输出继电器动作超过4min。此时应对以下项目进行仔细检查。

① 风扇三相电源连接是否正常，接头是否松脱，电动机有无反转。

② 风扇转动时，机械噪声是否过大，风扇转速是否偏慢，如果出现此种情况，停机后可用手试转，看其轴承转动是否灵活，有无机械卡死或杂声，如果存在此种情况，应及时更换轴承。

③ 环境温度是否过高（高于40℃），房间门窗是否过于严实，若有则会造成房间整体通风量不够，热量不易散发。此时应注意加强通风，改善周围环境温度。有条件的可采用墙侧底部进风、房屋顶部排风的方式加强空气对流。

④ 整流柜逆变柜内的温度开关是否老化致使其误动作，若是则应及时更换。

⑤ 整流柜或逆变柜的风扇温度检测电路板是否损坏，若是则应及时更换。

⑥ 整流柜或逆变柜的风扇温度检测元件是否老化致使风扇温度检测电路板误动作，若是则应及时更换。

## 8.2.2 三菱变频器常见故障及处理方法

案例1 FR-E024-0.75K 开机无法启动。

故障分析与处理：此机无提供任何症状信息，通电开机显示后，要启动马达时显示屏显示"E.THT"错误。查看说明书提示输出电流已经超过额定电流的150%，变频器处于电子过流保护状态，停止变频器输出保护住其他电路，初步判断为电流检测电路中出现的故障。检测霍尔电流侦测器时没有发现任何坏件，更换同一型号的侦测器后发现该机不但可以启动，并能使马达顺利的运转起来，查看输出电流时显示0.8A属正常状态。拆开坏的侦测器后发现该电路板两面都附有油污，用酒精清洗干净电路板上的油污后吹干，重新装回功率控制基板后启动，故障已经消除。

总结：此类故障通常是由于平时保养不善所造成的。因此，加强变频器的日常维护，胜于损坏后再维修。

案例2 A100系列开机无显示。

故障分析与处理：拆机后发现电源基板的部分铜膜已被烧毁，无任何电压输出。经过检查发现开关管已击穿，厚膜集成电路内IC（M51996）的Va脚与GND已经短路，整流器的10脚与11脚同样短路，拆下IC后检查发现已坏，并导致烧坏开关管，使该电源电路无法工作。在更换上述配件后故障消除。

总结：开关电源是维修中常见的、较为简单的故障，学习如何快速修复开关电源，对提高变频器维修水平会起到很大的帮助。

案例3 风机水泵型变频器功率为15kW，接通电源无反应。

故障分析与处理：测量电源各路输出均基本正常，且电源连接良好。拆下 CPU 板后发现里面杂物较多。清洗电路板吹干后试机，有显示但一闪一闪不正常，继而分析为清洗不彻底所致，逐个把元件焊下用酒精将其引脚擦干净，然后重新安装试机，一切正常。

总结：该变频器使用环境较差，灰尘较多，有时控制电柜在打开后没有及时关闭，加上平时保养欠缺，造成变频器故障。

案例 4  通用型变频器功率为 11kW 接通电源无任何反应。

故障分析与处理：检查开关电源集成块后发现已被更换，但性能良好。M51996 的 VCC 端无电压，尽管此时直流母线已建立 560V 高压，测其供电电阻正常，滤波电容亦良好。更换二次整流三极管 D1 后 VCC 端能达到 15V 但无法起振，查外围元件发现无损坏后，确认 M51996 损坏。更换 M51996 后通电试机，屏幕已有显示，+5V 输出亦正常，但维持不到 3s，M51996 再次损坏，同时损坏的还有负反馈电阻等。由于之前检测过尖峰电压吸收电路以及负载均无问题，故分析开关变压器已经损坏。鉴于开关变压器的资料数据欠缺，在没有相同型号对比情况下，用电感表并不能确定其好坏，决定将其用新铜线绕一遍。装上绕好的变压器及更换其他损坏元件后试机一切正常。

总结：这是一起少见的开关变压器损坏故障，维修时耐心分析开关电源工作原理，对理清思路、增强逻辑方面的锻炼也会起到很大的帮助。

案例 5  A540 系列变频器功率为 3.7 kW，启动时显示过电流。

故障分析与处理：经检查变频器主回路模块确认完好后，给变频器通电，在不带电动机的情况下，启动瞬间显示 OC1，这时，首先想到的是电流检测电路损坏，经检查并测量电流检测电路后，发现电流检测电路正常并没有损坏。于是扩大检测范围，检测驱动电路，在检测驱动波形时发现有一路波形不正常，再检查该驱动电路周边器件，发现 C18 贴片电容容量为 0，更换后变频器运行正常。

总结：贴片电容损坏在变频器故障中较少碰到，一般是电容质量不太好或焊接时有问题造成的。在检修时一定要预估到。三菱变频器故障代码见表 8-2。

表 8-2  三菱变频器故障代码

| 错误代码 | 错误类型 | 错 误 原 因 | 解 决 办 法 |
|---|---|---|---|
| E.OC1 | 加速中过电流断路 | 加速运行中，当变频器输出电流达到或超过大约额定电流的 200% 时，保护回路动作，停止变频器输出 | 延长加速时间 |
| E.OC2 | 定速中过电流断路 | 定速运行中，当变频器输出电流达到或超过大约额定电流的 200% 时，保护回路动作，停止变频器输出 | 取消负荷的急速变化 |
| E.OC3 | 减速中过电流断路 | 减速运行中，加速低速运行之外，当变频器输出电流达到或超过大约额定电流的 200% 时，保护回路动作，停止变频器输出 | 延长减速时间，检查制动动作 |
| E.OV1 | 加速中再生过电压断路 | 因再生能量使变频器内部的主回路直流电压超过规定值，保护回路动作，停止变频器输出，电源系统里发生的浪涌电压也可能引起动作 | 缩短加速时间 |
| E.OV2 | 定速中再生过电压断路 | 因再生能量使变频器内部的主回路直流电压超过规定值，保护回路动作，停止变频器输出，电源系统里发生的浪涌电压也可能引起动作 | 取消负荷的急速变化，请根据需要使用制动单元或提高功率因数变换器 FR-HC |
| E.OV3 | 减速停止中再生过电压断路 | 因再生能量使变频器内部的主回路直流电压超过规定值，保护回路动作，停止变频器输出，电源系统里发生的浪涌电压也可能引起动作 | 延长减速时间，使减速时间符合负荷的转动惯量，减少制动频度，请根据需要使用制动单元或提高功率因数变换器 FR-HC |

| 错误代码 | 错误类型 | 错 误 原 因 | 解 决 办 法 |
|---|---|---|---|
| E.THM | 电动机过负荷断路（电子过流保护） | 当变频器的内置电子过流保护检测到由于过负荷或定速运行时冷却能力降低引起电动机过热时，停止变频器输出，多极电动机或两台以上电动机运行时，请在变频器输出侧安装热继电器 | 减轻负荷，定转矩电动机时将 Pr.71 设定为定转矩电动机 |
| E.THT | 变频器过负荷断路（电子过流保护） | 如果电流超过额定电流的 150%而未发生电流断路（200%以下）时，为保护输出晶体管，用反时限特性使电子过流保护动作停止变频器输出 | 减轻负荷 |
| E.FIN | 散热片过热 | 如果散热片过热，温度传感器动作使变频器停止输出 | 周围温度调节到规定范围内 |
| E.BE | 制动晶体管报警 | 由于从电动机返回的再生能量太大，使制动晶体管发生异常，检测出制动晶体管异常，在此情况下变频器电源必须立刻关断 | 制动晶体管的使用频度是否合适 |
| E.GF | 输出侧接地过电流保护 | 变频器启动时变频器的输出侧负荷发生接地故障，对地有漏电流时变频器的输出停止 | 排除接地的地方 |
| E.OHT | 外部热继电器动作 | 为防止电动机过热，安装在外部的热继电器或电动机内部安装的热继电器动作（接点打开）时，使变频器输出停止 | 降低负荷和运行频度 |
| E.OLT | 失速防止 | 当失速防止动作运行频率降到 0 时，失速防止动作中显示 OL | 减轻负荷 |
| E.OPT | 选件异常 | 当发生内置选件功能上的异常、通信选件的通信异常等时，变频器停止输出。网络模式时，若本站为解除状态，则变频器停止输出 | 与经销商联系 |
| E.PE | 参数记忆异常 | 存储的参数里发生异常，例 E$^2$PROM 故障 | 与经销商联系 |
| E.PUE | 参数单元脱落 | ① 当 Pr75 复位选择/PU 脱离检测/PU 停止选择设定在 "2"、"3"、"16" 或 "17" 状态下时，如果操作面板及参数单元脱落，主机与 PU 的通信中断，变频器则停止输出<br>② 当 Pr121PU 通信再试次数的值设定为 "9999"，用 RS-485 通过 PU 接口进行通信时，如果连续通信错误发生次数超过允许再试次数，变频器则停止输出<br>③ 超过 Pr122 通信校验时间间隔设定的时间，通信中途切断时，变频器则停止输出 | 牢固安装好操作面板 FR-PA02-02 和 FR-PU04 |
| E.RET | 再试次数超出 | 如果在再试设定次数内运行没有恢复此功能，将停止变频器的输出 | 处理该异常前一个的异常 |
| E.CPU | CPU 错误 | 如果内置 CPU 算术运算在预定时间内没有结束，变频器自检将发出报警并且停止输出 | 与经销商联系 |
| E. 3 | 选件异常 | 使用变频器专用的通信选件时设定错误或接触接口不良时，变频器停止输出 | 将通信选件的连接确实连接上，与经销商联系 |
| E. 6 | CPU 错误 | 内置 CPU 的通信异常发生时，变频器停止输出 | 与经销商联系 |
| E.LF | 输出欠相保护 | 当变频器输出侧(负荷侧)三相(U、V、W)中有一相断开时，此功能停止变频器的输出 | 正确接线，确认 Pr251 输出欠相保护选择的设定值 |
| E.FN | 风扇故障 | 变频器内含有一冷却风扇,当冷却风扇由于故障或运行与 Pr244 "冷却风扇动作选择" 的设定不同时，操作面板上显示 FN | 更换风扇 |
| OL | 过电流 | ① 加速时电动机的电流超过变频器额定输出电流的 120%以上时，停止频率的上升，直到负载电流减少为止，以防止变频器出现过电流<br>② 恒速运行时电动机的电流超过变频器额定输出电流的 120%以上时，降低频率直到负载电流减少为止<br>③ 减速时电动机的电流超过变频器额定输出电流 120%以上时，停止频率的降低，直到过负载电流减少为止，以防止变频器出现过电流 | ① 每次将 Pr0 转矩提升值减 1%，然后确认电动机的状态<br>② Pr7 加速时间与 Pr8 减速时间设置得长一些<br>③ 减轻负载<br>④ 试试简易磁通矢量控制(Pr80)<br>⑤ 可以用 Pr22 失速防止动作水平设定失速防止动作电流 |

### 8.2.3 安川变频器常见故障及处理方法

案例 1　运行中电动机抖动。

故障现象：一台安川 616PC5-5.5kW 变频器，在运行中电动机抖动。

故障分析与处理：首先考虑是输出电压不平衡，再检查功率器件后发现无损坏，给变频器通电显示正常。运行变频器，测量发现其三相输出电压不平衡。再测试六路驱动电路的输出波形，发现 W 相下桥的波形不正常。然后再依次测量该路的电阻、二极管、光耦，发现提供反压的二极管击穿。更换后，变频器上电运行正常。

案例 2　低速时电动机抖动。

故障现象：一台安川 616G5-3.7kW 的变频器，三相输出正常，但在低速时电动机抖动，无法正常运行。

故障分析与处理：首先判断为变频器驱动电路损坏。再将 IGBT 逆变模块从印制电路板上卸下，使用电子示波器观察六路驱动电路打开时的波形是否一致，若不一致则找出不一致的那一路驱动电路，并更换该驱动电路上的光耦（PC923）。又因该变频器的使用年数超过 3 年，故将驱动电路的电解电容全部更换，然后再用示波器观察。待六路波形一致，装上 IGBT 逆变模块，变频器上电运行正常。

案例 3　输出频率仪表的数值不变化。

故障现象：一台安川 616P5 变频器，在线停机 4 个多月后恢复运行，发现在开机后的整个运行过程中，输出频率仪表的数值不变化。

故障分析与处理：该变频器能运行在 50Hz 的工频下且输出 380V 的电压，表明功率模块输出正常，控制电路失常。616P5 是通用型变频器，它的控制电路的核心元件是一块内含 CPU 的产生脉宽调制信号的专用大规模集成电路 L7300526A。该变频器通常处在远程传输控制中，从控制端子接受 4～20mA 的电流信号。根据通用型变频器工作原理，该频率设定不可调的故障现象可能是由两个单元电路引起的：A/D 转换器；PWM 的调制信号。

检测 A/D 转换电路，可采用排斥法，即首先卸掉控制端子的相关电缆，改用键盘输入频率设定值，结果显示故障现象依旧。

再采用比较法检测，即用 MODEL100 信号发生器分别从控制端 FI-FC、FV-FC 输入 4～20mA,0～10V 模拟信号，结果显示故障现象依旧。从键盘输入的参数是通过编码扫描程序进入 CPU 系统的，而从控制端子输入的模拟信号则是经过 A/D 转换后再经逻辑电路处理进入 CPU 系统的。通过排斥法和比较法的检测，可以确认 A/D 转换电路正常。下面先了解一下芯片 L7300526A。芯片 L7300526A 采用数字双边沿调制载波方式产生脉宽调制信号，再由该信号驱动由晶体管功率模块构成的三相逆变器。载波频率等于输出频率和载波倍数的乘积。对于载波倍数的每个值，芯片内部的译码器都保存一组相应的 $\delta$ 值（$\delta$ 值是一个可调的时间间隔量，用于调制脉冲边沿）。每个 $\delta$ 值都是以数字形式存储的，与它相应的脉冲调制宽度由对应数值的计数速率所确定。译码器根据载波频率和 $\delta$ 调制，最终得出控制信号。译码器总共产生 3 个控制信号，每个输出级分配 1 个，它们彼此相差 120° 相位角。616P5 的载波参数 n050 设定的载波变化区间分别是[1、2、4～6]、[8]、[7～9]。[1、2、4～6]载波频率=设定值×2.5kHz（固定）。输出频率=载波频率 / 载波倍数。根据 616P5 的载波参数 n050 的含义，重新核查载波设置值，结果发现显示输出的是一个非有效值 "10" 且不可调（616P5 载波变化区间的有效值为 1～9），由此可知输出频率仪表数值不变化的故障显然与载波倍数的 $\delta$ 有关。

载波在一个周期内有 9 个脉冲，它的两个边沿都用一个可调的时间间隔量 $\delta$ 加以调制，而且使 $\delta \propto \sin\theta$（$\theta$ 为未被调制时载波脉冲边沿所处的时间，叫做相位角）。当 $\sin\theta$ 为正值时，该处的脉冲变宽；当 $\sin\theta$ 为负值时，该处的脉冲变窄。输出的三相脉冲边沿及周期性显然为 $\delta \propto \sin\theta$ 所调制。

变频器若在基频下运行，载波调制的脉冲个数必然要足够地多。在一个周期内载波脉冲的个数越多，线电压平均值的波形越接近正弦。

综上所述，载波调制功能的正常与否直接影响功率晶体管开关频率的变化，从而影响输出电压（频率）的变化。

该故障的根本原因是 L7300526A 的 CPU 系统内部的译码器 $\delta$ 调制程序读出异常。电磁干扰等因素都有可能造成 CPU 程序异常。更换 ETC615162-S3013 主控板后，变频器上电运行正常。

案例 4 "OH1"故障并跳停。

故障现象：安川 616G5（616P5）变频器，有时会显示"OH1"故障信息，并跳停，导致变频器不能正常运行。

故障分析与处理：首先检查变频器的散热风扇是否运转正常，再检查风扇及变频器的温度、电流传感器均正常（对于 30kW 以上的变频器而言，在变频器内部也有一个散热风扇，此风扇的损坏也会导致"OH1"报警故障。最后检查发现位于变频器里面（模块上头）的一个三线（带有检测线）风扇损坏。更换三线风扇后，变频器上电运行正常。

案例 5 运行 10min 后显示"GF"故障信息并跳停。

故障现象：安川 616G5 变频器在运行 10min 后显示"GF"故障信息，并跳停。

故障分析与处理：变频器显示"GF"故障信息表示有接地故障。当处理接地故障时，首先应检查电动机回路是否存在接地问题。排除电动机回路接地后，最可能发生故障的部分就是霍尔传感器了。霍尔传感器由于受温度、湿度等环境因素的影响，其工作点很容易发生漂移，从而会导致显示"GF"故障信息。拆除变频器电动机端的电缆后，变频器上电运行仍显示"GF 故障信息。静态检查时发现霍尔传感器异常。替换后，变频器上电运行正常。

案例 6 "SC"故障。

故障现象：安川变频器显示"SC"故障。

故障分析与处理："SC"故障是安川变频器较常见的故障。IGBT 模块损坏是导致"SC"故障报警的原因之一。IGBT 模块损坏的原因有多种，首先是外部负载发生故障而导致 IGBT 模块损坏，如负载发生短路、堵转等；其次，驱动电路老化也有可能导致驱动波形失真或驱动电压波动太大而导致 IGBT 模块损坏，从而导致"SC"故障报警。此外，电动机抖动，三相电流、电压不平衡，有频率显示却无电压输出，这些现象都有可能使 IGBT 模块损坏。

判断 IGBT 模块是否损坏，最直接的方法是采用替换法。替换新 IGBT 模块后，应对驱动电路进行检查，这是因为驱动电路损坏也容易导致"SC"故障报警。安川在驱动电路的设计上，上桥使用了驱动光耦 PC923（这是专用于驱动 IGBT 模块的带有放大电路的一款光耦），下桥的驱动电路则采用了光耦 PC929（这是一款内部带有放大电路及检测电路的光耦）。

案例 7 "OH"过热故障。

故障现象：安川变频器显示"OH"过热故障。

故障分析与处理：安川变频器显示"OH"过热故障是较常见的一种故障。当遇到这种情况时，应检查散热风扇是否运转（观察变频器外部就会看到风扇是否运转）。另外，对于 30kW

以上的变频器，在其内部也带有一个散热风扇，此风扇的损坏也会导致"OH"报警。

案例8　"UV"欠压故障。

故障现象：安川变频器显示"UV"欠压故障。

故障分析与处理：当安川变频器显示"UV"欠压故障时，首先应该检查输入电源是否缺相。假如输入电源没有问题，则应检查整流回路是否有问题。如果都没有问题，再检查直流检测电路是否有问题，主要检测一下降压电阻是否断路。对于200V级的变频器，当直流母线电压低于190V DC时，"UV"报警出现；对于400V级的变频器，当直流电压低于380V DC时，则故障报警出现。

### 8.2.4　富士变频器常见故障及处理方法

案例1　输出电压相差100V左右。

故障现象：一台富士G9S 11kW变频器，输出电压相差100V左右。

故障分析与处理：在线检查逆变模块（6MBI50N-120）没发现问题，测量6路驱动电路也没发现故障。再将其模块拆下，测量发现有一路上桥大功率晶体管不能正常导通和关闭，说明该功率模块已经损坏。经确认驱动电路无故障后，更换新模块，变频器上电运行正常。

较常见的功率模块损坏的原因是变频器在正常运行中突然失电，导致变频器在重新上电后无法启动电动机。在本例中，逆变模块损坏，主要是由于停电后变频器还在运行指令的控制下，而此时由于电动机所带负载的消耗及变频器自身的消耗导致中间直流电压急剧下降，进而容易使PWM调制波信号发生变化，最终导致功率模块损坏。

案例2　"OC"过电流故障并跳停。

故障现象：一台FVR075G7S-4EX显示"OC"过电流故障信息，并跳停。

故障分析与处理：首先要排除由于参数问题而导致的故障。例如，电流限制、加速时间过短都有可能导致过电流的产生。其次判断电流检测电路是否出了问题。"OC"过电流包括变频器的加速中过电流，减速中过电流和恒速中过电流。此故障产生的原因主要有以下几种。

① 对于短时间大电流的"OC"故障信息，一般情况下是由于驱动板的电流检测回路出了问题。检测电流的霍尔传感器由于受温度、湿度等环境因素的影响，其工作点很容易发生漂移，从而导致显示"OC"故障信息。若复位后继续出现故障，则产生的原因有电动机电缆过长、电缆输出漏电流过大、输出电缆接头松动和电缆短路。

② 送电显示过流和启动显示过流的情况是不一样的。送电显示过流表示霍尔检测元件损坏了。简单的判断方法是将霍尔元件与检测回路分离，若送电后不再跳过流报警则说明霍尔元件损坏。另外，当电源板损坏时，也会导致一送电就显示过流。启动显示过流，对于采用IPM模块的变频器而言表示模块坏了，更换新的模块即可解决问题。

③ 小容量（7.5G11以下）变频器的24V风扇电源短路时也会造成显示"OC3"故障信息，此时主板上的24V风扇电源会损坏，主板的其他功能正常。若一上电就显示"OC3"故障信息，则可能是主板出了问题。若一按RUN键就显示"OC3"故障信息，则是驱动板坏了。

④ 在加速过程中出现过电流现象是最常见的，其原因是加速时间过短。依据不同的负载情况，相应地调整加、减速时间，就能消除此故障。

⑤ 大功率晶体管的损坏也能造成显示"OC"故障信息。造成大功率晶体管模块损坏的主要原因有：输出负载发生短路；负载过大，大电流持续出现；负载波动很大，导致浪涌电流过大。

⑥ 大功率晶体管的驱动电路的损坏也是导致过流报警的一个原因。富士 G7S、G9S 分别使用了 PC922、PC923 两种光耦作为驱动电路的核心部分，它们内置放大电路，线路设计简单。驱动电路损坏表现出来最常见的现象就是缺相，或三相输出电压不平衡。

FVR075G7S-4EX 在不接电动机运行时面板有电流显示，这时就要调试三个霍尔传感器。为确定哪一相传感器损坏，可每拆一相传感器时开一次机看是否有电流显示，以确定有故障的霍尔传感器。

案例 3 "OC1"故障并跳停。

故障现象：一台富士变频器一启动就显示"OC1"故障信息，并跳停。

故障分析与处理：显示"OC1"故障信息的原因为加速时过电流。在加速时间设置正常的情况下，判断其为电动机故障。将变频器与电动机的连接线断开，变频器运行正常。再检查电动机绕组，发现其匝间短路。更换电动机后，变频器上电运行正常。

案例 4 "U002"过电压故障并跳停。

故障现象：一台富士变频器经常显示"U002"过电压故障信息，并跳停。

故障分析与处理：检查进线电压，均在 380V±10％内，参数也正常。变频器复位后正常工作，但过不了多久会显示同样的故障。检查发现原因为富士变频器的电压不是在参数设置中设置的，而是通过跳线设置的。重新跳线后，变频器上电运行正常。

案例 5 "OH1"、"OH3"过热保护故障并跳停。

故障现象：一台富士变频器夏季运行时经常显示"OH1"、"OH3"过热保护故障信息，并跳停。

故障分析与处理：首先检查变频器内部的风扇是否损坏，若正常，判断为变频器安装的环境温度偏高。在本例中，该变频器安装在操作室内，通风效果不良，环境温度较高。采取措施进行强制冷却后，变频器运行正常，不再显示"OH1"、"OH3"过热保护故障信息。

案例 6 运行中突然跳闸。

故障现象：一台富士 FRNl60P7-4 型容量为 160kW 的变频器，380V 交流电输入端由低压配电所一支路馈出，经刀熔开关后由电缆供出至变频器。在运行中，变频器突然发生跳闸。

故障分析与处理：检查发现变频器外围部分的输入、输出电缆及电动机均正常，变频器所配快速熔断器未断。变频器内的快速熔断器完好，说明其逆变回路无短路故障，猜测可能是变频器内进了金属异物。

首先拆下变频器，发现 L1 交流输入端整流模块上的 3 个铜母排之间有明显的短路放电痕迹，整流管阻容保护电阻的一个线头被打断，而其他部分的外观无异常。再检查 L1 输入端的 4 个整流管均完好。然后将阻容保护电阻端的控制线重新焊好。接着用万用表检查变频器主回路输入、输出端，正常；试验主控板也正常；内部控制线的连接良好。

接下来将电动机电缆拆除，空试变频器，调节电位器，发现频率可以调至设定值 50Hz。重新接好电动机电缆。当电动机启动后，调节频率的同时测量直流输出电压，发现当频率上升时，直流电压由 513V 降至 440V 左右，使欠电压保护动作。在送电后，发现变频器内的冷却风扇工作异常，接触器 K73 的触点未闭合（正常情况下，K73 的触点应闭合，以保证给充电电容提供足够的充电电流）。

最后用万用表测量配电室的刀熔开关熔断器，发现其一相已熔断，但红色指示器未弹出。更换后重新送电，一切正常。变频器内部控制回路的电压由控制变压器二次侧提供。其一次电压取自 L1、L3 两相，当 L1 缺相后，会造成接在一次侧的接触器和风扇欠压，同时还会使整流模块输出电压降低。特别是当频率调整至一定程度时，随着负载的增大，电容器两端的电压下降较快，从而形成欠电压保护而跳闸。

案例 7 "OH2"故障并跳停。

故障现象：一台 FRN11P11S-4CX 变频器在清扫后启动时，显示"OH2"故障信息，并跳停。

故障分析与处理：显示"OH2"故障信息表示为变频器外部故障。检查发现"66THR"与"CM"之间的短接片松动，并在清扫时掉下。恢复短接片后，变频器上电运行正常。变频器出厂时连接外部故障信号的端子"THR"与"CM"之间应用短接片短接。因为本例中的这台变频器没有加装外保护，所以"THR"与"CM"端仍应短接。

案例 8 运行中欠电压"LU"故障并跳停。

故障现象：一台富士 FRN280G11-4CX 变频器在运行时显示欠电压"LU"故障信息，并跳停。

故障分析与处理：在启动大功率设备时，在同一电源上的其他两台富士 FRN5.5G11-4CX 变频器在运行时没有跳，唯独这台变频器在运行时跳停，显示欠电压"LU"故障信息。针对此现象，断电后，打开外壳，检查这台变频器的内部一、二次回路中压接线无松动现象；检查电动机接线盒内部接线无接触不良现象。上电后，检查变频器的设定参数，F14 的设定值为"1"（瞬停再启动不动作），修改变频器的设定参数 F14 的设定值为"3"（瞬停再启动动作），修改完变频器的设定参数后，再启动大功率设备，此变频器在运行时不再发生欠电压"LU"跳停故障。

案例 9 上电"LU"故障并跳停。

故障现象：一台富士 FRN18.5G11-4CX 变频器上电显示"LU"故障信息,并跳停。

故障分析与处理：经检查这台变频器的整流桥充电电阻都是好的，但是上电后没有听到接触器动作，因为这台变频器的充电回路不是利用晶闸管，而是靠接触器的吸合来完成限制充电电流过程的，所以认为故障可能出在接触器或控制回路及电源部分。拆掉接触器，单独加 24V 直流电，发现接触器工作正常。继而检查 24V 直流电源，经检查发现该电压是经过 LM7824 稳压管稳压后输出的。测量发现该稳压管已损坏，更换后，变频器上电工作正常。

案例 10 频繁跳停并显示"OLU"故障信息。

故障现象：一台富士 FRN11G11-4CX 变频器拖动一台 YL32S-6-7.5kW 电动机，投入运行时，跳停频繁，显示"OLU"故障信息。

故障分析与处理：现场检查机械部分盘车轻松，无堵转现象；参考其使用说明书，检查变频器的参数，经检查，偏置频率原设定为 3Hz，变频器在接到运行指令但未给出调频信号之前，电动机将一直接收 3Hz 的低频运行指令而无法启动。经测定，该电动机的堵转电流达到 50A。约为电动机额定电流的 3 倍，则变频器过载保护动作。修改变频器的参数后，将"偏置频率"恢复成出厂值，即修改偏置频率为 0Hz，再给变频器上电，则电动机启动、运行正常。

案例 11 上电后有放电声，过流故障并跳停。

故障现象：一台富士 G9S11kW 变频器上电后有放电声，显示过流故障信息，并跳停。

故障分析与处理：静态测量，初步判断逆变模块正常，整流模块损坏。再测量 PN 之间的反向电阻值，正常，初步认定直流负载无过载、短路现象。然后拆卸变频器，发现主电路有打火的痕迹，继而发现短接限流电阻的继电器触点打火后烧坏并连接在一起。这可能就是整流器损坏的原因所在。更换继电器及整流模块后，变频器上电运行正常。

案例 12　减速过程中过流故障并跳停。

故障现象：一台富士变频器在减速过程中显示过流故障信息，并跳停。

故障分析与处理：先静态测量，初步判断逆变模块正常，整流模块损坏。整流器损坏通常是由于直流负载过载、短路和元件老化引起的。再测量 PN 之间的反向电阻值（红表笔接 P，黑表笔接 N）为 150Ω（正常值应大于几十千欧），说明直流负载有过载现象。因已判断逆变模块正常，所以再检查滤波大电容、均压电阻也正常。检测发现制动开关元件损坏（短路），拆下制动开关元件后，检测 PN 间的电阻值正常。由此判断制动开关元器件的损坏可能是由于变频器的减速时间设定过短，制动过程中产生较大的制动电流而造成的，而整流模块会因长期处于过载状况下工作而损坏。更换制动开关元器件和整流模块，重新设定变频器的减速时间后，变频器上电运行正常。

案例 13　运行中欠压故障并跳停。

故障现象：一台富士变频器在运行中显示欠压故障信息，并跳停。

故障分析与处理：先静态检查，初步判断逆变模块正常，整流模块损坏。再打开变频器检查主电路，发现整流模块的三相输入端的 V 相有打火的痕迹。然后，通电变频器在轻负载运行下正常，当负载加到满载时，运行一会儿就显示欠压故障信息。初步认为整流模块自然老化损坏，即可能是由于变频器不断启动和停止，加上电网电压的不稳定或电压过高造成整流模块软击穿（即处于半导通状态，没有完全坏，低电流下还可运行）。更换整流模块后，变频器上电运行正常。

案例 14　过流故障并跳停。

故障现象：一台富士变频器显示过流故障信息，并跳停。

故障分析与处理：静态检查，初步判断整流模块正常，逆变模块损坏。因逆变模块损坏，所以首先检查驱动电路，未发现异常。再加上直流信号，检测驱动电路的输出信号，发现有一路驱动输出无负压值，而且其测量波形幅值明显大于其他五路波形的幅值。检测该路的滤波电容，正常，再检测稳压二极管 Z2，发现其损坏，导致 IGBT 因驱动信号电压过高而损坏。更换驱动电路的稳压二极管及 IGBT 模块后，变频器上电运行正常。

案例 15　出现"死机"现象。

故障现象：一台富士 5000G9S11kW 变频器，操作面板显示一个固定字符，不能操作，出现"死机"现象。

故障分析与处理：根据故障现象初步判断为 CPU 主板故障，上电测量，发现 CPU 的供电电源正常，CPU 的复位控制脚的静态电压也正常，强制复位法无效。当用烙铁加热晶振焊脚时，故障消失。更换晶振后，变频器上电运行正常。[A2]

## 小结

**重点难点：**

1. 变频器主电路的工作原理及其关键器件完好性判断。

2. 三菱变频器报警信息及其解决方案。

## 习题

1. 如何判断变频器滤波电解电容器的好坏？

2. 变频电源与变频器的区别是什么？

3. 变频调速时，为什么常采用恒压频比的控制方式？

4. 如果变频器出现温升过高报警，应该如何处理？

5. 变频器出现过电流报警，试分析故障原因与对策。

6. 简述变频器开关电源故障检修步骤及修理方法。

7. 变频器能用来驱动单相电机吗？可以使用单相电源吗？

8. 变频器出现过电压报警，试分析故障原因与对策。

第9章

# 步进驱动系统原理及应用

步进驱动系统包含步进电动机和步进驱动器（步进驱动电源）。步进电动机（stepping motor）是把电脉冲信号变换成角位移以控制转子转动的微特电动机，在自动控制装置中作为执行元件，每输入一个脉冲信号，步进电动机前进一步，故又称脉冲电动机。

步进电动机的驱动电源由变频脉冲信号源、脉冲分配器及脉冲放大器组成，由此驱动电源向电动机绕组提供脉冲电流。步进电动机的运行性能决定于电动机与驱动电源间的良好配合。

步进驱动系统多用于数字式计算机的外部设备，以及打印机、绘图机和磁盘等装置。

## 9.1 步进驱动系统的结构和工作原理

### 9.1.1 步进电动机简介

步进电动机是一种将电脉冲转化为角位移的执行机构，是一种专门用于速度和位置精确控制的特种电动机，它旋转是以固定的角度（称为步距角）一步一步运行的，故称步进电动机。一般电动机是连续旋转的，而步进电动机的转动是一步一步进行的。每输入一个脉冲电信号，步进电动机就转动一个角度。通过改变脉冲频率和数量，即可实现调速和控制转动的角位移大小，具有较高的定位精度，其最小步距角可达 0.36°，转动、停止、反转反应灵敏可靠。在开环数控系统中得到了广泛的应用。步进电动机的外形如图 9-1 所示。

图 9-1　步进电动机外形

（1）步进电动机的分类

步进电动机可分为：永磁式步进电动机、反应式步进电动机和混合式步进电动机。还有其他的分类方法。

（2）步进电动机的重要参数

① 步距角。它表示控制系统每发出一个步进脉冲信号，电动机所转动的角度。电动机

出厂时给出了一个步距角的值，这个步距角可以称之为"电动机固有步距角"，它不一定是电动机实际工作时的真正步距角，真正的步距角和驱动器有关。步距角满足如下公式：

$$\beta = 360°/ZKm$$

式中，$Z$ 为转子齿数；$m$ 为定子绕组相数；$K$ 为通电系数，当前后通电相数一致时 $K=1$，否则 $K=2$。

由此可见，步进电动机的转子齿数 $Z$ 和定子相数（或运行拍数）愈多，则步距角愈小，控制越精确。

② 相数。步进电动机的相数是指电动机内部的线圈组数，或者说产生不同对磁极 N、S 磁场的励磁线圈对数。常用 $m$ 表示。目前常用的有二相、三相、四相、五相、六相和八相等步进电动机。电动机相数不同，其步距角也不同，一般二相电动机的步距角为 0.9°/1.8°、三相的为 0.75°/1.5°、五相的为 0.36°/0.72°。在没有细分驱动器时，用户主要靠选择不同相数的步进电动机来满足自己步距角的要求。如果使用细分驱动器，则"相数"将变得没有意义，用户只需在驱动器上改变细分数，就可以改变步距角。

③ 拍数。指完成一个磁场周期性变化所需脉冲数或导电状态，用 $n$ 表示，或指电动机转过一个齿距角所需脉冲数，以四相电动机为例，有四相四拍运行方式即 AB-BC-CD-DA-AB，四相八拍运行方式即 A-AB-B-BC-C-CD-D-DA-A。步距角对应一个脉冲信号，电动机转子转过的角位移用$\theta$表示。$\theta=360°$/（转子齿数×运行拍数），以常规二、四相，转子齿为 50 齿电动机为例。四拍运行时步距角为 $\theta=360°$/（50×4）=1.8°（俗称整步），八拍运行时步距角为$\theta=360°$/（50×8）=0.9°（俗称半步）。

④ 保持转矩（holding torque）。保持转矩是指步进电动机通电但没有转动时，定子锁住转子的力矩。它是步进电动机最重要的参数之一，通常步进电动机在低速时的力矩接近保持转矩。由于步进电动机的输出力矩随速度的增大而不断衰减，输出功率也随速度的增大而变化，所以保持转矩就成为了衡量步进电动机最重要的参数之一。比如，当人们说 2N·m 的步进电动机，在没有特殊说明的情况下是指保持转矩为 2N·m 的步进电动机。

⑤ 钳制转矩（detent torque）。钳制转矩是指步进电动机在没有通电的情况下，定子锁住转子的力矩。由于反应式步进电动机的转子不是永磁材料，所以它没有钳制转矩。

⑥ 失步。电动机运转时运转的步数，不等于理论上的步数。

⑦ 失调角。转子齿轴线偏移定子齿轴线的角度，电动机运转必存在失调角，由失调角产生的误差，采用细分驱动是不能解决的。

⑧ 运行矩频特性。指电动机在某种测试条件下测得运行中输出力矩与频率关系的曲线。

（3）步进电动机的特点

① 一般步进电动机的精度为步进角的 3%～5%，且不累积。

② 步进电动机外表允许的最高温度取决于不同电动机磁性材料的退磁点。步进电动机温度过高时，会使电动机的磁性材料退磁，从而导致力矩下降乃至于失步，因此电动机外表允许的最高温度应取决于不同电动机磁性材料的退磁点。一般来讲，磁性材料的退磁点都在130℃以上，有的甚至高达 200℃以上，所以步进电动机外表温度在 80～90℃完全正常。

③ 步进电动机的力矩会随转速的升高而下降。当步进电动机转动时，电动机各相绕组的电感将形成一个反向电动势，频率越高，反向电动势越大。在它的作用下，电动机随频率（或速度）的增大相电流减小，从而导致力矩下降。步进电动机的矩频特性曲线如图 9-2 所示。

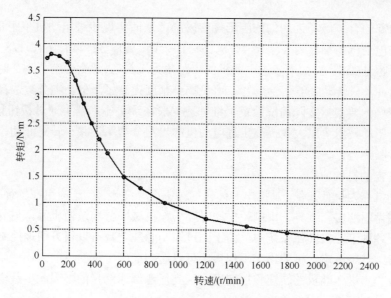

图 9-2 步进电动机矩频特性曲线

④ 步进电动机低速时可以正常运转，但若高于一定速度就无法启动，并伴有啸叫声。步进电动机有一个技术参数：空载启动频率，即步进电动机在空载情况下能够正常启动的脉冲频率，如果脉冲频率高于该值，电动机不能正常启动，可能发生丢步或堵转。步进电动机的起步速度一般在 10～100r/min，伺服电动机的起步速度一般在 100～300r/min，根据电动机大小和负载情况而定，大电动机一般对应较低的起步速度。

在有负载的情况下，启动频率应更低。如果要使电动机达到高速转动，脉冲频率应该有加速过程，即启动频率较低，然后按一定加速度升到所希望的高频（电动机转速从低速升到高速）。

⑤ 低频振动特性。步进电动机以连续的步距状态边移动边重复运转。其步距状态的移动会产生 1 步距响应。电动机驱动电压越高，电动机电流越大，负载越轻，电动机体积越小，则共振区向上偏移，反之亦然。步进电动机低速转动时振动和噪声大是其固有的缺点，克服两相混合式步进电动机在低速运转时的振动和噪声，可采取如下方法：

a. 通过改变减速比等机械传动避开共振区；

b. 采用带有细分功能的驱动器；

c. 换成步距角更小的步进电动机；

d. 选用电感较大的电动机；

e. 换成交流伺服电动机，几乎可以完全克服振动和噪声，但成本高；

f. 采用小电流、低电压来驱动；

g. 在电动机轴上加磁性阻尼器。

⑥ 中高频稳定性。电动机的固有频率估算值：

$$f_0 = \frac{1}{2\pi}\sqrt{\frac{Z_r T_k}{J}}$$

式中，$Z_r$ 为转子齿数；$T_k$ 为电动机负载转矩；$J$ 为转子转动惯量。

（4）步进电动机的细分

步进电动机的细分控制，从本质上讲是通过对步进电动机的励磁绕组中电流的控制，使步进电动机内部的合成磁场为均匀的圆形旋转磁场，从而实现步进电动机步距角的细分。

一般步进电动机的细分为 1、2、4、5、8、10、16、20、32、40、64、128 和 256 等，通常细分数不超过 256。例如当步进电动机的步距角为 1.8°，那么当细分为 2 时，步进电动机收到一个脉冲，只转动 1.8°/2=0.9°，可见控制精度提高了 1 倍。细分数选择要合理，并非细分越大越好，要根据实际情况而定。细分数一般在步进驱动器上通过拨钮设定。

采用细分驱动技术可以大大提高步进电动机的步距分辨率，减小转矩波动，避免低频共振及降低运行噪声。

（5）步进电动机的应用

步进电动机作为执行元件，是机电一体化的关键产品之一，广泛应用在各种家电产品中，如打印机、磁盘驱动器、玩具、雨刷、振动寻呼机、机械手臂和录像机等。另外步进电动机也广泛应用于各种工业自动化系统中。由于通过控制脉冲个数可以很方便地控制步进电动机转过的角位移，且步进电动机的误差不积累，可以达到准确定位的目的。还可以通过控制频率很方便地改变步进电动机的转速和加速度，达到任意调速的目的，因此步进电动机可以广泛的应用于各种开环控制系统中。

（6）步进电动机的历史

德国百格拉公司于 1973 年发明了五相混合式步进电动机及其驱动器；1993 年又推出了性能更加优越的三相混合式步进电动机。我国在 20 世纪 80 年代以前，一直是反应式步进电动机占统治地位，混合式步进电动机是 20 世纪 80 年代后期才开始发展的。

### 9.1.2 步进电动机的结构和工作原理

（1）步进电动机的构造

由转子（转子铁芯、永磁体、转轴、滚珠轴承），定子（绕组、定子铁芯），前后端盖等组成。最典型的两相混合式步进电动机的定子有 8 个大齿，40 个小齿，转子有 50 个小齿；三相电动机的定子有 9 个大齿，45 个小齿，转子有 50 个小齿。步进电动机构造如图 9-3 所示。步进电动机的定子如图 9-4 所示，步进电动机的转子如图 9-5 所示。

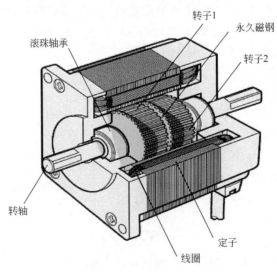

图 9-3　步进电动机构造

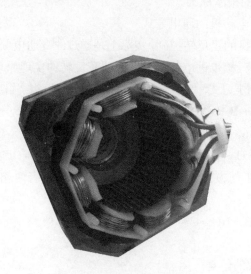 

图 9-4  步进电动机的定子　　　　　　　　图 9-5  步进电动机的转子

步进电动机的机座号主要有 35、39、42、57、86 和 110 等。

（2）步进电动机的工作原理

如图 9-6 所示是步进电动机的原理图，假设转子只有 2 个齿，而定子只有 4 个齿。当给 A 相通电时，定子上产生一个磁场，磁场的 S 极在上方，而转子是永久磁铁，转子磁场的 N 极在上方，如图由于定子 A 齿和转子的 1 齿对齐，所以定子 S 极和转子的 N 极相吸引（同理定子 N 极和转子的 S 极也相吸引），因此转子没有切向力，转子静止。接着，A 相绕组断电，定子的 A 相磁场消失，给 B 相绕组通电时，B 相绕组产生的磁场，将转子的位置吸引到 B 相的位置，因此转子齿偏离定子齿一个角度，也就是带动转子转动。

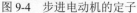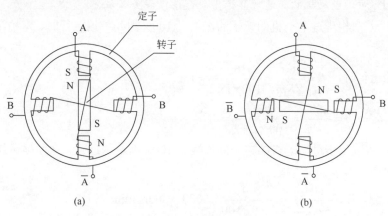

图 9-6  步进电动机的原理图

实际使用的步进电动机，定子的齿数在 40 个以上，而转子的齿数在 50 个以上，定子的齿数和转子的齿数不相等，这就产生了错齿现象。错齿直接造成磁力线扭曲，如图 9-7（a）所示，由于定子的励磁磁通力沿磁阻最小路径通过，因此对转子产生电磁吸力，迫使转子齿转动，当转子转到与定子齿对齐的位置时，如图 9-7（b）所示，因转子只受径向力而无切线力，故转矩为零，转子被锁定在这个位置上。

**171**

由此可见：错齿是促使步进电动机旋转的根本原因。

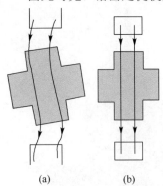

图 9-7　步进电动机的错齿与旋转

（3）步进电动机的通电方式

步进电动机的正反转控制，实际上是通过改变通电顺序实现的，以下以三相步进电动机为例说明正反转的实现原理。

① 单相通电方式。"单"指每次切换前后只有一相绕组通电。

正转：A→B→C→A 时，转子按顺时针方向一步一步转动，参考图 9-6。

反转：A→C→B→A 时，转子按逆时针方向一步一步转动。

② 双拍工作方式。"双"是指每次切换前后有两相绕组通电。

正转：AB→BC→CA→AB。

反转：AC→CB→BA→AC。

③ 单、双拍工作方式。即两种通电方式的组合应用。

正转：A→AB→B→BC→C→CA→A。

反转：A→AC→C→CB→B→BA→A。

当定子控制绕组按着一定顺序不断地轮流通电时，步进电动机就持续不断地旋转。如果电脉冲的频率为 $f$（Hz），步距角用弧度表示，则步进电动机的转速为：

$$n = 60\frac{\beta f}{2\pi} = 60\frac{\dfrac{2\pi}{KmZ}f}{2\pi} = \frac{60}{KmZ}f$$

式中，$Z$ 为转子齿数；$m$ 为定子绕组相数；$K$ 为通电系数，当前后通电相数一致时 $K=1$，否则 $K=2$，$f$ 是电脉冲的频率。

【关键点】　步进电动机的转速计算很重要，请读者务必注意。

【例 9-1】　若两相步进电动机的转子的齿数是 100，则其单拍运行时、双拍运行时的步距角是多少？

解：单拍运行时：$\beta = \dfrac{360^{\circ}}{ZKm} = \dfrac{360^{\circ}}{100 \times 1 \times 2} = 1.8^{\circ}$

双拍运行时：$\beta = \dfrac{360^{\circ}}{ZKm} = \dfrac{360^{\circ}}{100 \times 2 \times 2} = 0.9^{\circ}$

【例 9-2】　若五相步进电动机的转子的齿数是 100，则双拍运行，脉冲频率是 5000Hz 时，电动机运转速度是多少？

解：$n = \dfrac{60}{KmZ}f = \dfrac{60}{2 \times 5 \times 100} \times 5000 = 300\text{r}/\text{min}$

## 9.1.3　步进驱动器工作原理

（1）步进驱动器简介

步进驱动器的外形如图 9-8 所示。步进驱动器是一种能使步进电动机运转的功率放大器，能把控制器发来的脉冲信号转化为步进电动机的角位移，电动机的转速与脉冲频率成正比，所以控制脉冲频率可以精确调速，控制脉冲数就可以精确定位。一个完整的步进驱动系统如

图 9-9 所示。控制器（通常是 PLC）发出脉冲信号和方向信号，步进驱动器接收这些信号，先进行环形分配和细分，然后进行功率放大，变成安培级的脉冲信号发送到步进电动机，从而控制步进电动机的速度和位移。可见：步进驱动器的最重要的功能是环形分配和功率放大。

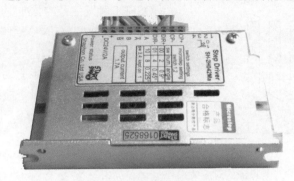

图 9-8 步进驱动器外形

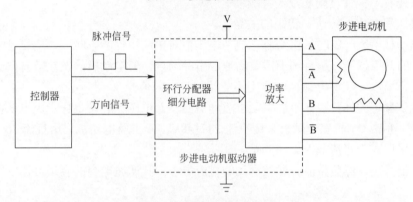

图 9-9 步进驱动系统框图

（2）步进驱动器电路

① 步进驱动电路的组成。步进驱动器的电路由五部分组成，分别是脉冲混合电路、加减脉冲分配电路、加减速电路、环形分配器和功率放大器，电路组成如图 9-10 所示。

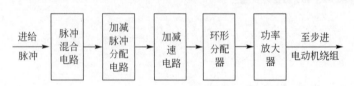

图 9-10 步进驱动器的电路组成

a．脉冲混合电路。将脉冲进给、手动进给、手动回原点、误差补偿等混合为正向或负向脉冲进给信号。

b．加减脉冲分配电路。将同时存在正向或负向脉冲合成为单一方向的进给脉冲。

c．加减速电路。将单一方向的进给脉冲调整为符合步进电动机加减速特性的脉冲，频率的变化要平稳，加减速具有一定的时间常数。

d．环形分配器。将来自加减速电路的一系列进给脉冲转换成控制步进电动机定子绕组通、断电的电平信号，电平信号状态的改变次数、顺序和进给脉冲的个数及方向对应。

e．功率放大器。将环形分配器输出的毫安级电流进行功率放大，一般由前置放大器和功率放大器组成。

② 步进电动机的驱动。步进电动机的驱动分为以下几种形式。

a. 恒流驱动。恒流控制的基本思想是通过控制主电路中 MOSFET 的导通时间，即调节 MOSFET 触发信号的脉冲宽度，来达到控制输出驱动电压进而控制电动机绕组电流的目的。恒流斩波驱动的电压与电流的对应关系如图 9-11 所示。

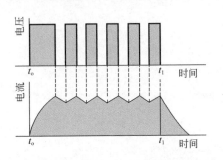

b. 微步驱动。微步驱动技术是一种电流波形控制技术。其基本思想是控制每相绕组电流的波形，使其阶梯上升或下降，即在 0 和最大值之间给出多个稳定的中间状态，定子磁场的旋转过程中也就有了多个稳定的中间状态，对应于电动机转子旋转的步数增多、步距角减小。

图 9-11 恒流斩波驱动的电压与电流的对应关系

此外，还有单极性驱动和双击性驱动。

（3）电压和电流与转速、转矩的关系

步进电动机电流一定时，供给驱动器的电压值对电动机性能影响大，电压越高，步进电动机能产生的力矩越大，越有利于需要高速应用的场合，但电动机的发热随着电压、电流的增加而加大，所以要注意电动机的温度不能超过最大限值。

一个可供参考的经验值，步进电动机驱动器的输入电压一般设定在步进电动机额定电压的 3～25 倍。通常，57 机座电动机采用直流 24～48V，86 机座电动机采用直流 36～70V，110 机座电动机采用高于直流 80V。

对变压器降压，然后整流、滤波得到的直流电源，其滤波电容的容量可按以下工程经验公式选取：

$$C=8000\frac{I}{U} \quad (\mu F)$$

式中，$I$ 为绕组电流，A；$U$ 为直流电源电压，V。

# 9.2　步进电动机的选型

步进电动机的选择主要含三个方面的内容，即电动机最大速度选择、电动机定位精度选择和电动机力矩选择，以下分别介绍。

## 9.2.1　步进电动机最大速度选择

步进电动机最大速度一般在 600～1200r/min。而交流伺服电动机额定速度一般在 3000r/min，最大转速为 5000r/min。机械传动系统要根据此参数设计。

## 9.2.2　步进电动机定位精度的选择

机械传动比确定后，可根据控制系统的定位精度选择步进电动机的步距角及驱动器的细分等级。一般选电动机的一个步距角对应于系统定位精度的 1/2 或更小。也就是说，如果精度要求是 1.8°，那要求步进电动机步距角小于或等于 0.9°。

【关键点】　当细分等级大于 1/4 后，步距角的精度不能保证。伺服电动机编码器的分辨率选择：分辨率要比定位精度高一个数量级。

### 9.2.3 步进电动机力矩选择

步进电动机的动态力矩一下子很难确定，往往先确定电动机的静力矩。静力矩选择的依据是电动机工作的负载，而负载可分为惯性负载和摩擦负载两种。直接启动时（一般由低速）时，两种负载均要考虑，加速启动时主要考虑惯性负载，恒速运行时只要考虑摩擦负载。一般情况下，静力矩应为摩擦负载的2～3倍比较合适，静力矩一旦选定，电动机的机座及长度便能确定下来（几何尺寸）。

步进电动机的力矩选择按照如下几个步骤完成。

（1）转动惯量计算

物体转动惯量的计算公式：

$$J = \int r^2 \rho \mathrm{d}V$$

式中，$\mathrm{d}V$ 为体积元；$\rho$ 为物体密度；$r$ 为体积元与转轴的距离。转动惯量的单位为 $\mathrm{kg \cdot m^2}$。使用以上公式计算转动惯量需要有一定的高等数学计算能力。转动惯量的详细计算，读者可以参考理论力学（或者工程力学）类参考书。步进电动机的转子是圆柱体，其转动惯量计算公式为：$J = \dfrac{1}{2}mr^2 = \dfrac{1}{2}\rho V r^2$。

下面介绍几种常见的典型机构的转动惯量计算方法。

① 滚珠丝杠。滚珠丝杠和可动部分的示意图如图 9-12 所示。

滚珠丝杠和可动部分的转动惯量的计算公式如下：

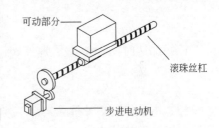

图 9-12 滚珠丝杠和可动部分的示意图

$$J = W\left(\frac{1}{2} \times \frac{BP}{10^3}\right)^2 GL^2$$

式中，$W$ 为可动部分总质量，kg；$BP$ 为丝杠螺距，mm；$GL$ 为减速比。

② 齿条和小齿轮、传送带。齿条和小齿轮、传送带的示意图如图 9-13 所示。

齿条和小齿轮、传送带的转动惯量的计算公式如下：

$$J = W\left(\frac{1}{2} \times \frac{D}{10^3}\right)^2 GL^2$$

式中，$W$ 为可动部分总质量，kg；$D$ 为小齿轮直径，mm；$GL$ 为减速比。

③ 旋转体、转盘。旋转体、转盘的示意图如图 9-14 所示。

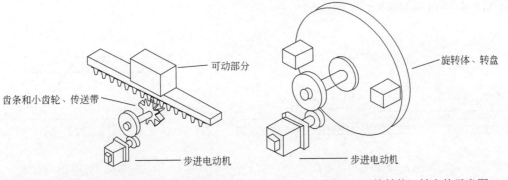

图 9-13 齿条和小齿轮、传送带的示意图　　　　图 9-14 旋转体、转盘的示意图

旋转体、转盘的转动惯量的计算公式如下:

$$J=\left[J_1+W\left(\frac{L}{10^3}\right)\right]^2 GL^2$$

式中，$J_1$ 为转盘的惯性矩；$W$ 为转盘上物体的质量，kg；$L$ 为物质与旋转轴的距离，mm；$GL$ 为减速比。

（2）角加速度计算

控制系统要定位准确，物体运动必须有加减速过程，如图 9-15 所示。

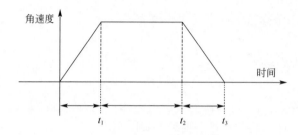

图 9-15 物体加减速过程

已知加速时间 $\Delta t$、最大速度 $\omega_{max}$，可得电动机的角加速度：

$$\varepsilon=\frac{\omega_{max}}{\Delta t}\quad(\text{rad}/\text{s}^2)$$

（3）电动机力矩计算

力矩计算公式为：

$$T=(J\varepsilon+T_L)/\eta$$

式中，$T_L$ 为系统外力折算到电动机上的力矩；$\eta$ 为传动系统的效率；$\varepsilon$ 为角加速度；$J$ 为步进电动机转子转动惯量。

【例 9-3】 已知：直线平台水平往复运动，最大行程 $L=400\text{mm}$，同步带传动；往复运动周期为 $T=4\text{s}$；重复定位误差 0.05mm；平台运动质量 $M=10\text{kg}$，无外力作用。请确定步进电动机型号、同步带轮直径、最大细分数。机械系统示意图如图 9-16 所示。

**解：** ① 运动学计算。平均速度为：

$$\bar{v}=0.4/2=0.2\text{ m/s}$$

设加速时间为 0.1 s（步进电动机一般取加速时间为 0.1～1s，伺服电动机一般取加速时间为 0.05～0.5s)，则加减速时间共为 0.2 s，且加减速过程的平均速度为最大速度的一半。本例的速度-时间曲线如图 9-17 所示。

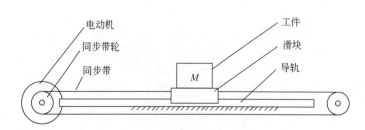

图 9-16 机械系统的示意图

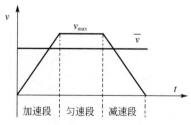

图 9-17 速度-时间曲线

故位移为：$L=0.2v_{max}/2+1.8v_{max}=0.4$ m

最大速度为：$v_{max}=0.4/(0.2/2+1.8)=0.211$ m/s

所以，加速度为：

$$a = \frac{\Delta v}{\Delta t} = \frac{0.211-0}{0.1} = 2.11 \text{ m/s}^2$$

② 动力学计算。同步带上需要拉力：$F=Ma+f$

摩擦力：$f=\mu Mg$

设导轨摩擦系数 $\mu=0.1$

则摩擦：$f=0.1\times10\times9.8=9.8$ N

惯性力：$F_1=Ma=10\times2.11=21.1$ N

故同步带上要有拉力 $F=F_1+f=21.1+9.8=30.9$ N

③ 选择同步带直径 $D$ 和步进电动机细分数 $m$。

设同步带直径 $D=30$ mm

周长为 $C=3.14D=3.14\times30 = 94.2$ mm

核算定位精度：脉冲当量 $\delta=C/(200m) < 0.05$

$m > C/(200\times0.05)= 94.2/(200\times0.05) = 9.42$

核算最大转速：$n_{max}=v_{max}/C=0.211/(94.2/1000)=2.24$ r/s

显然，细分数太大，最大转速太低。

但是，同步带直径也不可能小 2 倍，所以只能增加一级减速，作如下修正：

第 2 级主动轮直径仍取：$d_3=30$ mm

第 1 级主动轮直径取：$d_1=25$ mm

减速比取 $i=1:3$

则第 1 级从动轮直径取：$d_2=75$ mm

电动机最大转速为：$n_{max}=3v_{max}/C=6.72$ r/s

驱动器细分数：$m > C/(200\times0.05/i)=3.14$，因此取 4 细分就很合适了。

实际脉冲当量：$\delta = C/(200m/i)=0.04$ mm

④ 计算电动机力矩，选择电动机型号。

第 2 级主动轮上的力矩：$T_2=Fd_3/2$

第 1 级主动轮上，即电动机轴上的力矩：$T_1=T_2i=Fd_3/2i=0.155$ N·m

由于没有考虑同步带的效率、导轨和滑块装配误差造成的摩擦、同步带轮的摩擦和转动惯量等因素，同时，步进电动机在高速时转矩要大幅度下降，所以，取安全系数为 3 比较保险。

故电动机力矩 $T_0=0.155\times3=0.465$ N·m

选 57HS09 即可，其静力矩为 0.9 N·m。和 57HS09 类似的电动机矩频特性如图 9-18 所示。

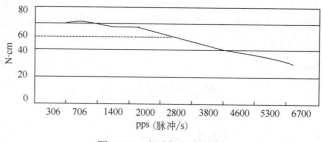

图 9-18  电动机矩频特性

如果选定为 2 细分（半步）：

最大转速 $n_{max} = 403$ r/min 时，当量脉冲为 2687pps，此时，$T = 50$ N·cm = 0.5 N·m。

# 9.3  步进驱动系统的应用

### 9.3.1  直接使用 PLC 的高速输出点控制步进电动机

（1）高速脉冲输出指令介绍

高速脉冲输出功能即在 PLC 的指定输出点上实现脉冲输出（PTO）和脉宽调制（PWM）功能。S7-200 系列 PLC 配有两个 PTO/PWM 发生器，它们可以产生一个高速脉冲串或者一个脉冲调制波形。一个发生器输出点是 Q0.0，另一个发生器输出点是 Q0.1。当 Q0.0 和 Q0.1 作为高速输出点时，其普通输出点被禁用，而当不作为 PTO/PWM 发生器时，Q0.0 和 Q0.1 可作为普通输出点使用。一般情况下，PTO/PWM 输出负载至少为 10% 的额定负载。

脉冲输出指令（PLS）配合特殊存储器用于配置高速输出功能，PLS 指令格式见表 9-1。

表 9-1  PLS 指令格式

| LAD | 说　明 | 数　据　类　型 |
| --- | --- | --- |
| PLS<br>EN　ENO<br>Q0.X | Q0.X：脉冲输出范围，为 0 时 Q0.0 输出，为 1 时 Q0.1 输出 | WORD |

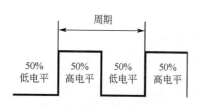

图 9-19  脉冲串输出

脉冲串操作（PTO）按照给定的脉冲个数和周期输出一串方波（占空比 50%，如图 9-19 所示）。PTO 可以产生单段脉冲串或者多段脉冲串（使用脉冲包络）。可以微秒或毫秒为单位指定脉冲宽度和周期。

PTO 脉冲个数范围为 1～4294967295，周期为 10～65 535μs 或者 2～65535ms。

（2）与 PLS 指令相关的特殊寄存器的含义

如果要装入新的脉冲数（SMD72 或 SMD82）、脉冲宽度（SMW70 或 SMW80）和周期（SMW68 或 SMW78），应该在执行 PLS 指令前装入这些值和控制寄存器，然后 PLS 指令会从特殊存储器 SM 中读取数据，并按照存储数值控制 PTO/PWM 发生器。这些特殊寄存器分为三大类：PTO/PWM 功能状态字、PTO/PWM 功能控制字和 PTO/PWM 功能寄存器。这些寄存器的含义见表 9-2～表 9-4。

表 9-2　PTO 控制寄存器的 SM 标志

| Q0.0 | Q0.1 | 控 制 字 节 |
|---|---|---|
| SM67.0 | SM77.0 | PTO/PWM 更新周期值（0=不更新，1=更新周期值） |
| SM67.1 | SM77.1 | PWM 更新脉冲宽度值（0=不更新，1=脉冲宽度值） |
| SM67.2 | SM77.2 | PTO 更新脉冲数（0=不更新，1=更新脉冲数） |
| SM67.3 | SM77.3 | PTO/PWM 时间基准选择（0=1μs/格，1=1ms/格） |
| SM67.4 | SM77.4 | PWM 更新方法（0=异步更新，1=同步更新） |
| SM67.5 | SM77.5 | PTO 操作（0=单段操作，1=多段操作） |
| SM67.6 | SM77.6 | PTO/PWM 模式选择（0=选择 PTO，1=选择 PWM） |
| SM67.7 | SM77.7 | PTO/PWM 允许（0=禁止，1=允许） |

表 9-3　其他 PTO/PWM 寄存器的 SM 标志

| Q0.0 | Q0.1 | 控 制 字 节 |
|---|---|---|
| SMW68 | SMW78 | PTO/PWM 周期值（范围：2～65535） |
| SMW70 | SMW80 | PWM 脉冲宽度值（范围：0～65535） |
| SMD72 | SMD82 | PTO 脉冲计数值（范围：1～4294967295） |
| SMB166 | SMB176 | 进行中的段数（仅用在多段 PTO 操作中） |
| SMW168 | SMW178 | 包络表的起始位置，用从 V0 开始的字节偏移表示（仅用在多段 PTO 操作中） |
| SMB170 | SMB180 | 线性包络状态字节 |
| SMB171 | SMB181 | 线性包络结果寄存器 |
| SMD172 | SMD182 | 手动模式频率寄存器 |

表 9-4　PTO/PWM 控制字节参考

| 控制寄存器（十六进制） | 允 许 | 执行 PLS 指令的结果 | | | | |
|---|---|---|---|---|---|---|
| | | 模式选择 | PTO 段操作 | 时基 | 脉冲数 | 周期 |
| 16#81 | Yes | PTO | 单段 | 1μs/周期 | | 装入 |
| 16#84 | Yes | PTO | 单段 | 1μs/周期 | 装入 | |
| 16#85 | Yes | PTO | 单段 | 1μs/周期 | 装入 | 装入 |
| 16#89 | Yes | PTO | 单段 | 1ms/周期 | | 装入 |
| 16#8C | Yes | PTO | 单段 | 1ms/周期 | 装入 | |
| 16#A0 | Yes | PTO | 单段 | 1ms/周期 | 装入 | 装入 |
| 16#A8 | Yes | PTO | 单段 | 1ms/周期 | | |

使用 PTO/PWM 功能相关的特殊存储器 SM 还有以下几点需要注意。

① 如果要装入新的脉冲数（SMD72 或 SMD82）、脉冲宽度（SMW70 或 SMW80）或者周期（SMW68 或 SMW78），应该在执行 PLS 指令前装入这些数值到控制寄存器。

② 如果要手动终止一个正在进行的 PTO 包络，要把状态字中的用户终止位（SM66.5 或者 SM76.5）置 1。

③ PTO 状态字中的空闲位（SM66.7 或者 SM76.7）标志着脉冲输出完成。另外，在脉冲串输出完成时，可以执行一段中断服务程序。如果使用多段操作时，可以在整个包络表完成后执行中断服务程序。

（3）用一个实例说明 S7-200 系列 PLC 的高速输出点控制步进电动机的方法

【例 9-4】　某设备上有 1 套步进驱动系统，步进驱动器的型号为 SH-2H042Ma，步进电动机的型号为 17HS111，是两相四线直流 24V 步进电动机，要求：压下按钮 SB1 时，步进电

动机带动 $X$ 方向的机构复位，当 $X$ 方向靠近接近开关 SQ1 时停止，复位完成。请画出 I/O 接线图并编写程序。

**解：** 方法一：

① 主要软硬件配置。

a．1 套 STEP7-Micro/WIN V4.0。

b．1 台型号为 17HS111 的步进电动机。

c．1 台型号为 SH-2H042Ma 的步进驱动器。

d．1 台 CPU226CN。

② 步进电动机与步进驱动器的接线。本系统选用的步进电动机是两相四线的步进电动机，其型号是 17HS111，这种型号的步进电动机的出线接线图如图 9-20 所示。其含义是：步进电动机的 4 根引出线分别是红色、绿色、黄色和蓝色。其中红色引出线应该与步进驱动器的 A+接线端子相连，绿色引出线应该与步进驱动器的 A−接线端子相连，黄色引出线应该与步进驱动器的 B+接线端子相连，蓝色引出线应该与步进驱动器的 B−接线端子相连。

③ PLC 与步进电动机、步进驱动器的接线。步进驱动器有共阴和共阳两种接法，这与控制信号有关系，通常西门子 PLC 输出信号是+24V 信号（即 PNP 接法），所以应该采用共阴接法，所谓共阴接法就是步进驱动器的 DIR−和 CP−与电源的负极短接，如图 9-20 所示。三菱 PLC 输出的是低电位信号（即 NPN 接法），因此应该采用共阳接法。

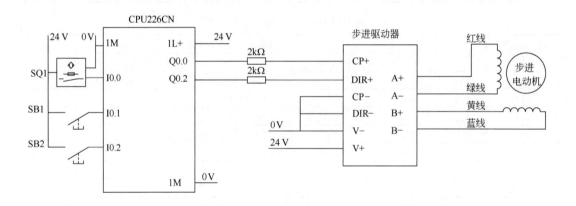

图 9-20 PLC 与驱动器和步进电动机接线图

PLC 不能直接与步进驱动器相连接。这是因为步进驱动器的控制信号是+5V，而西门子 PLC 的输出信号是+24V，显然是不匹配的。解决问题的办法就是在 PLC 与步进驱动器之间串联一只 2kΩ 的电阻，起分压作用，因此输入信号近似等于+5V。有的资料指出串联一只 2kΩ 的电阻是为了将输入电流控制在 10mA 左右，也就是起限流作用，在这里电阻的限流或分压作用的含义在本质上是相同的。CP+（CP−）是脉冲接线端子，DIR+（DIR−）是方向控制信号接线端子。有的步进驱动器只能接"共阳接法"，如果使用西门子 S7-200 系列 PLC 控制这种类型的步进驱动器，不能直接连接，必须将 PLC 的输出信号进行反相。另外，还应注意，输入端的接线采用是 PNP 接法，因此两只接近开关是 PNP 型，若选用的是 NPN 型接近开关，那么接法就不同。

④ 程序编写。编好的程序如图 9-21 所示。

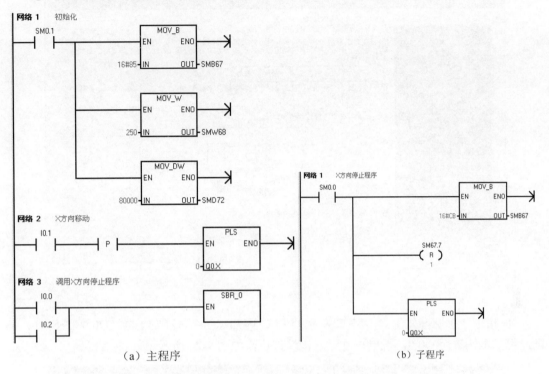

图 9-21 例 9-4 程序（方法一）

【关键点】 编写这段程序关键点在于初始化和强制使步进电动机停机而对 SMB67 的设定，其核心都在对 SMB67 寄存器的理解。其中，SMB67=16#85 的含义是 PTO 允许、选择 PTO 模式、单段操作、时间基准为微秒、PTO 脉冲更新和 PTO 周期更新，SMB67=16#CB 的含义是 PTO 禁止、选择 PTO 模式、单段操作、时间基准为微秒、PTO 脉冲不更新和 PTO 周期不更新。

若读者不想在输出端接分压电阻，那么在 PLC 的 1L+接线端子上接+5V DC 也是可行的，但产生的问题是本组其他输出信号都为+5V DC，因此读者在设计时要综合考虑利弊，从而进行取舍。

方法二：

对于初学者，大多感觉利用 PLC 的高速输出点对步进电动机进行运动控制比较麻烦，特别是控制字不容易理解。幸好西门子的软件设计师早已经考虑到了这些，STEP7-MicroWIN 软件中提供了位置控制向导，利用位置控制向导，读者就很容易编写程序了。以下将具体介绍这种方法。

① 激活"位置控制向导"。打开 STEP 7 软件，在主菜单"工具"中选中"位置控制向导"子菜单，并单击，弹出装置选择界面，如图 9-22 所示。

② 装置选择。S7-22X 系列 PLC 内部有两个装置可以配置，一个是机载 PTO/PWM 发生器，一个是 EM253 位置模块，位置控制向导允许配置以下两个装置中的任意一个装置。很

显然，本例选择"PTO/PWM 发生器"，如图 9-22 所示的"1"处，再单击"下一步"按钮。

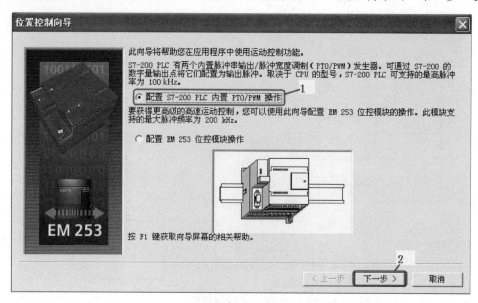

图 9-22　装置选择

③ 指定一个脉冲发生器。S7-22X 系列 PLC 内部有两个脉冲发生器（Q0.0 和 Q0.1）可供选用，本例选用 Q0.0，再单击"下一步"按钮，如图 9-23 所示。

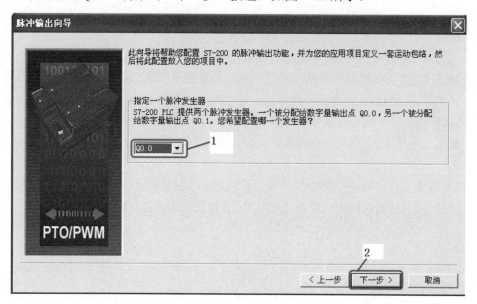

图 9-23　指定一个脉冲发生器

④ 选择 PTO 或 PWM，并选择时间基准。可选择 Q0.0 为脉冲串输出（PTO）或脉冲宽度调制（PWM）配置脉冲发生器，对于本例，控制步进电动机，应该选择"脉冲串输出（PTO）"，再单击"下一步"按钮，如图 9-24 所示。

⑤ 指定电动机速度。MAX_SPEED：在电动机转矩能力范围内输入应用的最佳工作速度。驱动负载所需的转矩由摩擦力、惯性和加 / 减速时间决定。位置控制向导会计算和显示

由位控模块指定的 MAX_SPEED 所能够控制的最低速度。

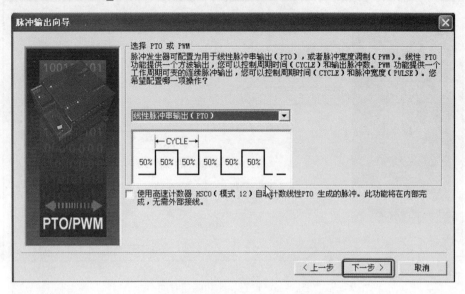

图 9-24　选择 PTO 或 PWM 模式

SS_SPEED：在电动机的能力范围内输入一个数值，以低速驱动负载。如果 SS_SPEED 数值过低，电动机和负载可能会在运动开始和结束时颤动或跳动。如果 SS_SPEED 数值过高，电动机可能在启动时失步，并且在尝试停止时，负载可能使电动机不能立即停止而多行走一段。

如图 9-25 所示，在"1"和"3"处输入最大速度、启动速度和停止速度，再单击"下一步"按钮。

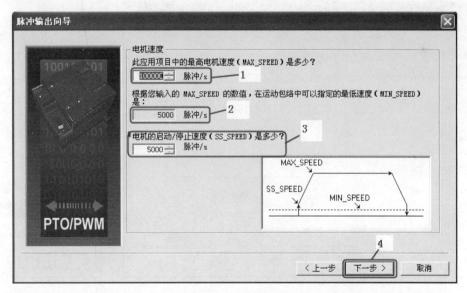

图 9-25　指定电动机速度

⑥ 设置加速和减速时间。ACCEL_TIME（加速时间）：电动机从 SS_SPEED 加速至 MAX_SPEED 所需要的时间，默认值=1000 ms（1s），本例选默认值，如图 9-26 所示的"1"处。

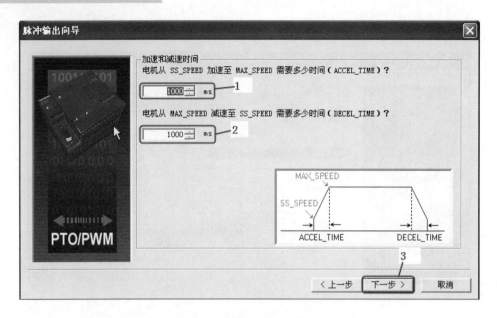

图 9-26　设置加速和减速时间

DECEL_TIME（减速时间）：电动机从 MAX_SPEED 减速至 SS_SPEED 所需要的时间，默认值=1000 ms（1s），本例选默认值，如图 9-26 所示的"2"处。再单击"下一步"按钮。

⑦ 定义每个已配置的轮廓。先单击如图 9-27 所示的"新包络"，弹出"定义每个已配置的轮廓（二）"，如图 9-28 所示，单击"是"按钮，弹出"定义每个已配置的轮廓（三）"，如图 9-29 所示。

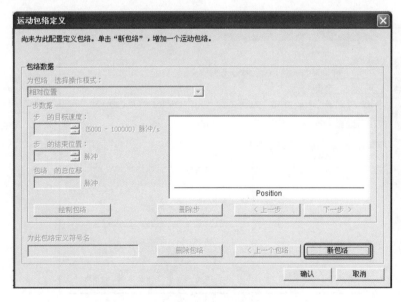

图 9-27　定义每个已配置的轮廓（一）

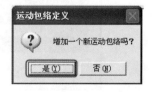

图 9-28　定义每个已配置的轮廓（二）

先选择"操作模式"，如图 9-29 所示的"1"处，根据操作模式（相对位置或单速连续旋转）配置此轮廓。再在"2"处和"3"处输入目标速度和结束位置脉冲，接着单击"绘制包络"按钮，包络线生成，最后单击"确认"按钮。

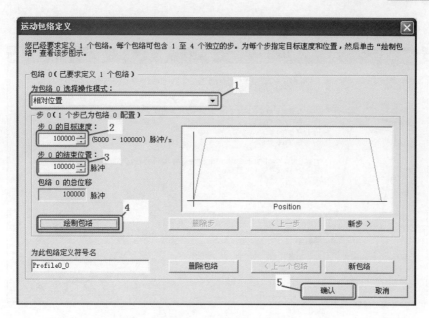

图 9-29　定义每个已配置的轮廓（三）

⑧ 设定轮廓数据的起始 V 内存地址。PTO 向导在 V 内存中以受保护的数据块页形式生成 PTO 轮廓模板，在编写程序时不能使用 PTO 向导已经使用的地址，此地址段可以系统推荐，也可以人为分配，人为分配的好处是 PTO 向导占用的地址段可以避开读者习惯使用的地址段。设定轮廓数据的起始 V 内存地址如图 9-30 所示，本例设置为"VB1000"，再单击"下一步"按钮。

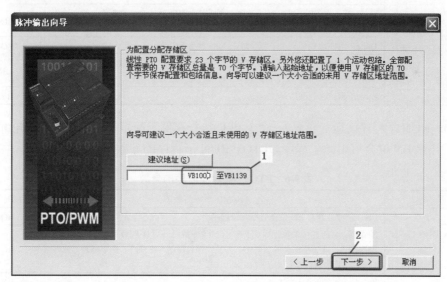

图 9-30　设定轮廓数据的起始 V 内存地址

⑨ 生成程序代码。最后单击"完成"按钮可生成子程序，如图 9-31 所示。至此，PTO 向导的设置工作已经完成，后续工作就是在编程时使用这些生成的子程序。

⑩ 子程序简介。PTOx_CTRL 子程序：（控制）启用和初始化与步进电动机或伺服电动机合用的 PTO 输出，在程序中只使用一次，并且确定在每次扫描时得到执行。始终用 SM0.0

作为 EN 的输入。PTOx_CTRL 子程序的参数见表 9-5。

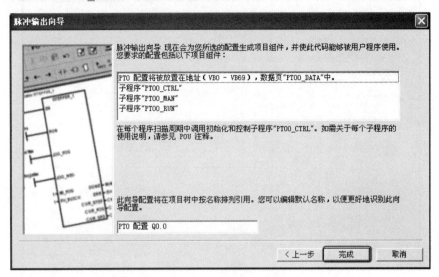

图 9-31　生成程序代码

表 9-5　PTOx_CTRL 子程序的参数

| 子　程　序 | 各输入/输出参数的含义 | 数据类型 |
|---|---|---|
| PTOx_CTRL<br>EN<br>I_STOP<br>D_STOP<br>　　Done<br>　　Error<br>　　C_Pos | EN：使能 | BOOL |
| | I_STOP：立即停止，当此输入为低时，PTO 功能会正常工作。当此输入变为高时，PTO 立即终止脉冲的发出 | BOOL |
| | D_STOP：表示减速停止，当此输入为低时，PTO 功能会正常工作。当此输入变为高时，PTO 会产生将电动机减速至停止的脉冲串 | BOOL |
| | Done：当完成任何一个子程序时，Done 参数会开启 | BOOL |
| | C_Pos：如果 PTO 向导的 HSC 计数器功能已启用，C_Pos 参数包含用脉冲数目表示的模块 | DINT |
| | Error：出错时返回错误代码 | BYTE |

PTOx_RUN 子程序（运行轮廓）：命令 PLC 执行存储于配置 / 轮廓表的特定轮廓中的运动操作。开启 EN 位会启用此子程序。PTOx_RUN 子程序的参数见表 9-6。

表 9-6　PTOx_RUN 子程序的参数

| 子　程　序 | 各输入/输出参数的含义 | 数据类型 |
|---|---|---|
| PTOx_RUN<br>EN<br>START<br>Profile　　Done<br>Abort　　Error<br>　　C_Profile<br>　　C_Step<br>　　C_Pos | EN：使能，开启 EN 位会启用此子程序 | BOOL |
| | START：发起轮廓的执行。对于在 START 参数已开启且 PTO 当前不活动时的每次扫描，此子程序会激活 PTO。为了确保仅发送一个命令，应以脉冲方式开启 START 参数 | BOOL |
| | Profile：运动轮廓指定的编号或符号名 | BYTE |
| | Abort：命令位控模块停止当前轮廓并减速至电动机停止 | BOOL |
| | C_Profile：包含位控模块当前执行的轮廓 | BYTE |
| | C_Step：包含目前正在执行的轮廓步骤 | BYTE |
| | Done：当完成任何一个子程序时，Done 参数会开启 | BOOL |
| | C_Pos：如果 PTO 向导的 HSC 计数器功能已启用，C_Pos 参数包含用脉冲数目表示的模块 | DINT |
| | Error：出错时返回错误代码 | BYTE |

⑪ 编写程序。使用了位置控制向导，编写程序就比较简单，但必须搞清楚三个子程序的使用方法，这是编写程序的关键，梯形图如图 9-32 所示。

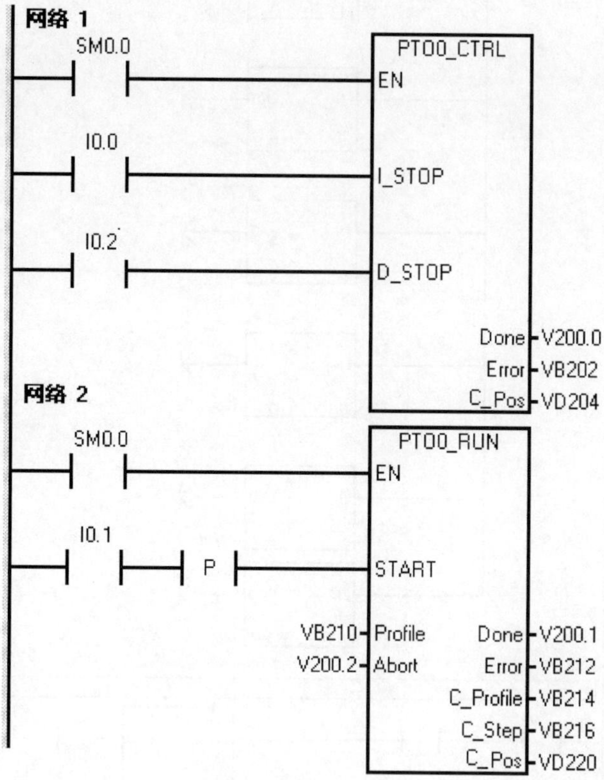

图 9-32　例 9-4 程序（方法二）

【关键点】 利用指令向导编写程序，其程序简洁、容易编写，特别是控制步进电动机加速启动和减速停止，显得非常方便，且能很好地避开步进电动机失步。

### 9.3.2　用西门子 S7-200 控制步进电动机的调速

对于 S7-200 系列 PLC，脉冲周期存在于特殊寄存器 SMW68 中，因此要改变步进电动机的转速，必须改变 SMW68 中的脉冲频率。但并不是改变了 SMW68 中的脉冲频率，步进电动机的转速就会随之改变，因为步进电动机的转速改变，除了改变 SMW68 中的脉冲频率外，还必须是 PLC 把所有的脉冲发送完成才可以改变。因此，为了使步进电动机的转速立即改变，在改变 SMW68 中的脉冲频率之前，必须先将步进电动机停止，这是至关重要的。以下用一个例子讲解步进电动机的调速。

【例 9-5】 已知步进电动机的步距角是 1.8°，默认情况细分为 4，默认转速为 375r/min，转速的设定在触摸屏中进行，驱动器的细分修改后，触摸屏中的 VW2 也要随之修改。

解：本例的默认转速 375 r/min 存放在 VW0 中，细分数存放在 VW2 中，新的转速存放在 VW40 中。细分为 4，则步进电动机的转速实际降低到原来的 1/4。程序如图 9-33 所示。

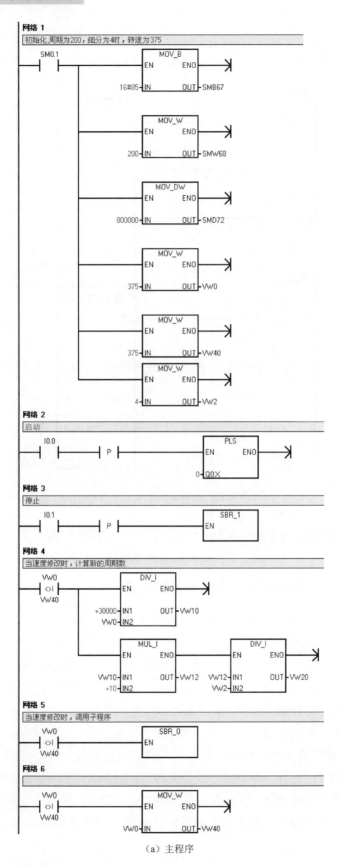

（a）主程序

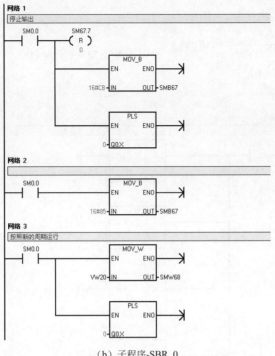

（b）子程序-SBR_0

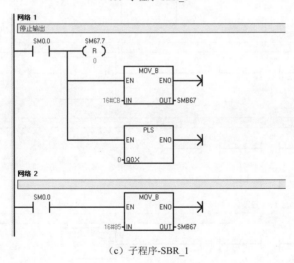

（c）子程序-SBR_1

图 9-33　例 9-5 程序

### 9.3.3　步进电动机的正反转

（1）步进电动机的正反转原理

如图 9-20 所示，当 Q0.2 为高电平时步进电动机反转，当 Q0.2 为低电平时步进电动机正转，深层原理在此不作探讨。

（2）用西门子 S7-200 控制步进电动机实现自动正反转

用按钮或者限位开关等控制步进电动机的正反转是很容易的，但如果要求步进电动机自动实现正反转就比较麻烦了，下面用一个实例讲解。

【**例 9-6**】 已知步进电动机的步距角是 1.8°，转速为 500r/min，要求步进电动机正转 3

圈后，再反转 3 圈，如此往复，请编写程序。

**解：** $T = 10^6 \times \dfrac{60}{500 \times \dfrac{360^\circ}{1.8^\circ}} = 600(\mu s)$ ，所以设定 SMW68 为 600。

程序如图 9-34 所示。

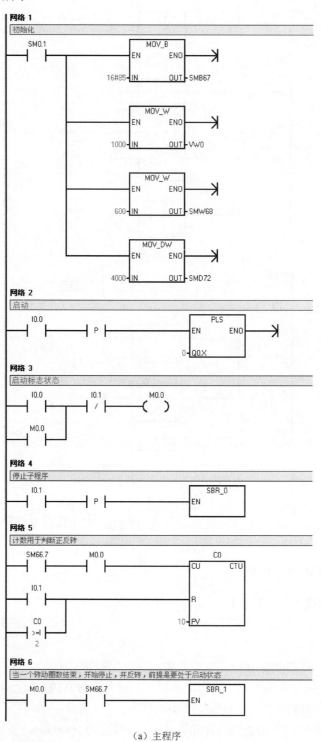

（a）主程序

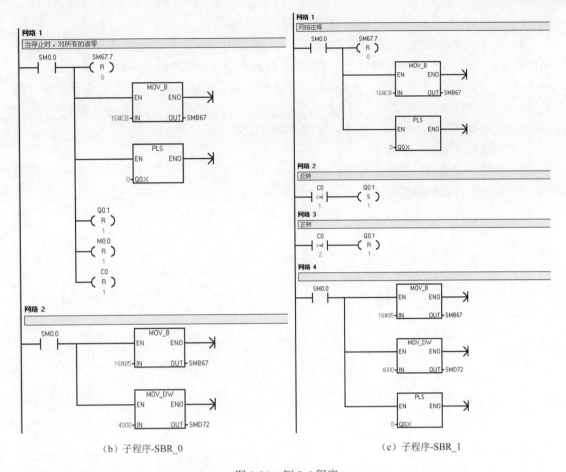

（b）子程序-SBR_0　　　　　（c）子程序-SBR_1

图 9-34　例 9-6 程序

# 小结

**重点难点：**

1. 理解高速输出点的 PTO 控制寄存器的含义，这是编程的基础。

2. 位置向导的使用很方便，但对于其生成的子程序的含义要特别清楚，否则很难编写程序。

3. 无论是步进驱动系统还是伺服驱动系统的接线，都比以前学习的逻辑控制的接线要复杂很多，所以使用前一定要确保接线正确。

4. 步进驱动系统的选型。

# 习题

1. 将步进电动机的红线和绿线对换会产生什么现象？

2. 步进电动机不通电时用手可以拨动转轴（因为不带制动），那么通电后，不加信号时，用手能否拨动转轴？解释这个现象。

3. 有一台步进电动机，其脉冲当量是 3°/脉冲，问此步进电动机转速为 250r/min 时，转 10 圈，若用 CPU226CN 控制，请画出接线图，并编写梯形图程序。

4. CPU226CN 的输入端能否使用+5V 的电源？CPU226CN 的输出端能否使用+5V 的电

源？CPU224XP 的输入端能否使用+5V 的电源？

5．实现一个简单的位置控制。控制要求：①用多齿凸轮与电动机联动，并用接近开关来检测多齿凸轮，产生的脉冲输入至 PLC 的计数器。②电动机转动至 4900 个脉冲时，使电动机减速，到 5000 个脉冲时，使电动机停止，同时剪切机动作将材料切断，并使脉冲计数复位。

6．请解释步距角、相数、细分、脉冲当量的含义。

7．简述步进电动机的分类。

8．简述步进电动机的工作原理。

9．简述步进驱动器的作用。

# 第10章

# 伺服系统及原理

伺服系统的产品主要包含伺服驱动器、伺服电动机和相关检测传感器（如光电编码器、旋转编码器、光栅等）。伺服产品在我国是高科技产品，得到了广泛的应用，其主要应用领域有：机床、包装、纺织和电子设备，其使用量超过了整个市场的一半，特别在机床行业，伺服产品应用量在所有行业中最多。

## 10.1 伺服系统概述

### 10.1.1 伺服系统的概念

"伺服系统"源于英文"servo mechanism system"，指经由闭环控制方式达到对一个机械系统的位置、速度和加速度的控制。伺服的概念可以从控制层面去理解，伺服的任务就是要求执行机构快速平滑、精确地执行上位控制装置的指令要求。

一个伺服系统的构成通常包括被控对象（plant）、执行器（actuator）和控制器（controller）等几部分，机械手臂、机械平台通常作为被控对象。执行器的功能在于主要提供被控对象的动力，执行器主要包括电动机和功率放大器，特别设计应用于伺服系统的电动机称为"伺服电动机"（servo motor）。通常伺服电动机包括反馈装置，如光电编码器（optical encoder）、旋转变压器（resolver）。目前，伺服电动机主要包括直流伺服电动机、永磁交流伺服电动机、感应交流伺服电动机，其中永磁交流伺服电动机是市场主流。控制器的功能在于提供整个伺服系统的闭环控制，如转矩控制、速度控制、位置控制等。目前一般工业用伺服驱动器（servo driver）通常包括控制器和功率放大器。如图 10-1 所示是一般工业用伺服系统的组成框图。

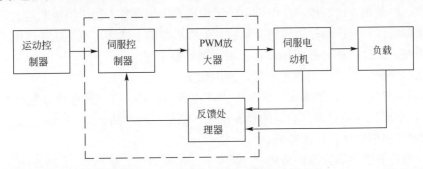

图 10-1　一般工业用伺服系统的组成框图

### 10.1.2 主流伺服系统介绍

目前，高性能的电伺服系统，大多数采用永磁同步交流伺服电动机，控制驱动器定位准确的全数字位置伺服系统。在我国伺服技术发展迅速，市场潜力巨大，应用十分广泛。在市场上，伺服系统以日系品牌为主，原因在于日系品牌较早进入中国，性价比相对较高，而且日系伺服系统比较符合中国人的一些使用习惯；欧美伺服产品占有量居第二位，且其占有率不断升高，特别是在一些高端应用场合更为常见，欧美伺服产品的性能最好，价格最高，因此在一定程度上减少了其应用范围。国产的伺服系统与欧美和日本的伺服系统相比，性能差距较大，其风格大多与日系品牌类似，价格比较低，在一些低端应用场合较常见，但应看到国产伺服产品的进步很大。

国内外一些常用的伺服产品品牌如下。

日系：安川、三菱、发那科、松下、三洋、富士和日立。

欧系：西门子、Lenze、AMK、KEB 和 Rexroth。

美系：Danaher、Baldor、Parker 和 Rockwell。

国产：台达、东元、和利时、埃斯顿、时光、步进科技、星辰伺服、华中数控、广州数控、大森数控和凯奇数控。

## 10.2 伺服系统行业应用

伺服控制在工业的很多行业都有应用，如机械制造、汽车制造、家电生产线、电子和橡胶行业等，但应用最为广泛的是机床行业、纺织行业、包装行业、印刷和机器人行业，以下对五个行业伺服系统的应用情况进行简介。

（1）伺服控制在机床行业的应用

伺服控制应用最多的场合就是机床行业。在数控机床中，伺服驱动接收数控系统发来的位移或者速度指令，由伺服电动机和机械传动机构驱动机床的坐标轴和主轴等，从而带动刀具或者工作台运动，进而加工出各种工件。可以说数控机床的稳定性和精度在很大的程度上取决于伺服系统的可靠性和精度。

（2）伺服控制在纺织行业的应用

纺织是典型的物理加工生产工艺，整个生产过程是纤维之间的整理与再组织的过程。传动是纺织行业控制的重点。纺织行业使用伺服控制产品主要用于张力控制，在纺机中的精梳机、粗纱机、并条机、捻线机，在织机中的无梭机和印染设备上的应用量非常大。例如，细纱机上的集体落纱和电子凸轮用到伺服系统，无梭机的电子选纬、电子送经、电子卷曲也要用到伺服系统。此外，在一些印染设备上也用到伺服系统。

伺服系统在纺织行业应用越来越多，原因如下。

① 市场竞争的加剧，要求统一设备能生产更多的产品，并能迅速更改生产工艺。

② 市场全球化需要更多高质量的设备来生产高质量的产品。

③ 伺服产品的价格在逐渐降低。

（3）伺服控制在包装行业的应用

日常生活中用到的大量日常用品、食品，如方便面、肥皂、大米、各种零食等，这些食品和日常用品有一个共同点，就是都有一个漂亮的热性塑料包装袋，给人以赏心悦目的感觉。所有的这些产品的包装都是由包装机进行自动包装的。随着自动化行业的发展，包装机的应用范围越来越广泛，需求量也越来越大。伺服系统在包装机上应用，对提高包装机的包装精度和生产效率，减小设备调整和维护时间，都有很大的优势。

（4）伺服控制在印刷行业的应用

伺服系统很早就应用于印刷机械了，包括卷筒纸印刷中的张力控制、彩色印刷中的自动套色、墨刀控制和给水控制，其中伺服系统在自动套色的位置控制中应用最为广泛。在印刷行业中，应用较多的伺服产品是三菱、三洋、和利时和松下等。

由于广告、包装和新闻出版等印刷市场逐步成熟，中国对印刷机械的需求量保持持续增长，特别是对中高端印刷设备需求增长较快，因此印刷行业对伺服系统的需求将持续增长。

（5）伺服控制在机器人行业的应用

在机器人领域无刷永磁伺服系统得到了广泛的应用。一般工业机器人有多个自由度，通常每个工业机器人的伺服电动机的个数在 10 个以上。通常机器人的伺服系统是专用的，其特点是多轴合一、模块化、特殊的控制方式、特殊的散热装置，并且对可靠性要求极高。国际上的机器人有专用配套的伺服系统，如 ABB、安川和松下等。

# 10.3 伺服技术的发展趋势

伺服技术特别是电气伺服技术应用越来越广泛，主要原因在于其控制方便、灵活，特别是电力电子技术和计算机软件技术的发展，为伺服技术的发展提供了广阔的发展前景，目前伺服技术呈现如下发展趋势。

（1）交流代替直流

伺服技术正在迅速从直流伺服转向交流伺服技术。从目前国际市场的情况看，几乎所有的新产品都是交流伺服系统。在工业发达的国家，交流伺服系统的市场占有率早就超过80%。但在一些微型电动机领域，交流伺服系统还不能取代直流伺服系统。

（2）数字代替模拟

模拟控制器常用运算放大器及相应的电气元件实现，具有物理概念清晰、控制信号流向直观等优点。但其控制规律体现在硬件电路和所用到的器件上，因而线路复杂，通用性差，控制效果受到器件性能、温度、环境等因素影响。

采用新型的高速微处理器和专用全数字信号处理器（DSP）的伺服控制单元，将全面取代模拟电子器件为主的伺服控制单元，从而实现全数字化的伺服系统。全数字化的实现，将原有的硬件伺服控制变成软件伺服控制。数字化伺服系统避免了模拟伺服系统的由于温度产生的零漂、饱和积分等不良现象。

（3）新型电力电子半导体器件应用

目前，伺服控制系统的输出器件越来越多地采用开关频率很高的新型功率半导体器件，主要有大功率晶体管（GTR）、功率场效应管（MOSFET）和绝缘栅双极型晶体管（IGBT）等。这些先进器件的使用显著降低了伺服系统的功耗，提高了伺服系统的响应速度，降低了运行噪声。

（4）高度集成

新的伺服系统将原来的伺服系统划分成速度伺服单元和位置伺服单元两个模块，改成单一的高度集成化、多功能的控制单元。统一控制单元，只要通过软件设置系统参数，就可以改变其性能，既可以使使用电动机配置的传感器构成半闭环调节系统，也可以通过接口与外部的位置、速度或者力矩传感器构成高精度的全闭环调节系统。高度集成化显著缩小了整个系统的体积，使得整个伺服系统的安装和调试工作得到简化。高度集成主要包括：电路集成、功能集成和通信集成等。典型的产品是西门子的 S120 伺服系统。

（5）智能化、简易化

智能化和简易化是所有工业控制设备的流行趋势，伺服驱动系统作为一种高级的工业控制装置也不例外。新型的数字化的伺服控制单元通常都设计成智能型产品，它们智能化的特点主要表现在如下方面。

① 系统参数既可以通过软件进行设置，也可以通过人机界面进行实时修改，使用十分方便。

② 都有自诊断和分析功能，无论什么时候，只要系统出现故障，伺服系统会将系统故障的类型和产生故障的原因，以代码的形式进行显示。这简化了调试工作。

③ 系统具有参数的自整定功能。自整定有时可以节省很多调试时间。这也大大减小了调试的工作量。

（6）模块化、网络化

以工业局域网技术为基础的工厂自动化工程技术在近些年得到了长足的发展，并显示出良好的发展势头。为适应这一发展趋势，新型的伺服系统都配备了标准的串行通信接口（如RS-232C 或者 RS-485），有的伺服系统还配备了工业以太网接口，这些接口显著地增强了伺服单元与其他设备的互连能力。例如三菱公司在新型的伺服驱动上配置 RS-485 接口，PLC可以通过这个接口与伺服驱动系统进行 CC-LINK 现场总线通信。西门子公司在新型的伺服系统上配置 RS-485 接口或者 RJ-45 接口，PLC 可以通过这个接口与伺服驱动系统进行PROFIBUS-DP 现场总线通信和 PROFINET 工业以太网通信。而且西门子以后将 S120 伺服系统的标准接口定为 RJ-45 接口，目的就是为了进行 PROFINET 工业以太网通信。

# 10.4　伺服电动机及其控制技术

## 10.4.1　伺服电动机的特点

伺服电动机（servo motor）与普通电动机的区别在如下几点。

① 伺服电动机及驱动器是一个伺服控制系统（servo control system），即可以精确地随输入信号进行控制的闭环反馈控制系统。控制量是电动机的转角、速度和力矩。

② 低转动惯量，保证高动态性。

③ 转子阻抗高，保证启动转矩大、调速范围宽。

④ 结构紧凑，保证较小的体积与质量。

⑤ 定子散热方便。

伺服电动机与步进电动机相比，伺服电动机具有如下特点。

① 控制精度高，定位准确。

② 低频特性好，步进电动机在低频时可能会失步。

③ 过载能力大，步进电动机一般没有过载能力。

④ 调速范围大，步进电动机的调速范围一般为 300～600r/min，而伺服电动机转速小到每分钟几转，高可以达到 6000r/min 以上。

⑤ 运行性能不同。步进电动机多运行于开环控制，伺服电动机运行于闭环控制。

⑥ 响应速度不同。步进电动机的响应速度需要几百毫秒。

⑦ 接收的信号不同，步进电动机只能接收脉冲信号，而伺服电动机可以接收模拟信号、

脉冲信号和总线通信信号。

⑧ 功率范围不同。步进电动机功率一般不大于 1kW，而伺服电动机的功率可达 30 kW 以上。

### 10.4.2 直流伺服电动机

伺服电动机有直流电动机、交流电动机。此外，直流电动机和混合式伺服电动机也都是闭环控制系统，属于伺服电动机。

直流伺服电动机（DC servo motor）以其调速性能好、启动力矩大、运转平稳、转速高等特点，在相当长的时间内，在电动机的调速领域占据着重要地位。随着电力电子技术的发展，特别是大功率电子器件问世以后，直流电动机开始逐步被交流伺服电动机取代。但在小功率场合，直流伺服电动机仍然有一席之地。

（1）有刷直流电动机的工作原理

有刷直流电动机（brush DC motor）的工作原理如图 10-2 所示，图中 N 和 S 是一对固定的永久磁铁，在两个磁极之间安装有电动机的转子，上面固定有线圈 *abcd*，线圈段有两个换向片（也称整流子）和两个电刷。

当电流从电源的正极流出，从电刷 A、换向片 1、线圈、换向片 2、电刷 B，回到电源负极时，电流在线圈中的流向是 $a→b→c→d$。由左手定则知，此时线圈产生逆时针方向的电磁力矩。当电磁力矩大于电动机的负载力矩时，转子就逆时针转动。如图 10-2 所示。

当转子转过 180° 后，线圈 ab 边由磁铁 N 极转到靠近 S 极，cd 边转到靠近 N 极。由于电刷与换向片接触的相对位置发生了变化，线圈中的电流方向变为 $d→c→b→a$。再又左手定则知，此时线圈仍然产生逆时针方向的电磁力矩，转子继续保持逆时针方向转动。如图 10-3 所示。

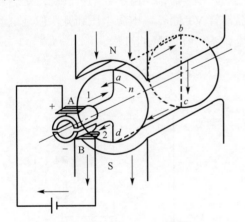 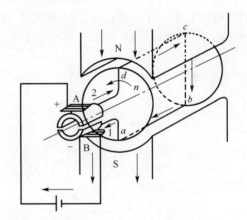

图 10-2　有刷直流电动机的工作原理（一）　　　图 10-3　有刷直流电动机的工作原理（二）

电动机在旋转过程中，由于电刷和换向片的作用，直流电流交替在线圈中正向、反向流动，始终产生同一方向的电磁力矩，使得电动机连续旋转。同理，当外接电源反向连接时，电动机就会顺时针旋转。

（2）无刷直流电动机的工作原理

无刷直流电动机（brushless DC motor）的结构如图 10-4 所示，为了实现无刷换相，无刷电动机将电枢绕组安装在定子上，而把永久磁铁安装在转子上，该结构与传统的直流电动机的相反。由于去掉了电刷和整流子的滑动接触换相机构，消除了直流电动故障的主要根源。

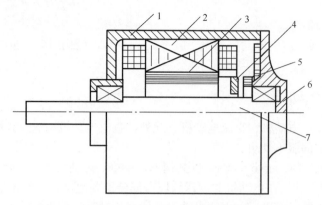

图 10-4　无刷直流电动机的结构

1—机壳；2—定子线圈；3—转子磁钢；4—传感器；5—霍尔元件；6—端盖；7—轴

常见的无刷直流电动机为三相永磁同步电动机，其原理如图 10-5 所示，无刷电动机的换向原理是：采用三个霍尔元件，用作转子的位置传感器，安装在圆周上相隔 120°的位置上，转子上的磁铁触发霍尔元件产生相应的控制信号，该信号控制晶体管 VT1、VT2、VT3 有序地通断，使得电动机上的定子绕组 U、V、W 随着转子的位置变化而顺序通电、换相，形成旋转磁场，驱动转子连续不断地运动。无刷直流伺服电动机采用的控制技术和交流伺服电动机是相同的。

（3）直流电动机的控制原理

直流电动机的转速控制通常采用脉宽调制 PWM（Pulse Width Modulation）方式，如图 10-6 所示，方波控制信号 $V_b$ 控制晶体管 VT 的通断，也就是控制电源电压的通断。$V_b$ 为高电平时，晶体管 VT 导通，电源电压施加在电动机上，产生电流 $i_m$。由于电动机的绕组是感性负载，电流 $i_m$ 有一个上升过程。$V_b$ 为低电平时，晶体管 VT 断开，电源电压断开，但是电动机绕组中存储的电能释放出来，产生电流 $i_m$，电流 $i_m$ 有一个下降的过程。

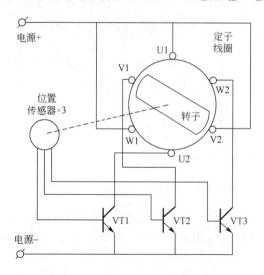

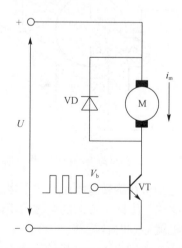

图 10-5　无刷直流电动机的换向原理图　　　　图 10-6　无刷直流电动机的速度控制原理图

占空比就是在一段连续工作时间内脉冲（高电平）占用的时间与总时间的比值。直流电动机就是靠控制脉冲信号的占空比来调速的。当控制脉冲信号的占空比是 60% 时，也就是高电平占总时间的 60%时，施加在电动机定子绕组上的平均电压是 0.6*U*。当系统稳定运行时，电动机绕组中的电流平均值也是峰值的 0.6。显然控制信号的占空比决定了施加在电动机上的平均电流和平均电压，也就控制了电动机的转速。无刷直流电动机的电流曲线如图 10-7 所示。

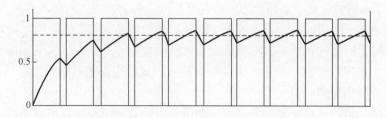

图 10-7　无刷直流电动机的电流曲线

### 10.4.3　交流伺服电动机

随着大功率电力电子器件技术、新型变频器技术、交流伺服技术、计算机控制技术的发展，到 20 世纪 80 年代，交流伺服系统技术得到迅速发展，在欧美已经形成交流伺服电动机的新兴产业。20 世纪中后期德国和日本的数控机床产品的精密进给驱动系统已大部分使用交流伺服系统。而且这个趋势一直延续到今天。

交流伺服电动机与直流电动机相比有如下优点。

① 结构简单、无电刷和换向器，工作寿命长。

② 线圈安装在定子上，转子的转动惯量小，动态性能好。

③ 结构合理，功率密度高。同体积电动机功率可提高 70%。

（1）交流同步伺服电动机

常用的交流伺服电动机是永磁同步电动机，其结构如图 10-8 所示。永磁材料对伺服电动机的外形尺寸、磁路尺寸和性能指标影响很大。现在交流伺服电动机的永磁材料都采用稀土材料钕铁硼，它具有磁能积高、矫顽力高、价格低等优点，为生产体积小、性能优、价格低的交流伺服电动机提供了基本保证。典型的同步伺服电动机有西门子的 1FK、1FT 和 1FW 等。

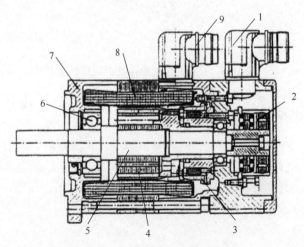

图 10-8　交流伺服电动机的结构

1, 2—编码器；　3—刹车；4—永久磁铁转子；5—轴；6—轴承；7—端盖；8—定子线圈；9—电源接口

永磁同步伺服电动机的工作原理与直流电动机非常类似，永磁同步伺服电动机的永磁体在转子上，而绕组在定子上，这正好和传统的直流电动机相反。伺服驱动器给伺服电动机提供三相交流电，同时检测电动机转子的位置以及电动机的速度和位置信息，使得电动机在运行过程中，转子永磁体和定子绕组产生的磁场在空间上始终垂直，从而获得最大的转矩。永磁同步电动机的定子绕组通入的是正弦电，因此产生的磁通也是正弦型的，转矩与磁通成正比的关系。在转子的旋转磁场中，三相绕组在正弦磁场中，正弦电输入电动机定子的三相绕组，每相电产生相应的转矩，每相转矩叠加后形成恒定的电动机转矩输出。

（2）交流异步伺服电动机

交流伺服电动机除了有交流同步伺服电动机外，还有交流异步伺服电动机，异步伺服电动机一般有位置和速度反馈测量系统，典型的交流异步伺服电动机有 1PH7、1PH4 和 1PL6 等。与同步电动机相比，异步电动机的功率范围更大，从几千瓦到几百千瓦不等。

异步电动机的定子气隙侧的槽里嵌入了三相绕组，当电动机通入三相对称交流电时，产生旋转磁场。这个旋转磁场在转子绕组或者导条中感应出电动势。由于感应电动势产生的电流和旋转磁场之间作用产生的转矩而使得电动机的转子旋转。如图 10-9 所示为交流异步伺服电动机的运行原理，由 $t_1$、$t_2$ 和 $t_3$ 三个时刻的磁场，可见磁场随着时间推移在不断旋转。

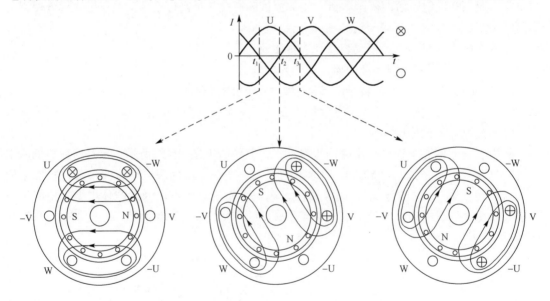

图 10-9　交流异步伺服电动机的运行原理

## 10.4.4　直接驱动电动机

与借助于齿轮、皮带间接驱动负载的电动机相反，直接驱动负载的电动机为直接驱动电动机。直接驱动电动机有力矩电动机和直线电动机。由于直接驱动电动机消除了丝杠、齿轮箱和皮带等传动带来的机械误差。直接驱动电动机的优点如下。

① 节约安装空间。

② 消除机械间隙。

③ 系统维护量减小。

④ 动态性能和精度得到了很大的提高。

（1）力矩电动机

力矩电动机也称为转矩电动机或者直接驱动电动机（DD-Motor），它能满足对高精度和高力矩的要求。力矩电动机包括：直流力矩电动机、交流力矩电动机和无刷直流力矩电动机。

在工作原理上，交流力矩电动机实际上是交流伺服电动机，直流力矩电动机实际上是直流伺服电动机。力矩电动机的主要特点是极数多、转矩大、速度低，可以对负载进行直接驱动。它主要用于机械制造、纺织、造纸、橡胶、塑料、金属线材和电线电缆等工业。

（2）直线电动机

直线电动机也叫线性电动机。动子（forcer rotor）是用环氧材料把线圈压缩在一起制成的，磁轨是把磁铁（通常是高能量的稀土磁铁）固定在钢上制成的。电动机的动子包括线圈绕组、霍尔元件电路板、电热调节器（温度传感器监控温度）和电子接口。在旋转电动机中，需要旋转轴承支撑动子以保证相对运动部分的气隙（air gap）。同样的，直线电动机需要直线导轨来保持动子在磁轨产生的磁场中的位置。和旋转伺服电动机的编码器安装在轴上反馈位置一样，直线电动机需要反馈直线位置的反馈装置——直线编码器，它可以直接测量负载的位置从而提高负载的位置精度。直线电动机典型结构如图 10-10 所示。

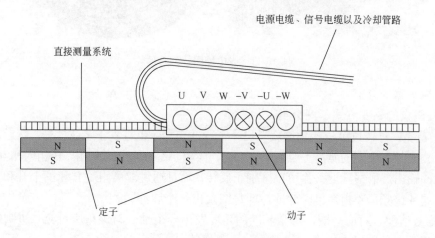

图 10-10　直线电动机典型结构

## 10.4.5　伺服电动机的选型

伺服电动机在选型时一般要考虑如下因素。

① 系统要求的精度。这需要考虑转子转动惯量、电动机的类型和转矩抖动等。

② 根据负载方式及大小计算出输出力矩，确定电动机功率。

③ 根据工件运行方式等计算出转速范围，确定电动机转速。

④ 确定需要不需要刹车，因为有的伺服电动机不带刹车，有的带刹车。

⑤ 确定输出轴需不需要键槽。

⑥ 冷却方式。小功率的伺服电动机空气冷却即可，直线电动机和力矩电动机则可能需要水冷。

⑦ 过载能力。

⑧ 轴高和连接方式等。

⑨ 使用环境。

## 10.5 伺服系统的检测元件

伺服系统常用的检测元件有光电编码器、光栅和磁栅等，而以光电编码器最为常见。以下将详细介绍光电编码器。

编码器（encoder）是将信号（如比特流）或数据进行编制、转换，使信号可以进行通信、传输和存储的设备，编码器主要用于测量电动机的旋转角位移和速度。编码器把角位移或直线位移转换成电信号，测量角位移的编码器者称为码盘，测量直线位移的编码器称为码尺。光电编码器的外形如图 10-11 所示。

图 10-11 光电编码器的外形

（1）编码器的分类

① 按码盘的刻孔方式不同分类。

a. 增量型。每转过单位的角度就发出一个脉冲信号（也有发正余弦信号，然后对其进行细分，斩波出频率更高的脉冲），通常为 A 相、B 相、Z 相输出。A 相、B 相为相互延迟 1/4 周期的脉冲输出，根据延迟关系可以区别正反转，而且通过取 A 相、B 相的上升和下降沿可以进行 2 或 4 倍频；Z 相为单圈脉冲，即每圈发出一个脉冲。

b. 绝对值型。对应一圈，每个基准的角度发出一个唯一与该角度对应二进制的数值，通过外部记圈器件可以进行多个位置的记录和测量。

② 按信号的输出类型分类。有电压输出、集电极开路输出、推拉互补输出和长线驱动输出。

③ 按编码器机械安装形式分类。

a. 有轴型。有轴型又可分为夹紧法兰型、同步法兰型和伺服安装型等。

b. 轴套型。轴套型又可分为半空型、全空型和大口径型等。

④ 按编码器工作原理分类。有光电式、磁电式和触点电刷式。

（2）光电编码器的结构和工作原理

如图 10-12 所示为透射式旋转光电编码器的原理图。在与被测轴同心的码盘上刻制了按一定编码规则形成的遮光和透光部分的组合。在码盘的一边是发光二极管或白炽灯光源，另一边则是接收光线的光电器件。码盘随着被测轴的转动使得透过码盘的光束产生间断，通过光电器件的接收和电子线路的处理，产生特定电信号的输出，再经过数字处理可计算出位置和速度信息。

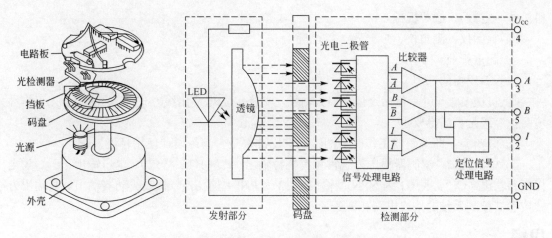

图 10-12　透射式旋转光电编码器的原理

图 10-12 中设计了六组这样的挡板和光电器件组合，其中两组用于产生定位（index）脉冲信号 $I$（有的文献中为 $Z$）。其他四组由于位置的安排，产生 4 个在相位上依次相差 90°的准正弦波信号，分别称为 $\overline{A}$、$\overline{B}$、$A$ 和 $B$。将相位相差 180°的 $A$ 和 $\overline{A}$ 送到一个比较器的两个输入端，在比较器的输出端得到占空比为 50%的方波信号 $A$。同理，由 $B$ 和 $\overline{B}$ 也可得到方波信号 $B$。这样通过光电检测器件位置的特殊安排，得到了双通道的光电脉冲输出信号 $A$ 和 $B$，如图 10-13 所示。这两个信号有如下特点。

① 两者的占空比均为 50%。

② 如果朝一个方向旋转时 $A$ 信号在相位上领先于 $B$ 信号 90°的话，那么旋转方向反过来的时候，$B$ 信号在相位上领先于 $A$ 信号 90°。

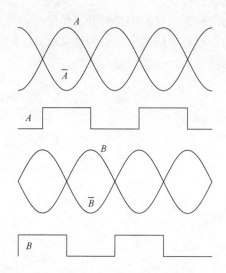

图 10-13　双通道信号的形成

（3）编码器的主要应用场合

① 数控机床及机械附件。

② 机器人、自动装配机、自动生产线。

③ 电梯、纺织机械、缝制机械、包装机械（定长）、印刷机械（同步）、木工机械、塑

料机械（定数）、橡塑机械。

④ 制图仪、测角仪、疗养器、雷达等。

⑤ 起重行业。

（4）编码器的选型

① 机械安装尺寸。包括定位止口，轴径，安装孔位;电缆出线方式;安装空间体积;工作环境防护等级是否满足要求。

② 分辨率。即编码器工作时每圈输出的脉冲数是否满足设计使用精度要求。

③ 电气接口。编码器输出方式常见有推拉输出（F 型 HTL 格式）、电压输出（E）、集电极开路输出（C，常见 C1 为 NPN 型输出、C2 为 PNP 型输出）、长线驱动器输出。其输出方式应和其控制系统的接口电路相匹配。

## 小结

**重点难点：**

1. 直流伺服电动机和交流伺服电动机的结构特点和工作原理。
2. 直流伺服系统和交流伺服系统的调速原理。

## 习题

1. 伺服系统的基本构成有哪些？
2. 目前中国市场上有哪些主流的伺服系统品牌？
3. 简述伺服系统的发展趋势。
4. 伺服系统有哪些主要的应用领域？
5. 简述伺服电动机的性能特点。
6. 简述有刷直流电动机和无刷直流电动机的工作原理。
7. 简述同步伺服电动机和异步伺服电动机的性能特点。
8. 简述力矩电动机的特点。

# 第11章

# 伺服系统工程应用

伺服系统在工程中得到了广泛的应用，而且在我国日系和欧美系的伺服系统都得到了广泛的应用。日系的三菱伺服系统和欧系的西门子伺服系统在我国都有很大的市场份额，因此以下用这两个品牌的伺服系统为例，讲解伺服系统工程应用。

## 11.1 三菱伺服系统工程应用

### 11.1.1 三菱伺服系统简介

三菱公司是较早研究和生产交流伺服电动机的企业之一，三菱公司早在20世纪70年代就开始研发和生产变频器，积累了较为丰富的经验，是目前少数几家能生产稳定可靠15kW以上伺服系统的厂家。

三菱公司的伺服系统是日系产品的典型代表，它具有可靠性好、转速高、容量大、相对容易使用的特点，而且三菱公司还是生产PLC的著名的厂家，因此其伺服系统与PLC产品能较好地兼容，因此三菱伺服系统在专用加工设备、自动生产线、印刷机械、纺织机械和包装机械等行业得到了广泛的应用。

目前三菱公司常用的通用伺服系统有21世纪初开发的MR-J2S系列、最新开发的MR-3J系列和小功率经济型的MR-ES系列，共三大类产品系列。MR-3J系列伺服驱动系统是替代MR-J2S系列的新产品，可以用于三菱直线电动机的速度、位置和转矩控制，其最大功率目前已达到55kW。MR-ES系列伺服驱动器是用于2kW以下的经济型产品系列，其性价比较高，可以替代MR-E系列，用于速度、位置和转矩控制。

### 11.1.2 三菱伺服系统基本使用

三菱的MR-E系列伺服驱动器是经济型的产品系列，功能比较精简，适合入门者学习，因此本书以此为例进行介绍。

（1）MR-E-A伺服系统的硬件与连接

三菱MR-E-A伺服系统的硬件连接如图11-1所示，图中断路器和接触器是通用器件，只要符合要求的产品即可，电抗器和制动电阻可以根据需要选用。驱动器组成部件的作用如下。

① 个人计算机：三菱MR-E-A伺服驱动器有操作面板，可以进行一般方式的转换、状态监控和参数设定，当需要对驱动器的参数优化、自适应调整时，则要用到安装有MR Configurator的个人计算机。

② 断路器：断路器用于短路保护，且必须安装，断路器的额定电流要与驱动器匹配。

③ 接触器：其作用是为伺服驱动器接通电源，伺服电动机的启停，不允许通过频繁通断伺服驱动器的电源来实现，电动机的启停由伺服驱动器的启停信号控制，这一点与变频器

类似。

④ 交流电抗器：主要用于抑制电磁干扰。

⑤ 外接制动电阻：当电动机需要频繁启停或者在负载的制动能量很大时，应选用制动电阻（与变频器类似）。制动电阻单元上，应安装有切断主接触器的温度检测元件,这一点与变频器类似。

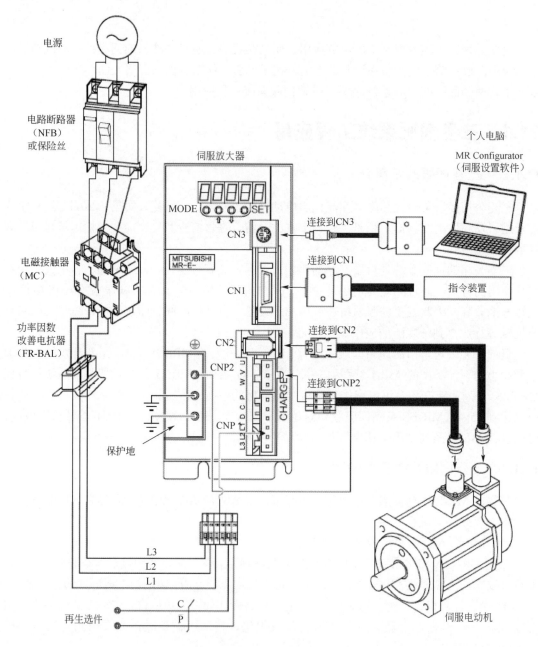

图 11-1　三菱 MR-E-A 伺服系统的硬件连接

（2）MR-E-A 伺服驱动器的连线

MR-E-A 伺服驱动器的外形如图 11-2 所示。其各部分的作用见表 11-1。

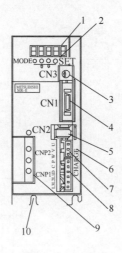

图 11-2　MR-E-A 伺服驱动器外形

1—显示器；2—操作部分；3—CN3；4—CN1；5—CN2；6—充电指示灯；7—CNP2；8—CNP1；9—接地端子；10—固定孔

表 11-1　　MR-E-A 伺服驱动器外部各部分的作用

| 序　号 | 名　　称 | 功能/作用 |
|---|---|---|
| 1 | 显示器 | 5 位 7 段 LED，显示伺服状态和报警代码 |
| 2 | 操作部分 | 用于执行状态显示、诊断、报警和参数设置等操作<br><br>MODE　UP　DOWN　SET<br><br>用于设置数据<br>用于改变每种模式的显示或数据<br>用于改变模式 |
| 3 | 通信接头 CN3 | 用于连接通信装置（RS-232C）和输出模拟监视数据 |
| 4 | I/O 信号接头 CN1 | 用于连接数字 I/O 信号 |
| 5 | 编码器接头 CN2 | 用于连接伺服电动机编码器的接头 |
| 6 | 充电指示灯 | 亮起时表示主电路已充电。当该灯亮起时，不要插拔电缆 |
| 7 | 伺服电动机电源接头 CNP2 | 用于连接伺服电动机 |
| 8 | 电源/再生接头 CNP1 | 用于连接输入电源和再生制动器选件 |
| 9 | 接地端子 | 保护接地（PE）端子 |
| 10 | 固定孔 | 固定伺服驱动器到电柜的孔 |

　　MR-E-A 伺服驱动器的连线总图如图 11-3 所示，MR-E-A 伺服驱动器有 5 个连接器，分别是 CNP1、CNP2、CN1、CN2 和 CN3。CNP1 是电源进线和制动电阻连接器；CNP2 是电源出线，与伺服电动机相连；CN2 是伺服电动机编码器的反馈电缆的连接器；CN3 是上位机监控伺服驱动器的接口；CN1 是信号线连接器，有 26 个引脚，所有的输入和输出信号都经此接口出入驱动器。

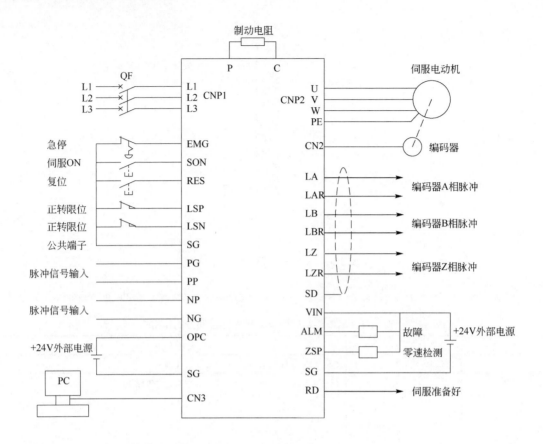

图 11-3　MR-E-A 伺服驱动器的连线总图

【关键点】　图 11-3 中，有以下几点需要注意。

① 输入电源是交流 200~230V，可以是单相交流电，也可以是三相交流电。如果接入的是单相交流电源，则 L1 为火线，L2 为零线，L3 不接线；如果是三相交流电，则按照图 11-3 接线，注意不可以接入 380V 三相交流电。

② 信号端子的输入信号是 NPN 信号，即低电平信号有效，高电平无效。

③ 信号端子的输出信号也是 NPN 信号，即低电平信号有效，高电平无效。

④ EMG（急停）、LSP（正转限位）、LSN（反转限位）都要接入常闭触头，不可以接入常开触头，这一点特别容易出错。

⑤ 如果需要监控转速等信号，可以将编码器输出信号接入到高速计数器（如 PLC 的），从而显示转速和位置信息（是输出信号）。

⑥ 为了保证安全，接地端子一定要可靠接地。

⑦ PP、PG、NP、NG 的接线情况较复杂，在后续章节说明。

MR-E-A 伺服驱动器的 CN1 连接器的定义和功能见表 11-2。以下仅对几个重要引脚的含义做详细的说明，其余的读者可以查看表 11-2 或者三菱的手册。

VIN：第 1 个引脚，代号是 VIN，在位置、速度以及位置和速度控制方式下，其代号都是 VIN，其作用是外接+24V 电源的输入端，必须接入，是输入信号。

RES/ST1：第 3 个引脚，在位置控制时代号为 RES，在速度时代号是 ST1，在位置和速度控制方式下，其代号是 RES/ST1，其作用分别是：RES 起复位的作用，ST1 起正转启动作用，是输入信号。

SON：第 4 个引脚，代号是 SON，在位置、速度以及位置和速度控制方式下，其代号都是 SON，其作用表示开启伺服驱动器信号，是输入信号。

ALM：第 9 个引脚，代号是 ALM，在位置、速度以及位置和速度控制方式下，其代号都是 ALM，其作用表示有报警时输出低电平信号，是输出信号。

RD：第 11 个引脚，代号是 RD，在位置、速度以及位置和速度控制方式下，其代号都是 RD，其作用表示伺服驱动器已经准备好，可以接受控制器的控制信号，是输出信号。

表 11-2　CN1 连接器的定义和功能

| 连接端子 | 代　号 | 输出/输入信号 | 功　能 | 控制方式 | | |
|---|---|---|---|---|---|---|
| | | | | 位置 | 位置/速度 | 速度 |
| 1 | VIN | 输入 | 数字 i/f 用电源输入 | VIN | VIN | VIN |
| 2 | OPC | 输入 | 集电极开路电源输入 | OPC | OPC | — |
| 3 | RES/ST1 | 输入 | RES 复位/ST1 正转启动 | RES | RES /ST1 | ST1 |
| 4 | SON | 输入 | 伺服 ON | SON | SON | SON |
| 5 | CR/LOP/ST2 | 输入 | CR 清除/LOP 控制切换/ST2 反转启动 | CR | LOP | ST2 |
| 6 | LSP | 输入 | 正转行程终端 | LSP | LSP | LSP |
| 7 | LSN | 输出 | 反转行程终端 | LSN | LSN | LSN |
| 8 | EMG | 输出 | 外部紧急停止 | EMG | EMG | EMG |
| 9 | ALM | 输出 | 故障报警 | ALM | ALM | ALM |
| 10 | INP/SA | 输出 | INP 定位结束/SA 速度达到 | INP | INP/SA | SA |
| 11 | RD | 输出 | 准备就绪 | RD | RD | RD |
| 12 | ZSP | 输出 | 零速度检测 | ZSP | ZSP | ZSP |
| 13 | SG | — | 数字 i/f 用公共端 | SG | SG | SG |
| 14 | LG | — | 控制公共端 | LG | LG | LG |
| 15 | LA | 输出 | LA 、LAR 编码器 A 相脉冲（差动驱动） | LA | LA | LA |
| 16 | LAR | 输出 | | LAR | LAR | LAR |
| 17 | LB | 输出 | LB、LBR 编码器 B 相脉冲（差动驱动） | LB | LB | LB |
| 18 | LBR | 输出 | | LBR | LBR | LBR |
| 19 | LZ | 输出 | LZ 、LZR 编码器 Z 相脉冲（差动驱动） | LZ | LZ | LZ |
| 20 | LZR | 输出 | | LZR | LZR | LZR |
| 21 | OP | 输出 | 编码器 Z 相脉冲（集电极开路） | OP | OP | OP |
| 22 | PG | 输入 | 正转、反转脉冲串 | PG | PG | — |
| 23 | PP | 输入 | | PP | PP | — |
| 24 | NG | 输入 | | NG | NG | — |
| 25 | NP | 输入 | | NP | NP | — |
| 26 | — | — | — | — | — | — |

连接器 CN1 是专用的连接器，通常应该在购买伺服驱动器的时候作为附件购买，连接器 CN1 的引脚定义如图 11-4 所示，在接线之前，务必要按照图 11-4 所示的定义焊接信号线，否则会产生错误。

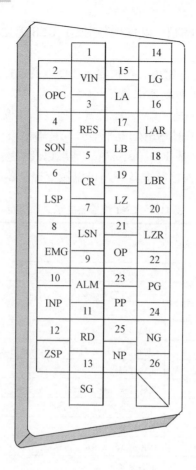

图 11-4　CN1 的引脚定义

连接器 CN3 的引脚的含义见表 11-3。

表 11-3　连接器 CN3 的定义和功能

| 连接端子 | 代　号 | 输出/输入信号 | 备　注 |
|---|---|---|---|
| 1 | RXD | RS-232C 通信用接口 | |
| 2 | TXD | | |
| 4 | MO1 | MO1 与 LG 间的电压输出 | 模拟量输出 |
| 6 | MO2 | MO2 与 LG 间的电压输出 | 模拟量输出 |

（3）伺服驱动器的操作与调试

① 操作单元简介。通用伺服驱动器是一种可以独立使用的控制装置，为了对驱动器进行设置、调试和监控，伺服驱动器一般都配有简单的操作单元，如图 11-5 所示。利用伺服放大器正面的显示部分（5 位 7 段 LED），可以进行状态显示和参数设置等。可在运行前设定参数、诊断异常时的故障、确认外部程序、确认运行期间状态。操作单元上 4 个按键，其作用如下。

MODE：每次按下此按键，在操作/显示之间转换。

UP：数字增加/显示转换键。

DOWN：数字减少/显示转换键。

SET：数据设置键。

② 状态显示。MR-E-A 的驱动器可选择状态显示、诊断显示、报警显示和参数显示，共 4 种显示模式，显示模式由 "MODE" 按键切换。MR-E-A 的驱动器的状态显示举例见表 11-4。

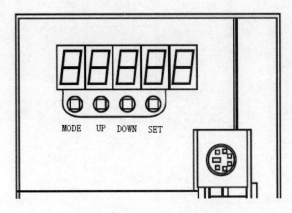

图 11-5  MR-E 操作显示单元

表 11-4  MR-E-A 的驱动器的状态显示举例

| 显 示 类 别 | 显 示 状 态 | 显 示 内 容 | 其 他 说 明 |
|---|---|---|---|
| 状态显示 | C | 位置控制方式 | 此外还有 r、E、P、n、L 等状态 |
| 诊断显示 | rd-oF | 准备未完成 | |
| | rd-on | 准备完成 | |
| 报警显示 | AL -- | 没有报警 | |
| | A1 33 | 此前第 2 次发生过电压报警 | |
| 参数显示 | P 01 | 基本参数 | |
| | P 20 | 扩展参数 1 | P20~ P49 是扩展参数 1 |
| | P 50 | 扩展参数 2 | P50 以后是扩展参数 2 |

③ 参数的设定。参数的设定流程如图 11-6 所示。

【例 11-1】  请设置电子齿轮的分子为 2。

解：电子齿轮的分子是 P03，也就是设置 P03=2。方法如下。

a. 首先给伺服驱动器通电，再按模式选择键 "MODE"，到数码管上显示 "P "（通常显示的是 "P 00"）为止。

b. 按向上加按键 "UP" 3 次，到数码管上显示 "P 03" 为止。

c. 按设置按键 "SET"，数码管显示的数字为 "01"，因为电子齿轮的分子 P03 默认数值是 1。

d. 按向上加按键 "UP" 1 次，到数码管上显示 "02" 为止，此时数码管上显示 "02" 是闪烁的，表明数值没有设定完成。

e. 按设置按键 "SET"，设置完成，这一步的作用实际就是起到 "确定"（回车）的作用。

f. 断电后，重新上电，参数设置起作用。

【关键点】  断电后，重新上电，参数设置起作用。这一点容易被初学者忽略。

**211**

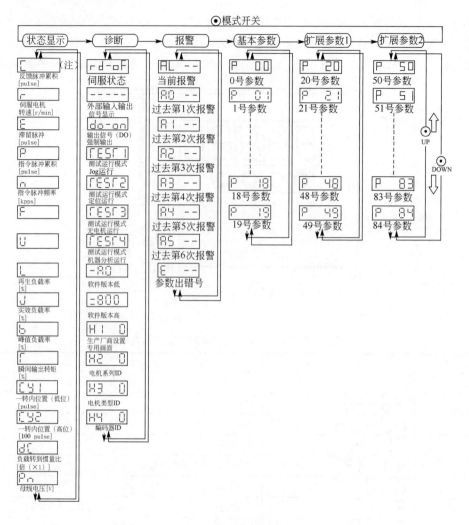

图 11-6 参数的设定流程

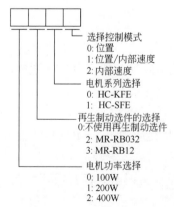

选择控制模式
0: 位置
1: 位置/内部速度
2: 内部速度
电机系列选择
0: HC-KFE
1: HC-SFE
再生制动选件的选择
0:不使用再生制动选件
2: MR-RB032
3: MR-RB12
电机功率选择
0: 100W
1: 200W
2: 400W

④ 重要的参数说明。

a. P0，代号 OP1，用于控制模式，再生制动选件选择。其含义如下。

例如：P0=0000，其含义是位置控制，伺服电动机选用的是 HC-KFE 系列，不使用再生制动选件，伺服电动机的功率是100W。

b. P3，简称 CMX，含义是齿轮比的分子。例如：P3=100，即齿轮比的分子是 100。

c. P4，简称 CDV，含义是齿轮比的分母；P4＝1，齿轮比的分母是 1。

d. P8，简称 SC1，含义是内部第一速度。例如：P8＝100，即内部第一速度是 100r/min。

此外，还有内部第二速度，即 P9（SC2）；内部第三速度，即 P10（SC3）。

e. P11，简称 STA，含义是加速时间常数。例如：P11=1000，用于设定从 0r/min 达到额定转速的加速时间是 1000ms。

f. P15，简称 SNO，站号设定，用于指定串行通信时的站号，设置范围是 0~31。

g. P18，简称 DMD，状态显示选择，用于选择接通电源时的状态显示。其含义如下。

例如：P18=0000，表示接通电源时显示的是累积反馈脉冲。

h. P19，简称 BLK，表示参数范围选择，参数范围选择用于选择参数。其含义见表 11-5。

选择接通电源时的状态显示
0：累积反馈脉冲
1：伺服电机速度
2：不能使用
3：不能使用
4：不能使用
7：再生制动负载率
8：实际负载率
9：峰值负载率
A：瞬时转矩
B：一转内的位置（低位）
C：一转内的位置（高位）
D：负载转动惯量比
E：母线电压
接通电源时对应于控制模式的状态显示
0：取决于控制模式
1：取决于该参数的第一位数字设定

表 11-5　P19 的含义

| 设定值 | 操　作 | 基本参数（No.0~No.19） | 基本参数（No.20~No.49） | 基本参数（No.50~No.84） |
|---|---|---|---|---|
| 0000 | 可读 | ○ | \ | \ |
| （初始值） | 可写 | ○ | \ | \ |
| 000A | 可读 | 仅 No.19 | \ | \ |
| | 可写 | 仅 No.19 | \ | \ |
| 000B | 可读 | ○ | ○ | \ |
| | 可写 | ○ | ○ | \ |
| 000C | 可读 | ○ | ○ | \ |
| | 可写 | ○ | ○ | \ |
| 000E | 可读 | ○ | ○ | ○ |
| | 可写 | ○ | ○ | ○ |
| 100B | 可读 | ○ | ○ | \ |
| | 可写 | 仅 No.19 | \ | \ |
| 100C | 可读 | ○ | ○ | \ |
| | 可写 | 仅 No.19 | \ | \ |
| 100E | 可读 | ○ | ○ | ○ |
| | 可写 | 仅 No.19 | \ | \ |

注："○"表示参数有效；"\"表示参数无效。下同。

例如：要设置参数 P20~P49 号，可将 P19 设置成 000C 和 000E。而要设置参数 P50~P84 号，可将 P19 设置成 000E。

【关键点】 学会使用这个参数是十分重要的，否则 P20 以上的参数会"看不到"。

i. P41，简称 DIA，输入信号自动 ON 选择，用于设置伺服开启信号（SON）、正转行程末端（LSP）和反转行程末端（LSN）。其含义如下。

P41＝0000，含义是伺服 ON、正行程限位和反行程限位都通过外部信号输入。

【关键点】 学会使用这个参数是十分重要的，在模拟调试时，有时接线还没有全部完成，可使

伺服开启信号（SON）输入选择
0：通过外部输入切换 ON/OFF
1：伺服放大器内自动切换为 ON（不需要外部接线）
正转行程末端（LSP）输入选择
0：通过外部输入切换 ON/OFF
1：伺服放大器内自动切换为 ON（不需要外部接线）
反转行程末端（LSN）输入选择
0：通过外部输入切换 ON/OFF
1：伺服放大器内自动切换为 ON（不需要外部接线）

P41=0111,这样伺服驱动器的"伺服 ON"、"正转限位"、"反转限位"和"急停"端子都可以不接线，显得很方便，但实际使用时，一般的设置是 P41=0000。

### 11.1.3　三菱伺服系统工程应用

【例 11-2】 用 PLC 实现钢板定长剪切机的控制。系统工作过程描述如下。

薄钢板定长剪切机的输送机由伺服系统控制输送长度，剪切机采用切刀切割。切刀在初始位置时，切刀在上方（即汽缸活塞位于上极限位置），当输送机输送指定的长度后，切刀向下运动，完成切割并延时 0.5s 后，回到初始位置，完成一个工作循环。薄钢板定长剪切机的工作示意图如图 11-7 所示。

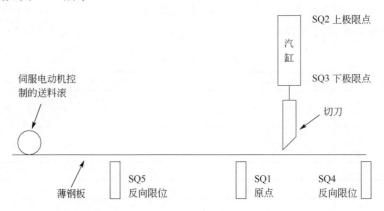

图 11-7　薄钢板定长剪切机的工作示意图

其控制任务要求如下。

① 有手动/自动转换开关 SA1，手动模式时,可以手动对切刀进行上行和下行控制。手动按钮分别是 SB5 和 SB6。

② 自动模式时，当切刀在初始位置，压下"启动"按钮 SB1，输送机送料→送料完成→切刀下行到下极限位置延时 0.5s→回到初始位置，如此循环。

③ 在自动模式时，压下"复位"按钮 SB2，切刀回到初始位置，送料机构将料送到原点（SQ1），复位完成时，有指示灯闪亮。当压下"停止"按钮 SB3 时，系统完成一个循环后，停止到初始位置，当压下"急停"按钮 SB4 时，立即停止。

④ 每完成一次自动切割循环，计数值加 1。

解：（1）主要软硬件配置

① 1 套 STEP7-Micro/WIN V4.0 SP9。

② 1 台伺服电动机的型号为 HF-KE13W1-S100。

③ 1 台伺服驱动器的型号为 MR-E-A。

④ 1 台 CPU224XPsi。

（2）伺服电动机与伺服驱动器的接线

伺服系统选用的是三菱 MR 系列，伺服电动机和伺服驱动器的连线比较简单，伺服电动机后面的编码器与伺服驱动器的连线是由三菱公司提供的专用电缆，伺服驱动器端的接口是 CN2，这根电缆一般不会接错。伺服电动机上的电源线对应连接到伺服驱动器上的接线端子上。

（3）PLC 伺服驱动器的接线

本伺服驱动器的供电电源可以是三相交流 220V（范围是 200~230V），也可以是单相交流 220V，本例采用单相交流 220V 供电，伺服驱动器的供电接线端子排是 CNP1。PLC 的高速输出点与伺服的 PP 端子连接，PLC 的输出和伺服驱动器的输入都是 NPN 型，因此是匹配的。PLC 的 1M 必须和伺服驱动器的 SG 连接，达到共地的目的，这点初学者容易忽略。

伺服驱动器的位置给定有三种方法，一种是用脉冲（pulse）和方向（sing）信号共同控制，即脉冲数控制位移，方向信号控制正反转。第二种是正转脉冲（CCW）和反转脉冲（CW）输入控制。第三种是 90° 相位 A/B 两相脉冲输入。

接线有两种方法，一种是集电极开路输出连接，如图 11-8 所示，OPC 与外接电源的+24V 相连，SG 与外接电源的 0V 相连，而 PG 和 NG 不需要连线。PP 与脉冲信号相连，例如与西门子 PLC 的高速输出点 Q0.0 相连，而 NP 与方向信号相连，例如 NP 低电平时为正转，那么高电平时为反转，本例采用这种接法。

另一种是线驱动输出连接，如图 11-9 所示。

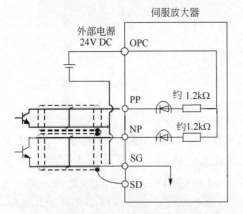

图 11-8　集电极开路输出连接

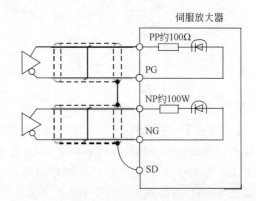

图 11-9　线驱动输出连接

先进行 I/O 分配，I/O 分配表见表 11-6。

表 11-6　I/O 分配表

| 输 入 | | | | 输 出 | | | |
|---|---|---|---|---|---|---|---|
| 序号 | 代号 | 地址 | 含义 | 序号 | 代号 | 地址 | 含义 |
| 1 | SQ1 | I0.0 | 原点 | 1 | | Q0.0 | 高速输出 |
| 2 | SQ2 | I0.1 | 上限位 | 2 | | Q0.1 | 伺服 ON |
| 3 | SQ3 | I0.2 | 下限位 | 3 | | Q0.2 | 方向控制 |
| 4 | SB1 | I0.3 | 启动按钮 | 4 | YV1 | Q0.3 | 汽缸下行 |
| 5 | SB2 | I0.4 | 复位按钮 | 5 | YV2 | Q0.4 | 汽缸上行 |
| 6 | SB3 | I0.5 | 停止按钮 | 6 | HL1 | Q0.5 | 复位显示 |
| 7 | SA1 | I0.6 | 手动/自动转换按钮 | | | | |
| 8 | SB4 | I0.7 | 急停按钮 | | | | |
| 9 | SB5 | I1.0 | 手动上行按钮 | | | | |
| 10 | SB6 | I1.1 | 手动下行按钮 | | | | |
| 11 | SQ4 | I1.2 | 正向限位 | | | | |
| 12 | SQ5 | I1.3 | 反向限位 | | | | |
| 13 | RD | I1.4 | 伺服准备好 | | | | |

定长剪切机的原理图如图 11-10 所示。

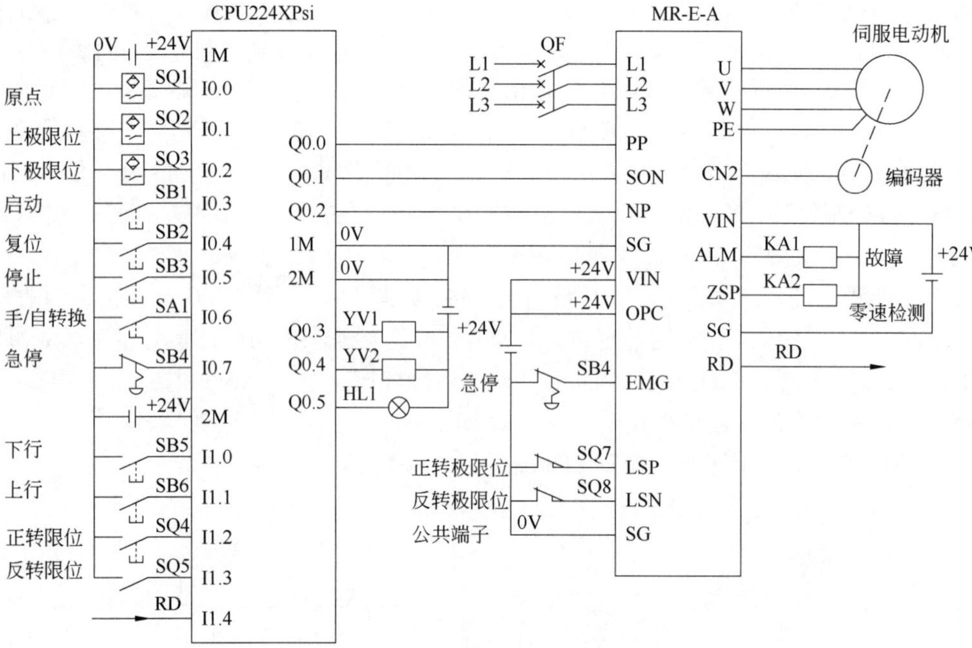

图 11-10　定长剪切机的原理图

【关键点】 连线时，务必注意 PLC 与伺服驱动器必须共地，否则不能形成回路；此外，三菱的伺服驱动器 MR-E-A 只能接受 NPN 信号，因此在选择 PLC 时，要注意选用 NPN 输出的 PLC，西门子的 S7-200 系列的 PLC 目前只有一款（CPU 224XPsi）是 NPN 输出。若读者一定要选用 PNP 输出 PLC，则需要将信号进行转换，通常处理信号比较麻烦而且效果要差一些。

（4）伺服电动机的参数设定

用 PLC 的高速输出点控制伺服电动机除了接线比用 PLC 的高速输出点控制步进电动机复杂外，后者不需要设置参数（细分的设置除外），而要伺服系统正常运行，必须对伺服系统进行必要的参数设置。参数设置如下。

① P0＝0000，含义是位置控制，不进行再生制动。

② P3＝100，含义是齿轮比的分子。

③ P4＝1，含义是齿轮比的分母。

④ P41＝0，含义是伺服 ON、正行程限位和反行程限位都通过外部信号输入。

虽然伺服驱动器的参数很多，但对于简单的应用，只需要调整以上几个参数就足够了。

【关键点】 设置完成以上参数后，不要忘记保存参数，伺服驱动器断电后，以上设置才起作用。此外，有的初学者编写程序时输入的脉冲数较少，而且齿轮比 P3/P4 又很小，系统运行后，发现伺服电动机并未转动，从而不知所措，其实伺服电动机已经旋转，只不过肉眼没有发现其转动，读者只要把输入的脉冲数增加到足够大，将齿轮比调大一些即可。

（5）控制程序的编写

如果用 PLS 指令编写运动控制程序，则比较麻烦，所幸西门子公司编写了运动控制指令库（MAP_SERV），使用此指令库，可以很方便实现相对运动、绝对运动、回原点和停止等功能，以下对西门子的运动指令库的指令作简要介绍，以方便读者阅读程序。需要指出，此运动指令库不是STEP7-Micro/WIN的标准配置，需要另行购买和安装。

① 已经被指令库占用的地址。西门子运动指令库，已经预定义了一些地址，见表11-7。

表 11-7 预定义地址

| 名 称 | MAP SERV Q0.0 | MAP SERV Q0.1 |
|---|---|---|
| 脉冲输出 | Q0.0 | Q0.1 |
| 方向输出 | Q0.2 | Q0.3 |
| 参考点输入 | I0.0 | I0.1 |
| 所用的高速计数器 | HC0 | HC3 |
| 高速计数器预置值 | SMD 42 | SMD 142 |
| 手动速度 | SMD 172 | SMD 182 |

【关键点】 如果读者要使用运动指令库的"MAP SERV Q0.0"，那么Q0.0就作为高速输出使用，Q0.2就作为方向信号使用，I0.0作为参考点使用，不能作为它用。但是如果只使用了"MAP SERV Q0.0"，而没用使用"MAP SERV Q0.1"，那么Q0.1和Q0.3可以由读者自行分配使用。

② Q0_x_CTRL指令。该指令用于传递全局参数，每个扫描周期都需要被调用。功能描述见表11-8。

表 11-8 Q0_x_CTRL 指令参数

| 梯 形 图 | 参 数 | 类型 | 格 式 | 单 位 | 意 义 |
|---|---|---|---|---|---|
| Q0_0_CTRL EN Velocity_SS C_Pos Velocity_Max accel_dec_time Fwd_Limit Rev_Limit | Velocity_SS | IN | DINT | 脉冲/s | 启动/停止频率 |
| | Velocity_Max | IN | DINT | 脉冲/s | 最大频率 |
| | accel_dec_time | IN | REAL | s | 最大加减速时间 |
| | Fwd_Limit | IN | BOOL | | 正向限位开关 |
| | Rev_Limit | IN | BOOL | | 反向限位开关 |
| | C_Pos | OUT | DINT | 脉冲 | 当前绝对位置 |

以下对常用到的参数作详细说明。

a. Velocity_SS 是最小脉冲频率，是加速过程的起点和减速过程的终点。

b. Velocity_Max 是最大脉冲频率，受限于电动机最大频率和 PLC 的最大输出频率。在程序中若输入超出 Velocity_SS 和 Velocity_Max 范围的脉冲频率，将会被 Velocity_SS 或 Velocity_Max 所取代。

c. accel_dec_time 是由 Velocity_SS 加速到 Velocity_Max 所用的时间（或由 Velocity_Max 减速到 Velocity_SS 所用的时间，两者相等），范围被规定为 0.02～32.0s，但最好不要小于 0.5s。超出 accel_dec_time 范围的值还是可以被写入块中，但是会导致定位过程出错。

③ Q0_x_MoveRelative指令。该指令用于让轴按照指定的方向，以指定的速度，运动指定的相对位移。功能描述见表11-9。

表 11-9 Q0_x_MoveRelative 指令参数

| 梯 形 图 | 参 数 | 类型 | 格 式 | 单 位 | 意 义 |
|---|---|---|---|---|---|
| Q0_0_MoveRelative EN EXECUTE Num_Pulses Done Velocity Direction | EXECUTE | IN | BOOL | | 相对位移运动的执行位 |
| | Num_Pulses | IN | DINT | 脉冲 | 相对位移（必须>1） |
| | Velocity | IN | DINT | 脉冲/s | 预置频率（Velocity_SS ≤ Velocity ≤ Velocity_Max） |
| | Direction | IN | BOOL | | 预置方向（0=反向，1=正向） |
| | Done | OUT | BOOL | | 完成位（1=完成） |

④ Scale_EU_Pulse 指令。该指令用于将一个位置量转化为一个脉冲量,因此它可用于将一段位移转化为脉冲数,或将一个速度转化为脉冲频率。功能描述见表 11-10。

⑤ Q0_x_Home。Q0_x_Home 指令的功能描述见表 11-11。

表 11-10　Scale_EU_Pulse 指令参数

| 梯 形 图 | 参 数 | 类 型 | 格 式 | 单 位 | 意 义 |
|---|---|---|---|---|---|
| Scale_EU_Pulse<br>EN<br><br>Input　　　Output<br>Pulses<br>E_Units | Input | IN | REAL | mm 或 mm/s | 欲转换的位移或速度 |
| | Pulses | IN | DINT | 脉冲 /r | 电动机转一圈所需要的脉冲数 |
| | E_Units | IN | REAL | mm /r | 电动机转一圈所产生的位移 |
| | Output | OUT | DINT | 脉冲 或 脉冲/s | 转换后的脉冲数或脉冲频率 |

注:以上指令实现的功能用如下公式表示:

$$Output = \frac{Pulses}{E\_Units} Input$$

表 11-11　Q0_x_Home 指令参数

| 梯 形 图 | 参 数 | 类 型 | 格 式 | 单 位 | 意 义 |
|---|---|---|---|---|---|
| Q0_0_Home<br>EN<br><br>EXECUTE<br><br>Position　　Done<br>Start_Dir　　Error | EXECUTE | IN | BOOL | | 寻找参考点的执行位 |
| | Position | IN | DINT | 脉冲 | 参考点的绝对位移 |
| | Start_Dir | IN | BOOL | | 寻找参考点的起始方向(0=反向,1=正向) |
| | Done | OUT | BOOL | | 完成位 (1=完成) |
| | Error | OUT | BOOL | | 故障位 (1=故障) |

该指令用于寻找参考点,在寻找过程的起始,电动机首先以 Start_Dir 的方向,Homing_Fast_Spd 的速度开始寻找;在碰到限位开关("Fwd_Limit"或"Rev_Limit")后,减速至停止,然后开始相反方向的寻找;当碰到参考点开关(I0.0 或 I0.1)的上升沿时,开始减速到"Homing_Slow_Spd"。如果此时的方向与"Final_Dir"相同,则在碰到参考点开关下降沿时停止运动,并且将计数器 HC0 的计数值设为"Position"中所定义的值。

如果当前方向与 "Final_Dir"不同,则必然要改变运动方向,这样就可以保证参考点始终在参考点开关的同一侧(具体是哪一侧取决于 "Final_Dir")。原点、正向限位和反向限位示意如图 11-11 所示。

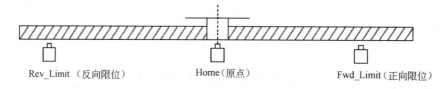

图 11-11　回参考点(原点)示意图

寻找参考点的状态可以通过全局变量"Homing_State"来监测,见表 11-12。

表 11-12　寻找参考点的状态

| Homing_State 的值 | 意　义 |
|---|---|
| 0 | 参考点已找到 |
| 2 | 开始寻找 |
| 4 | 在相反方向，以速度 Homing_Fast_Spd 继续寻找（在碰到限位开关或参考点开关之后） |
| 6 | 发现参考点，开始减速过程 |
| 7 | 在方向 Final_Dir，以速度 Homing_Slow_Spd 继续寻找（在参考点已经在 Homing_Fast_Spd 的速度下被发现之后） |
| 10 | 故障（在两个限位开关之间并未发现参考点） |

⑥ Q0_x_MoveVelocity 指令。该指令用于让轴按照指定的方向和频率运动，在运动过程中可对频率进行更改。Q0_x_MoveVelocity 指令功能描述见表 11-13。

表 11-13　Q0_x_MoveVelocity 指令参数

| 梯 形 图 | 参　数 | 类型 | 格式 | 单位 | 意　义 |
|---|---|---|---|---|---|
| Q0_0_MoveVelocity<br>—EN<br><br>—EXECUTE<br><br>—Velocity　　Error—<br>—Direction　　C_Pos— | EXECUTE | IN | BOOL | | 执行位 |
| | Velocity | IN | DINT | 脉冲/s | 预置频率（Velocity_SS ≤ Velocity ≤ Velocity_Max） |
| | Direction | IN | BOOL | | 预置方向（0=反向，1=正向） |
| | Error | OUT | BYTE | | 故障标识（0=无故障，1=立即停止，3=执行错误） |
| | C_Pos | OUT | DINT | 脉冲 | 当前绝对位置 |

⑦ Q0_x_Stop 指令。Q0_x_Stop 指令用于使轴减速直至停止。Q0_x_Stop 指令的功能描述见表 11-14。

表 11-14　Q0_x_Stop 指令参数

| 梯 形 图 | 参　数 | 类　型 | 格　式 | 意　义 |
|---|---|---|---|---|
| Q0_0_Stop<br>—EN<br><br>—EXECUTE<br><br>　　　　Done— | EXECUTE | IN | BOOL | 执行位 |
| | Done | OUT | BOOL | 完成位（1=完成） |

【关键点】　Q0_x_MoveVelocity 功能块只能通过 Q0_x_Stop block 功能块来停止轴的运动。如图 11-12 所示。

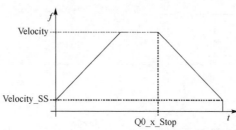

图 11-12　Q0_x_Stop 停止示意图

⑧ 编写程序。数据块如图 11-13 所示。主程序如图 11-14 所示。

```
VD100    10000
VD104    100000
VD108    1.0
VB200    2#1001              //V200.0=1,V200.3=1
```

图 11-13　数据块

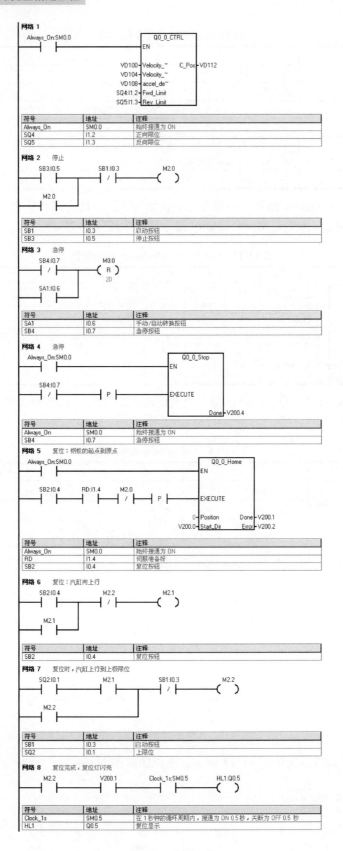

**网络 1**

Always_On:SM0.0

| | | Q0_0_CTRL | | |
|---|---|---|---|---|
| | | EN | | |
| | VD100 | Velocity_~ | C_Pos | VD112 |
| | VD104 | Velocity_~ | | |
| | VD108 | accel_de~ | | |
| | SQ4:I1.2 | Fwd_Limit | | |
| | SQ5:I1.3 | Rev_Limit | | |

| 符号 | 地址 | 注释 |
|---|---|---|
| Always_On | SM0.0 | 始终接通为 ON |
| SQ4 | I1.2 | 正向限位 |
| SQ5 | I1.3 | 反向限位 |

**网络 2**　停止

SB3:I0.5　　SB1:I0.3　　M2.0
M2.0

| 符号 | 地址 | 注释 |
|---|---|---|
| SB1 | I0.3 | 启动按钮 |
| SB3 | I0.5 | 停止按钮 |

**网络 3**　急停

SB4:I0.7　　M0.0 (R) 20
SA1:I0.6

| 符号 | 地址 | 注释 |
|---|---|---|
| SA1 | I0.6 | 手动/自动转换按钮 |
| SB4 | I0.7 | 急停按钮 |

**网络 4**　急停

Always_On:SM0.0

| | | Q0_0_Stop | | |
|---|---|---|---|---|
| | | EN | | |
| SB4:I0.7　P | | EXECUTE | | |
| | | Done | V200.4 | |

| 符号 | 地址 | 注释 |
|---|---|---|
| Always_On | SM0.0 | 始终接通为 ON |
| SB4 | I0.7 | 急停按钮 |

**网络 5**　复位：钢板的起点到原点

Always_On:SM0.0

| | | Q0_0_Home | | |
|---|---|---|---|---|
| | | EN | | |
| SB2:I0.4　RD:I1.4　M2.0　P | | EXECUTE | | |
| 0 | Position | Done | V200.1 | |
| V200.0 | Start_Dir | Error | V200.2 | |

| 符号 | 地址 | 注释 |
|---|---|---|
| Always_On | SM0.0 | 始终接通为 ON |
| RD | I1.4 | 伺服准备好 |
| SB2 | I0.4 | 复位按钮 |

**网络 6**　复位：汽缸向上行

SB2:I0.4　　M2.2　　M2.1
M2.1

| 符号 | 地址 | 注释 |
|---|---|---|
| SB2 | I0.4 | 复位按钮 |

**网络 7**　复位时，汽缸上行到上极限位

SQ2:I0.1　　M2.1　　SB1:I0.3　　M2.2
M2.2

| 符号 | 地址 | 注释 |
|---|---|---|
| SB1 | I0.3 | 启动按钮 |
| SQ2 | I0.1 | 上限位 |

**网络 8**　复位完成，复位灯闪亮

M2.2　　V200.1　　Clock_1s:SM0.5　　HL1:Q0.5

| 符号 | 地址 | 注释 |
|---|---|---|
| Clock_1s | SM0.5 | 在 1 秒钟的循环周期内，接通为 ON 0.5 秒，关断为 OFF 0.5 秒 |
| HL1 | Q0.5 | 复位显示 |

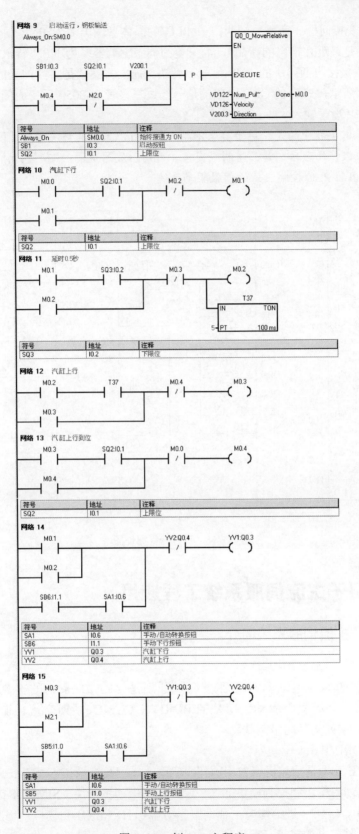

网络 9 启动运行，钢板输送

| 符号 | 地址 | 注释 |
|------|------|------|
| Always_On | SM0.0 | 始终接通为 ON |
| SB1 | I0.3 | 启动按钮 |
| SQ2 | I0.1 | 上限位 |

网络 10 汽缸下行

| 符号 | 地址 | 注释 |
|------|------|------|
| SQ2 | I0.1 | 上限位 |

网络 11 延时0.5秒

| 符号 | 地址 | 注释 |
|------|------|------|
| SQ3 | I0.2 | 下限位 |

网络 12 汽缸上行

网络 13 汽缸上行到位

| 符号 | 地址 | 注释 |
|------|------|------|
| SQ2 | I0.1 | 上限位 |

网络 14

| 符号 | 地址 | 注释 |
|------|------|------|
| SA1 | I0.6 | 手动/自动转换按钮 |
| SB6 | I1.1 | 手动下行按钮 |
| YV1 | Q0.3 | 汽缸下行 |
| YV2 | Q0.4 | 汽缸上行 |

网络 15

| 符号 | 地址 | 注释 |
|------|------|------|
| SA1 | I0.6 | 手动/自动转换按钮 |
| SB5 | I1.0 | 手动上行按钮 |
| YV1 | Q0.3 | 汽缸下行 |
| YV2 | Q0.4 | 汽缸上行 |

图 11-14 例 11-2 主程序

⑨ 信号的变换问题。众所周知西门子 PLC 的晶体管输出多为 PNP 型（CPUX224XPsi 为 NPN 输出，是最近才推出的新品），而三菱的伺服驱动器多为 NPN 输入，很显然，三菱的驱动器不能直接接收西门子的 PNP 信号。解决问题的方案就是将西门子的 PLC 的信号反相，如图 11-15 所示，PLC 的 Q0.0 输出的信号经过三极管 SS8050 后变成伺服驱动器可以接收的信号，从 PP 端子输入。

【关键点】 需要指出的是，对于要求不高的系统可以采用此解决方案，因为 PLC 输出的脉冲信号经过三极管处理后，其品质明显变差（可用示波器观看），容易丢脉冲，因此最好还是选用 NPN 输出的 PLC 控制三菱的伺服驱动系统。

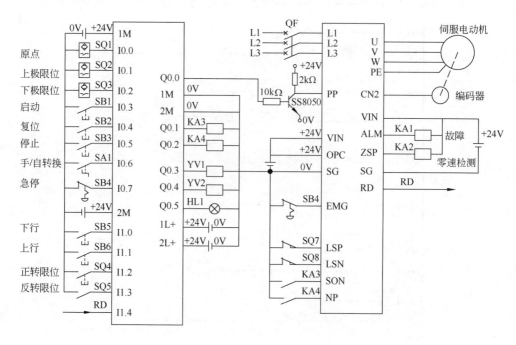

图 11-15　信号变换原理图

# 11.2　西门子主流伺服系统工程应用

### 11.2.1　西门子主流伺服系统简介

西门子主流的伺服驱动器有四种类型，分别是 6RA22 系列的直流伺服驱动器、SIMODRIVE 611 交流伺服驱动、MASTERDRIVE CUMC 系列交流伺服驱动和新型的 SINAMICS S120 系列交流伺服驱动。

（1）SIMODRIVE 611 驱动器

SIMODRIVE 611 是数控机床专用的伺服驱动器，同数控系统 SINUMERIC 一起组成运动控制系统，其功率模块和控制模块插在一起，构成电动机模块。SIMODRIVE 611 分为：通用型伺服驱动器 611U、进给与电主轴伺服驱动器 611D 和液压与模拟量伺服驱动器 611A。由于数控系统不是本书的重点，所以在此不作详细介绍。

（2）MASTERDRIVE CUMC 驱动器

MASTERDRIVE CUMC 是西门子的工程型变频器中的伺服驱动器，分为单轴驱动器与多轴驱动器。单轴驱动器是整流、逆变一体的模式，整流单元无需进行控制。多轴系统则分为整流模块和逆变模块，整流有多种形式，分为可以回馈与不可以回馈两种类型，需要单独控制。多轴驱动器允许一个整流单元带多个逆变单元，实际就是所谓直流共母线。

CUMC 本身可以实现速度和简单的位置控制功能，通过软件包 F01 可以实现复杂的运动控制功能。

（3）SINAMICS S120 伺服驱动器

SINAMICS S120 伺服驱动器是西门子公司推出的新一代交流驱动产品，既能实现通常的 U/f、矢量控制，又能实现高精度、高性能的伺服控制功能。它不仅能控制普通的三相异步电动机，还能控制异步和同步伺服电动机、力矩电动机及直线电动机。其强大的定位功能将实现进给轴的绝对、相对定位。

SINAMICS S120 产品包括：用于共直流母线的 DC/AC 逆变器和用于单轴的 AC/AC 变频器。共直流母线的 DC/AC 逆变器通常又称为 SINAMICs S120 多轴驱动器，其结构形式为电源模块和电动机模块分开，一个电源模块将三相交流电整流成 540V 或 600V 的直流电，将电动机模块（一个或多个）都连接到该直流母线上，特别适用于多轴控制，尤其是造纸、包装、纺织、印刷、钢铁等行业。其优点是各电动机轴之间的能量共享，接线方便、简单。单轴控制的 AC/AC 变频器，通常又称为 SINAMICS S120 单轴交流驱动器，其结构形式为电源模块和电动机模块集成在一起，特别适用于单轴的速度和定位控制。SINAMICS S120 的外形如图 11-16 所示。

本部分只介绍 SINAMICS S120 单轴交流驱动器。SINAMICS S120 AC/AC 单轴驱动器由两部分组成：控制单元和功率模块。具体如下。

（1）控制单元有三种形式：CU310DP、CU310 PN 和 CUA31。

CU310DP 是驱动器通过 PROFIBUS-DP 与上位的控制器相连。

CU310PN 是驱动器通过 PROFINET 与上位的控制器相连。

CUA31 是控制单元的适配器，通过 DRIVE-CLiQ 与 CU320 或 SIMOTION D 相连。

图 11-16　SINAMICS S120 的外形

（2）功率模块有模块型和装机装柜型两种形式

模块型：其功率范围从 0.12～90kW，其进线电压，分单相（200～240V）和三相（380～480V）两种规格。

装机装柜型：其功率范围从 110～250kW，其进线电压为三相（380～480V）。

SINAMICS S120 伺服系统的典型接线如图 11-17 所示。

## 11.2.2　西门子伺服系统工程应用

以下用一个例子介绍如何使用现场总线控制西门子伺服电系统 SINAMICS S120。

【例 11-3】　某设备上有一套 CU310DP 伺服驱动系统，要求对伺服进行调速。请进行硬件组态并编写程序。

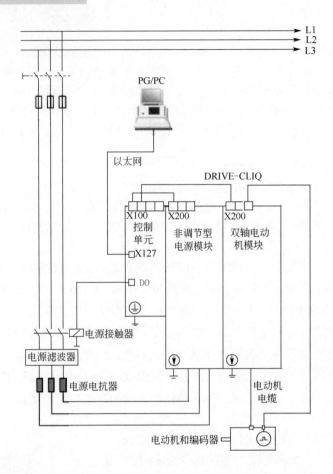

图 11-17　SINAMICS S120 伺服系统的典型接线

**解**：（1）软硬件配置

① 1 套 STEP7 V5.5CN。

② 1 套 STARTER 4.1（或者 SCOUT）。

③ 1 套 CU310-DP 伺服系统。

④ 1 台 CPU314C-2DP。

⑤ 1 根 PROFIBUS 屏蔽双绞线。

⑥ 1 块 CP5611 卡。

系统的硬件配置如图 11-18 所示，图中的 X22 口是 RS-232 母头，是 SINAMICS S120 与计算机或者 PLC 通信的接口。

图 11-18　例 11-3 硬件配置图

（2）伺服系统参数的设置

① 设置伺服驱动器的站地址。从图 11-18 可知：本例伺服系统的站地址设置为 3。伺服驱动器上有一排拨钮用于设置地址，每个拨钮对应一个 "8-4-2-1" 码的数据，所有的拨钮处于 "ON" 位置对应的数据相加的和就是站地址。拨钮示意图如图 11-19 所示，拨钮 1 和 2 处于 "ON" 位置，所以对应的数据为 1 和 2；而拨钮 3、拨钮 4、拨钮 5 和拨钮 6 处于 "OFF" 位置，所对应的数据为 0，站地址为 $1+2+0+0+0+0+0=3$。这个设置方法与 MM440 变频器的站地址设置是一样的，因为实际上 SINAMICS S120 也是变频器。

【关键点】 图 11-18 设置的站地址 3，必须和 STEP7 软件中硬件组态的地址保持一致，否则不能通信。此外，设置完成后必须断电设置的地址才能起作用。

② 打开软件 STARTER，新建工程。在打开 STARTER 工程前，计算机中要首先安装 STARTER 软件，此软件不需要授权，可直接从西门子的网站上下载即可，若使用 SCOUT 则需要购买授权。打开 STARTER 软件，如图 11-20 所示，单击工具栏上的 "新建" 按钮，弹出如图 11-21 所示的界面，将工程命名为 "SERVER2"，最后单击 "OK" 按钮。

图 11-19 拨钮示意图

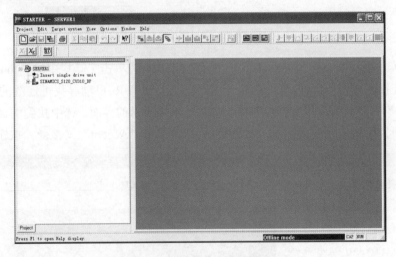

图 11-20 新建工程（参数设置）

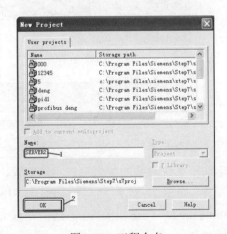

图 11-21 工程命名

③ 设置 PG 与 SINAMICS S120 通信的路径。先选中"SERVER2"，再在菜单中单击"Options→Set PG/PC Interface"，弹出"Set PG/PC Interface"界面，选中"CP5611（PROFIBUS）"选项，最后单击"OK"按钮，如图 11-22 所示。

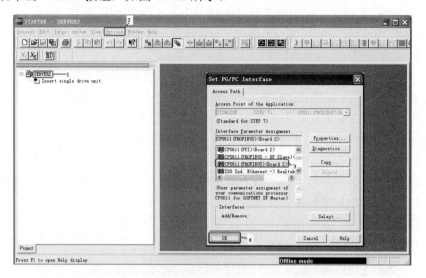

图 11-22　设置 PC 与 SINAMICS S120 通信的路径

④ 将 PG（编程器）与 SINAMICS S120 连接起来。先单击工具栏中的"connect to target system"（连接）按钮，再单击"Yes"按钮，STARTER 自动寻找可连线的目标，如图 11-23 所示。当 STARTER 找到目标时弹出如图 11-24 所示的界面，选中找到的目标（其地址为 3），这个目标就是要连接的 SINAMICS S120，单击"Accept"（接受）按钮。

图 11-23　将 PG（编程器）与 SINAMICS S120 连接起来（一）

⑤ 配置驱动器系统。驱动器系统参数的配置可以手动配置，也可以自动配置，手动配置较麻烦，因此推荐用自动配置。如图 11-25 所示，当将 PG 与 SINAMICS S120 连接起来后，可以看到"3"处的字是"Online mode"（在线模式），选中并双击"Automatic configuration"（自动配置），再单击"Load to PG"（上载到编程器），弹出上载状态界面，如图 11-26 所

示。当上载结束后，伺服系统的参数自动上传到编程器（PG）中。

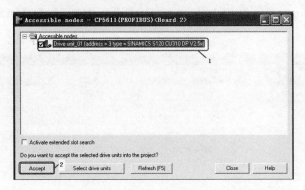

图 11-24　将 PG（编程器）与 SINAMICS S120 连接起来（二）

图 11-25　自动配置驱动器系统

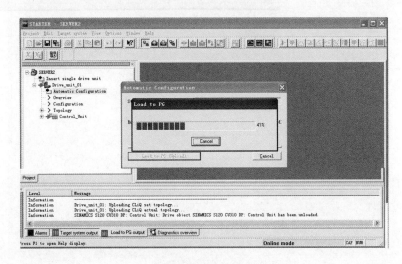

图 11-26　上载状态

**227**

⑥ 设置通信报文类型。先选中"PROFIBUS",再选中"PROFIBUS message frame"选项卡,在"Message frame type"(通信报文类型)中选定"Standard telegram 1"(通信报文 1),如图 11-27 所示。

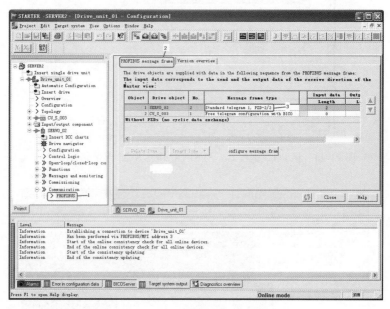

图 11-27　设置通信报文类型

⑦ 将 RAM 的数据复制到 ROM 中。先选中"Drive_unit_01",再单击"Copy RAM to ROM"(将 RAM 的数据复制到 ROM)按钮，如图 11-28 所示。当数据复制完成后,再单击"Disconnect from target system"(离线)按钮，这样 PG 和 SINAMICS S120 通信连接断开。断电后,将两者的通信电缆拔下,再将 S7-300 的 DP 口与 SINAMICS S120 的 X22 口用屏蔽双绞线(含两只网络连接器)相连。

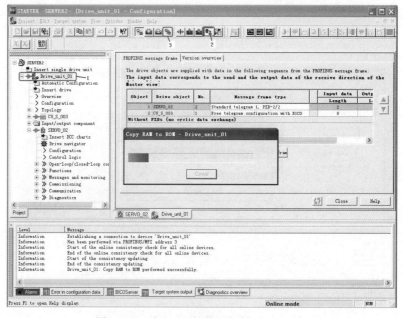

图 11-28　将 RAM 的数据复制到 ROM 中

【关键点】 图 11-27 中的通信报文设置与 S7-300 中的报文设置要一致，否则通信不能成功。此外，必须将 RAM 的数据复制到 ROM 中，否则设置的报文就不能起作用。

（3）S7-300 的硬件组态

① 新建工程，并进行硬件组态。新建工程，命名为"CU310"，如图 11-29 所示。

② 将 SINAMICS S120 挂到 PROFIBUS 总线上。将界面切换到硬件组态上，先选中"1"处，再双击"SINAMICS S"，如图 11-30 所示。

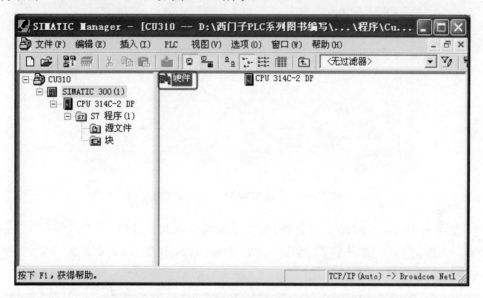

图 11-29　新建工程（硬件组态）

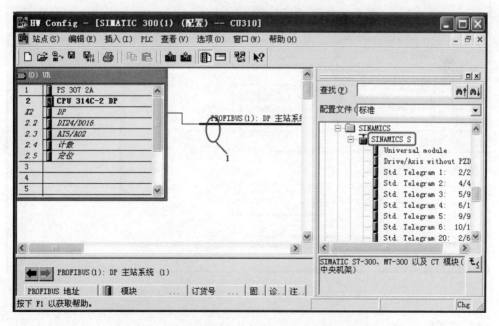

图 11-30　将 SINAMICS S120 挂到 PROFIBUS 总线上

③ 设置 SINAMICS S120 的站地址。先选中 PROFIBUS 网络，再设置 SINAMICS S120

的站地址为"3"。注意，这个地址与用拨钮开关设置的 SINAMICS S120 的地址要一致，最后单击"确定"按钮，如图 11-31 所示。

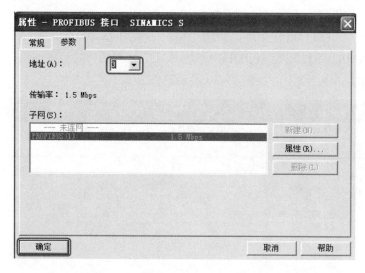

图 11-31　设置 SINAMICS S120 站地址

④ 设置 SINAMICS S120 的报文格式。先选中 SINAMICS S120，再双击"Std. Telegam 1：2/2 PZD"（报文 1），如图 11-32 所示，再编译保存硬件组态。注意，此处的报文格式要与图 11-27 中的"3"处一致。

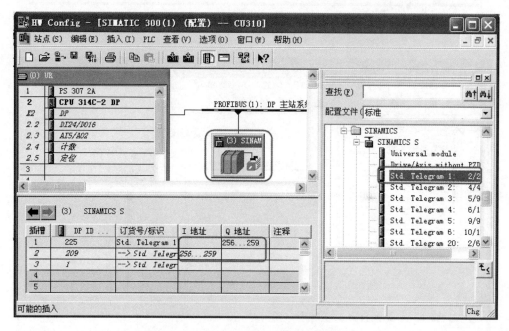

图 11-32　设置 SINAMICS S120 的报文格式

（4）编写程序

① 插入数据块 DB2 和参数表 VAT_1。选中块 OB1，插入数据块 DB2 和参数表 VAT_1，如图 11-33 所示。

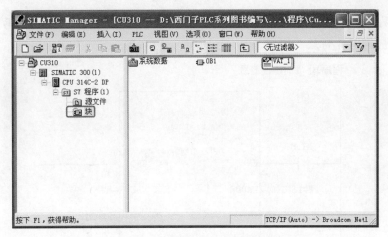

图 11-33　插入数据块 DB2 和参数表 VAT_1

② 在 DB2 中创建数组。打开数据块 DB2，并在 DB2 中创建数组 ARRAY[0..5]，如图 11-34 所示。用同样的方法创建数据块 DB1，并在 DB1 中创建数组 ARRAY[0..5]。

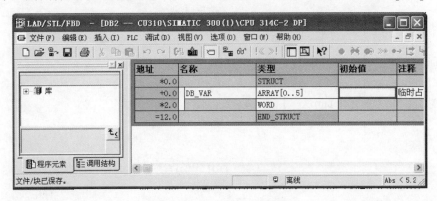

图 11-34　在 DB2 中创建数组

③ 参数表赋值。打开参数表，输入如图 11-35 所示的参数和参数值。注意，"W#16#047E" 的含义和 "W#16#1000" 的含义可参考第 4 章相关内容，在此不作赘述。而 M0.0 是启动的开关，图中是 "false"（假），当参数表处于监控状态时，可将其修改为 "true"（真），伺服电动机则以一定的速度运行。

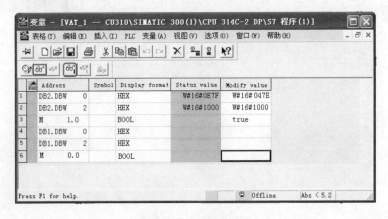

图 11-35　参数表赋值

④ 编写程序。按照如图 11-36 编写程序，函数 SFC14/15 的具体用法可参考第 4 章 4.2.4，注意 M0.0 是脉冲时才有效。

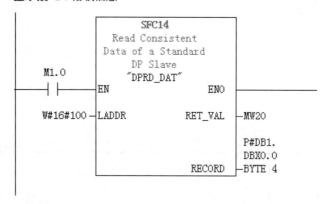

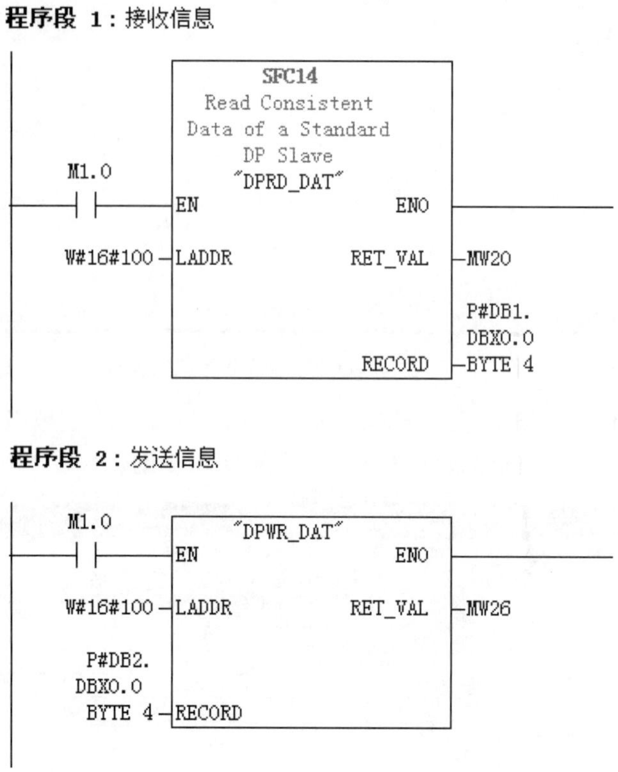

程序段 1：接收信息
SFC14
Read Consistent
Data of a Standard
DP Slave
"DPRD_DAT"
M1.0
EN
ENO
W#16#100
LADDR
RET_VAL
MW20
P#DB1.
DBX0.0
RECORD
BYTE 4
程序段 2：发送信息
M1.0
"DPWR_DAT"
EN
ENO
W#16#100
LADDR
RET_VAL
MW26
P#DB2.
DBX0.0
BYTE 4
RECORD

图 11-36　OB1 中的程序

（5）下载和调试

将编译后的硬件、程序、数据块和参数表全部下载到 CPU 314C-2DP 中，注意不能缺少其中任何一个。单击参数表中的“参数监控”按钮，使参数表处于监控状态，再将 M1.0 的参数 false 改为 true，最后单击“更新参数”按钮，更新参数，伺服电动机旋转。DB1 中显示伺服驱动反馈的参数，如图 11-37 所示。

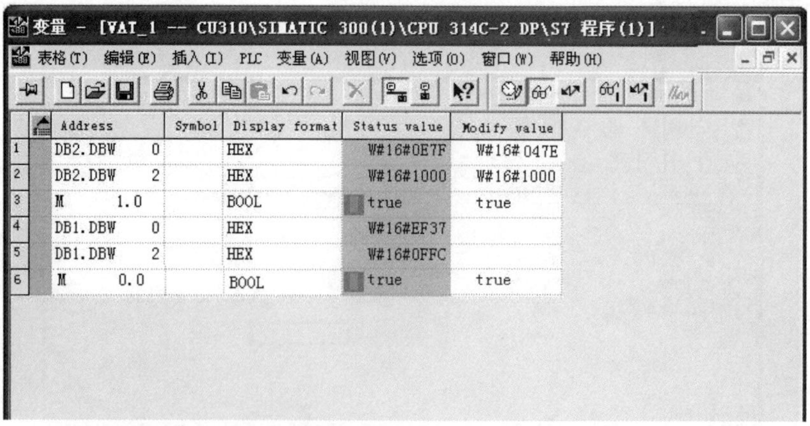

变量 - [VAT_1 -- CU310\SIMATIC 300(1)\CPU 314C-2 DP\S7 程序(1)]
表格(T) 编辑(E) 插入(I) PLC 变量(A) 视图(V) 选项(O) 窗口(W) 帮助(H)
Address | Symbol | Display format | Status value | Modify value
1 DB2.DBW 0 | HEX | W#16#0E7F | W#16#047E
2 DB2.DBW 2 | HEX | W#16#1000 | W#16#1000
3 M 1.0 | BOOL | true | true
4 DB1.DBW 0 | HEX | W#16#EF37
5 DB1.DBW 2 | HEX | W#16#0FFC
6 M 0.0 | BOOL | true | true

图 11-37　参数表处于监控状态

西门子的伺服系统功能强大，需要设置的参数多，因此使用比较复杂，建议读者参考相关说明书。若读者已经会使用西门子的变频器，那么无疑有利于读者掌握西门子的伺服系统，因为西门子的变频器和伺服系统有许多共同之处。

# 11.3  西门子 SINAMICS V80 伺服系统工程应用[A4]

在大中型工程上使用的西门子伺服驱动系统，通常采用现场总线控制（PROFIBUS 或者 PROFINET），其功能强大，价格一般都比较昂贵，需要设置的参数也比较多，上手不容易。而 SINAMICS V80 是经济性的伺服驱动系统，是最近几年才推出的较为新型的产品，其功能虽然不如其主流伺服驱动系统强大，但价格便宜，设置参数少，使用非常方便，适合在低端场合应用。

## 11.3.1  SINAMICS V80 伺服系统简介

SINAMICS V80 伺服驱动系统包括伺服驱动器和伺服电动机两部分，伺服驱动器和其对应的同功率的伺服电动机配套使用。SINAMICS V80 伺服驱动器通过脉冲输入接口直接接收上位控制器发来的脉冲系列，进行速度和位置控制，通过数字量接口信号来完成驱动器运行和实时状态输出。西门子的主流伺服驱动系统一般为现场总线控制。

（1）SINAMICS V80  伺服驱动器

SINAMICS V80 伺服驱动器如图 11-38 所示，图中指示了各部分的名称，现将其主要作用进行解释。

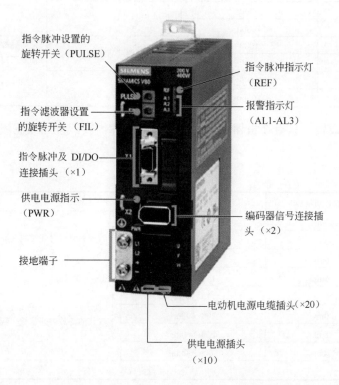

图 11-38  SINAMICS V80 伺服驱动器

① 指令脉冲指示灯  指令脉冲指示灯（REF）的含义见表11-15。

**表11-15  指令脉冲指示灯的含义**

| 序　号 | 指　示　灯 | 电动机通电状态 | 指　令　脉　冲 |
|---|---|---|---|
| 1 | 橙灯亮 | 关 | — |
| 2 | 橙灯闪 | 关 | 脉冲正在输入 |
| 3 | 绿灯亮 | 开 | — |
| 4 | 绿灯闪 | 开 | 脉冲正在输入 |

② 指令脉冲设置  指令脉冲（PULSE）必须在断电时设置，指令脉冲设置的旋转开关的位置及其含义见表11-16。

**表11-16  指令脉冲设置的旋转开关的位置及其含义**

| 设　　置 | 指令脉冲分辨率 | 指令脉冲连接方式 | 指令脉冲类型 |
|---|---|---|---|
| 0 | 1000 | 集电极开路或者线驱动 | CW+CCW 正逻辑 CW CCW |
| 1 | 2500 | | |
| 2 | 5000 | 线驱动 | |
| 3 | 10000 | | |
| 4 | 1000 | 集电极开路 或者线驱动 | CW+CCW 正逻辑 CW CCW |
| 5 | 2500 | | |
| 6 | 5000 | 线驱动 | |
| 7 | 10000 | | |
| 8 | 1000 | 集电极开路或者线驱动 | 方向+脉冲序列 正逻辑 脉冲 方向 |
| 9 | 2500 | | |
| A | 5000 | 线驱动 | |
| B | 10000 | | |
| C | 1000 | 集电极开路或者线驱动 | 方向+脉冲序列 负逻辑 脉冲 方向 |
| D | 2500 | | |
| E | 5000 | 线驱动 | |
| F | 10000 | | |

③ 指令滤波设置  只有在机器振动（爬行）时，才需要改变指令滤波值（FIL）。滤波时间设置见表11-17。

**表11-17  滤波时间设置**

| 设　　置 | 滤波时间常数 | 指令结束到定位完成时间 | 说　　明 |
|---|---|---|---|
| 0 | 45ms | 100~200ms | 较短的滤波时间常数（高动态） |
| 1 | 50ms | 110~220ms | |
| 2 | 60ms | 130~260ms | |
| 3 | 65ms | 150~300ms | |
| 4 | 70ms | 170~340ms | |
| 5 | 80ms | 200~400ms | 较长的滤波时间常数（较稳定） |
| 6 | 85ms | 250~500ms | |
| 7 | 170ms | 500~1000ms | |
| 8~F | | 不要设定成该值 | |

④ I/O信号连接器  I/O信号连接器（X1端子）是非常关键的，必须要弄清楚每个引脚

的含义，在系统设计和编写程序时，都会用到。I/O 信号连接器的引脚的含义见表 11-18。

表 11-18 I/O 信号连接器的引脚的含义

| 端子号 | 输入/输出 | 信 号 | 说 明 |
|---|---|---|---|
| 1 | 输入 | +CW/PULS | 指令脉冲（反转） |
| 2 | 输入 | −CW/PULS | |
| 3 | 输入 | +CCW/SIGN | 指令脉冲（正转）/旋转方向 |
| 4 | 输入 | −CCW/SIGN | |
| 5 | 输入 | +24VIN | 外部＋24V 电源 |
| 6 | 输入 | ON/OFF | 伺服启动命令 |
| 7 | 输出 | M ground | 输出信号地 |
| 8 | 输入 | +CLR | 停止指令脉冲并删除剩余位置（▁▛） |
| 9 | 输入 | −CLR | |
| 10 | 输出 | Phase Z | 编码器 Z 相信号（1 脉冲/转）<br>注意：该信号的下降沿有效（▜▁） |
| 11 | 输出 | Phase Z common | 编码器 Z 相信号地 |
| 12 | 输出 | Alarm | 驱动器报警 |
| 13 | 输出 | BK | 电动机松闸 |
| 14 | 输出 | POS_OK | 定位完成 |
| 外壳 | — | — | 屏蔽 |

⑤ 编码器连接器 编码器连接器（X2 端子）直接有专用接插件连接，通常不会出错。其引脚含义见表 11-19。

表 11-19 编码器连接器引脚含义

| 端 子 号 | 信 号 | 说 明 |
|---|---|---|
| 1 | P_Encoder 5V | 编码器电源 |
| 2 | M_Encoder(M) | 编码器电源地 |
| 3 | AP | 编码器 A＋ |
| 4 | AN | 编码器 A－ |
| 5 | BP | 编码器 B＋ |
| 6 | BN | 编码器 B－ |
| 7 | Z | 编码器 Z |
| 8 | U | U 相 |
| 9 | V | V 相 |
| 10 | W | W 相 |
| 外壳 | — | 屏蔽 |

⑥ 电动机电源电缆插头 电动机电源电缆插头（X20 端子）是伺服驱动器向伺服电动机供电的接头，其引脚较少，含义也简单，电动机电源电缆插头的引脚见表 11-20。

表 11-20　电动机电源电缆插头的引脚

| 端 子 号 | 信 号 | 说 明 |
|---|---|---|
| 1 | U | U 相 |
| 2 | V | V 相 |
| 3 | W | W 相 |
| 4 | — | 备用 |

⑦　供电电源插头　供电电源插头（X10 端子）连接伺服驱动器的供电交流电源，供电电源插头的引脚见表 11-21。

表 11-21　供电电源插头的引脚

| 端 子 号 | 信 号 | 说 明 |
|---|---|---|
| 1 | L1 | AC 200～230V 输入电源端子 |
| 2 | L2 | |
| 3 | + | 备用 |
| 4 | — | |

（2）伺服驱动器和伺服电动机的连接

伺服驱动器和伺服电动机的连接并不复杂，将专用的编码器电缆插在伺服驱动器的 X2 接线端子上，然后连接到伺服电动机的编码器上，再将电动机功率电缆连接在伺服驱动器的 X20 端子，然后连接到伺服电动机上，如图 11-39 所示。

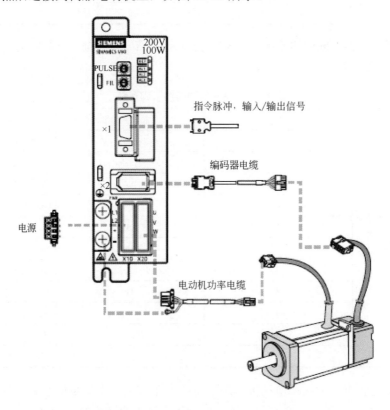

图 11-39　伺服驱动器和伺服电动机的连接

### 11.3.2 PCB 板下载检测线控制系统安装与调试

目前中国传统的 PCB 生产厂家，一般人工对 PCB 下载程序、然后人工检测 PCB 板的线路是否完好，这种操作虽然设备简单，但其缺点也十分明显，不仅劳动强度大、工作效率低，而且人工操作的差错率也较大。随着人力成本地不断上升和用户对产品质量要求地不断提升，这种人工方法的弊端日益明显，越来越不适合现代化大规模生产。PCB 板下载检测线就是为适应自动化生产，研制出的自动化生产线，它集成了程序下载和产品检验功能，其自动化程度高、效率高、下载和检验的差错率小，将逐渐取代人工操作方式。

（1）PCB 板下载检测线系统描述

用 PLC 实现 PCB 板下载检测线的控制。系统工作过程描述如下。

PCB 板下载检测线由 4 个站点组成，即上料站、下载检验站、合格品站和不合格品站。小车上有汽缸和吸盘，小车由伺服电机驱动。动作过程是：小车移动到上料站，汽缸下移，吸盘吸住 PCB 板后上移，并把 PCB 板送到下载检验站，汽缸下移并释放 PCB 板，之后开始下载检验，2s 后，小车得到是否合格的信息，如合格，则将 PCB 板送到合格品站，如不合格，则将 PCB 板送到不合格品站。

PCB 板下载检测线的结构如图 11-40 所示。

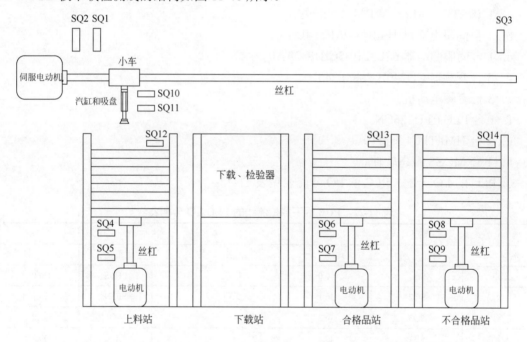

图 11-40　PCB 板下载检测线的结构

① 上料站：由电动机带动丝杠，将 PCB 板向上输送，当吸盘吸走一块 PCB 板，电动机带动丝杠将剩余 PCB 板向上移一个 PCB 板的高度（约 5mm），停止位置由限位接近开关 SQ12 检测。当 SQ4 检测输送到最上位时，电动机带动丝杠移动到最下位，人工装料。

② 检测站：当 PCB 板释放 1s 后，PLC 发出信号给下载和检验站，下载和检验站进行下载和检测。如合格，则发出合格信号（开关量）给 PLC，如不合格，则发出不合格信号（开关量）给 PLC。

③ 合格品站：当 PLC 收到合格信号后，吸盘把 PCB 板搬运到合格品站，并释放到位。之后电动机带动丝杠下行，下行位置由位置接近开关 SQ13 定（约 5mm）。当下行到下极限位置 SQ7 时，系统提示取走合格品。

④ 不合格品站：当 PLC 收到不合格信号后，吸盘把 PCB 板搬运到不合格品站，并释放到位。之后电动机带动丝杠下行，下行位置由位置接近开关 SQ14 定（约 5mm）。当下行到下极限位置 SQ9 时，系统提示取走不合格品。

其控制任务要求如下。

① 有手动/自动转换开关 SA1，手动模式时,可以手动对吸盘进行上行和下行控制，对小车进行前后移动。手动按钮设置在 HMI 中。

② 自动模式时，当小车在初始位置，压下"启动"按钮 SB1，完成上料、下载检验、放置在合格或者不合格品站，再回到上料站，如此循环。

③ 设置"停止"和"急停"按钮，当压下"停止"按钮，完成一个工作循环后停机，而按下"急停"按钮后，立即停机。

④ 设置"复位"按钮，手动模式有效，当压下复位按钮时，小车回到原点位置。

（2）PCB 板下载检测线系统设计

① 系统软硬件

a. 1 套 STEP7-Micro/WIN V4.0 SP9。

b. 1 台伺服电动机 1FL044-0AF21-0AA0。

c. 1 台伺服驱动器 6SL3210-5CB13-7AA0。

d. 3 台变频器,CU240B-2 和 P240。

e. 3 台变频电动机。

f. 1 台 PLC,CPU226CN。

g. 1 台 HMI,TPC1061TI。

h. 1 套 MCGS 组态软件。

② PLC 的 I/O 分配　PLC 的 I/O 分配表见表 11-22。

表 11-22　PCB 板下载检测线的 PLC I/O 分配表

| 输　入 | | | 输　出 | | |
| --- | --- | --- | --- | --- | --- |
| 名　称 | 代　号 | 地　址 | 名　称 | 代　号 | 地　址 |
| 原点 | SQ1 | I0.0 | PULS | | Q0.0 |
| 左极限 | SQ2 | I0.1 | SIGN | | Q0.1 |
| 右极限 | SQ3 | I0.2 | ON/OFF | | Q0.2 |
| 启动 | SB1 | I0.3 | CLR | | Q0.3 |
| 停止 | SB2 | I0.4 | 电磁阀（下行） | KA1 | Q0.4 |
| 复位 | SB3 | I0.5 | 电磁阀（上行） | KA2 | Q0.5 |
| 手/自转换 | SA1 | I0.6 | 电磁阀（真空发生器） | KA3 | Q0.6 |
| 急停 | SB4 | I0.7 | 启动下载 | KA4 | Q0.7 |
| 上料上限 | SQ4 | I1.0 | 取料 | KA5 | Q1.0 |
| 上料下限 | SQ5 | I1.1 | 复位指示灯 | HL1 | Q1.1 |
| 合格上限 | SQ6 | I1.2 | 三色灯（红） | HL2 | Q1.2 |

续表

| 输　　入 | | | 输　　出 | | |
| --- | --- | --- | --- | --- | --- |
| 名　称 | 代　号 | 地　址 | 名　称 | 代　号 | 地　址 |
| 合格下限 | SQ7 | I1.3 | 三色灯（绿） | HL3 | Q1.3 |
| 不合格上限 | SQ8 | I1.4 | 三色灯（黄） | HL4 | Q1.4 |
| 不合格下限 | SQ9 | I1.5 | | | |
| 吸盘上限 | SQ10 | I1.6 | | | |
| 吸盘下限 | SQ11 | I1.7 | | | |
| 上料到位 | SQ12 | I2.0 | | | |
| 合格到位 | SQ13 | I2.1 | | | |
| 不合格到位 | SQ14 | I2.2 | | | |
| 检验合格 | KA5 | I2.3 | | | |
| 检验不合格 | KA6 | I2.4 | | | |
| Alarm | | I2.5 | | | |
| POS_OK | | I2.6 | | | |
| Phase_z | | I2.7 | | | |

③ 设计气动原理图　气动系统比较简单，只有升降汽缸和吸盘，用于吸附和搬运 PCB 板，气动原理图如图 11-41 所示。

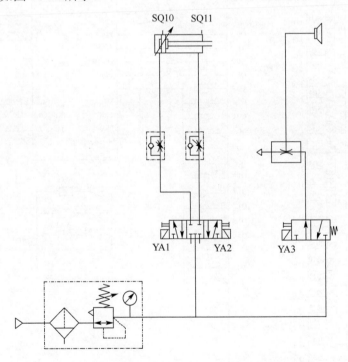

图 11-41　气动原理图

④ 设计电气原理图　在电气控制系统中，伺服系统用于精确的位置控制，伺服系统的定位和速度控制由 PLC 发出的脉冲个数和脉冲频率控制。三台变频器的控制由 PLC 与变频器通过 USS 通信实现。电气原理图如图 11-42 和图 11-43 所示。

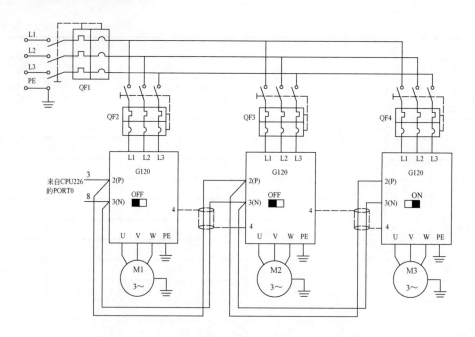

图 11-42  电气原理图（一）

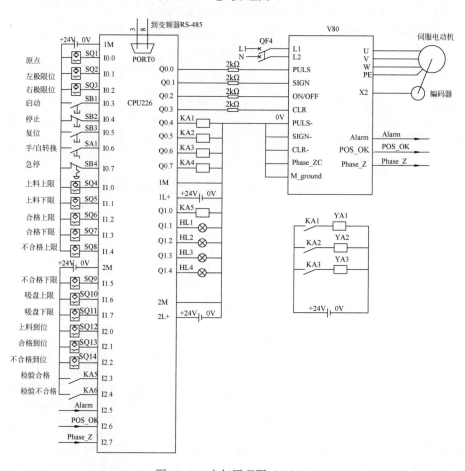

图 11-43  电气原理图（二）

【关键点】 本例 USS 通信，S7-200 的站地址是 2，3 台变频器的站地址是 3、4、5，S7-200 通信网络接头拨到 "ON"，3 号站和 4 号站拨到 "OFF"，5 号站拨到 "ON"。

（3）参数设定

① 伺服驱动器的参数设置　由于 SINAMICS V80 伺服驱动器是简易型伺服驱动器，相对其他伺服系统而言，其参数设置比较简单。把指令脉冲旋钮旋转到 "8"，其含义是：指令连接方式是集电极开路或者线驱动，指令脉冲类型为 "方向+脉冲系列，正脉冲"，脉冲分辨率为 "1000 脉冲/转"。

如果设备有振动或者爬行，还要设置滤波时间。

② 变频器的参数设置　变频器的参数设置尤为重要，本例仅以 3 号变频器参数设置为例，见表 11-23。

表 11-23　3 号变频器参数设置

| 序　号 | 变频器参数 | 出　厂　值 | 设 定 值 | 功　能　说　明 |
|---|---|---|---|---|
| 1 | P0304 | 400 | 380 | 电动机的额定电压（380V） |
| 2 | P0305 | 3.05 | 3.25 | 电动机的额定电流（3.25A） |
| 3 | P0307 | 0.75 | 0.75 | 电动机的额定功率（0.75kW） |
| 4 | P0310 | 50.00 | 50.00 | 电动机的额定频率（50Hz） |
| 5 | P0311 | 0 | 1440 | 电动机的额定转速（1440 r/min） |
| 6 | P0015 | 7 | 21 | 启用变频器宏程序 |
| 7 | P2030 | 2 | 1 | USS 通信 |
| 8 | P2020 | 6 | 6 | USS 波特率（6 表示 9600bit/s） |
| 9 | P2021 | 0 | 3 | 站点的地址 |
| 10 | P2040 | 100 | 0 | 过程数据监控时间 |

【关键点】 ①在设置电动机参数和 P0015 时，必须使 P0010=1;之后设变频器参数和运行时，P0010=0。②变频器的 P0304 默认为 400V，这个数值可以不修改。③P2021 为站地址，表 11-23 为 3，另外 2 台分别为 4 和 5，S7-200 的站地址为 2。④默认的 P2040 的监控时间为 100ms，多台设备通信时，可能太小，需要根据需要调大。也可以让 P2040=0，含义是取消过程数据监控。

（4）编写程序

编写梯形图程序如图 11-44 所示。

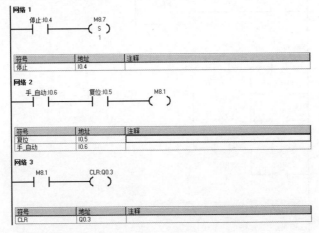

图 11-44

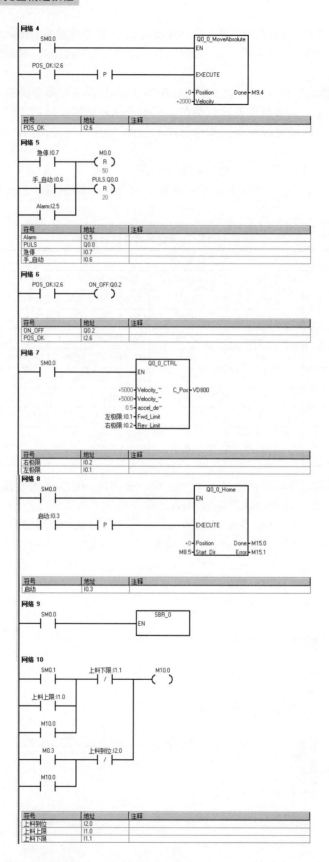

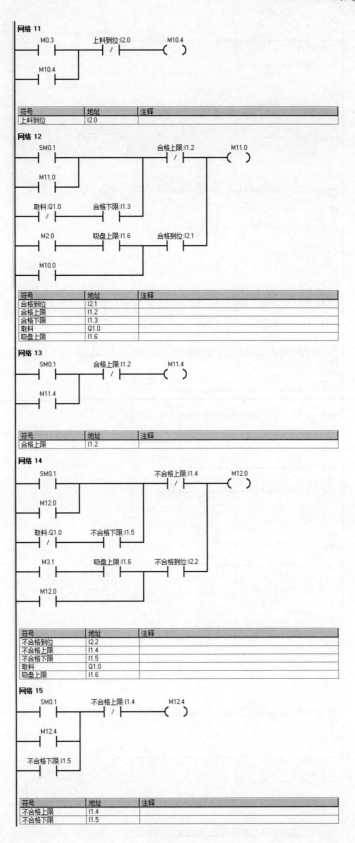

图 11-44

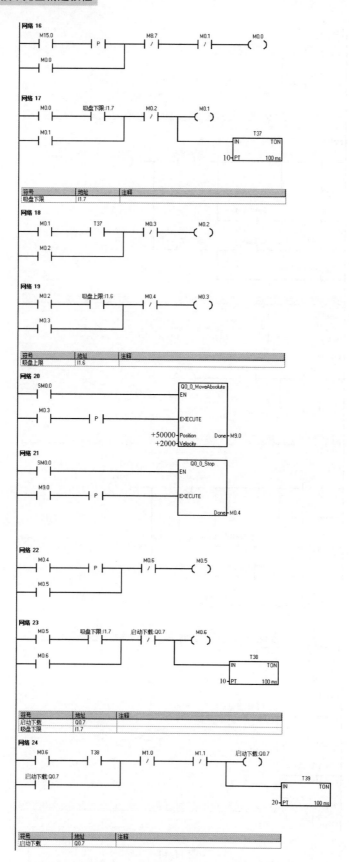

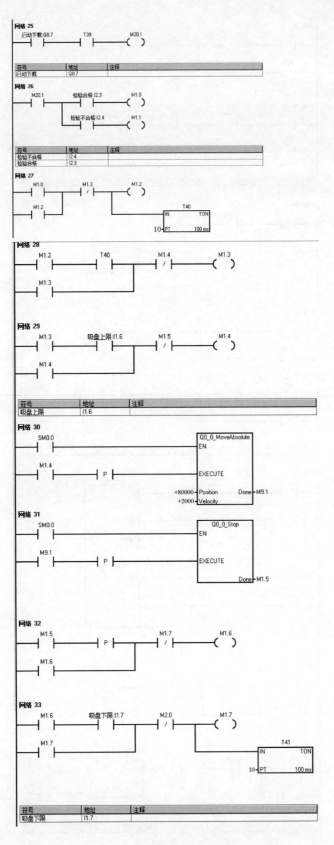

图 11-44

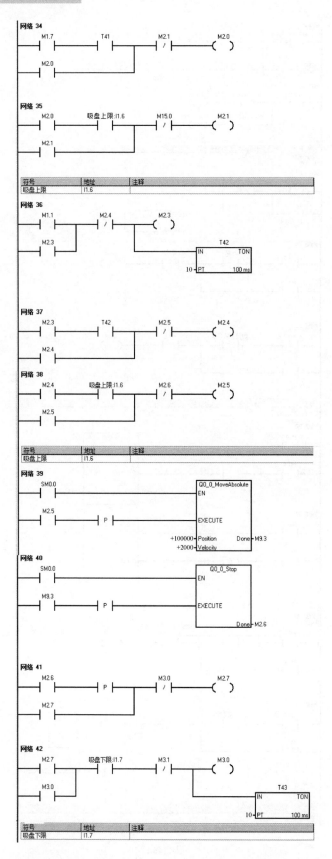

网络 34

网络 35

| 符号 | 地址 | 注释 |
|------|------|------|
| 吸盘上限 | I1.6 | |

网络 36

网络 37

网络 38

| 符号 | 地址 | 注释 |
|------|------|------|
| 吸盘上限 | I1.6 | |

网络 39

网络 40

网络 41

网络 42

| 符号 | 地址 | 注释 |
|------|------|------|
| 吸盘下限 | I1.7 | |

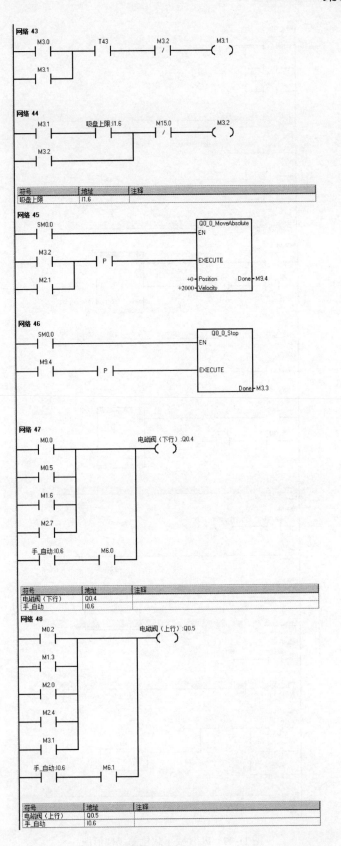

图 11-44

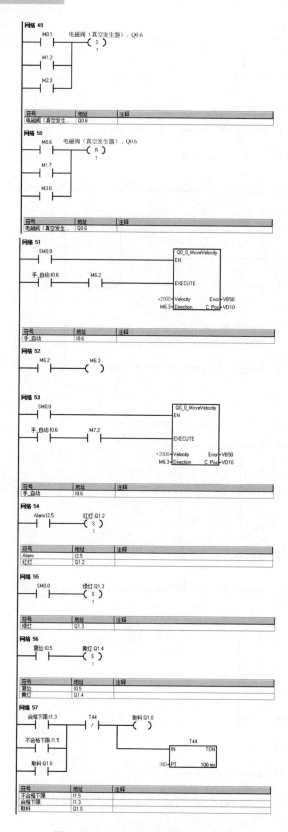

图 11-44　PCB 板下载检测线梯形图

## 小结

**重点难点:**

1. 三菱伺服系统的参数含义和设定，程序的编写。

2. 西门子伺服系统通信参数的设定。

## 习题

1. 三菱伺服驱动器的种类有哪些？

2. 三菱伺服驱动器 MR-E-A 的接线端子 EMG、LSP 和 LSN 在正常情况下，应接常开还是常闭触头的开关？

3. 三菱伺服驱动器 MR-E-A 的 P41=0111 的含义是什么？

4. 西门子的 AC/AC 和 DC/AC SINAMICS S120 的主要区别是什么？

5. 编写一段程序,实现三菱伺服系统的电动机正转 5 圈，停 1s，再反转 5 转，如此往复循环。

# 参 考 文 献

[1] 向晓汉等. 西门子 S7-200PLC 完全精通教程. 北京：化学工业出版社，2012.

[2] 张燕宾. 变频器应用教程. 北京：机械工业出版社，2011.

[3] 张燕宾. 变频器的安装、使用和维护 340 问. 北京：机械工业出版社，2009.

[4] 李方圆. 变频器行业应用实践. 北京：中国电力出版社，2006.

[5] 陈先锋. 伺服控制技术自学手册. 北京：人民邮电出版社，2010.

[6] 龚仲华. 交流伺服与变频器应用技术. 北京：机械工业出版社，2013.

[7] 田宇. 伺服与运动控制系统设计. 北京：人民邮电出版社，2010.